水文水资源测绘与遥感技术应用

尚华超 冯 浩 董 涛 边聪聪 王 琪 著

天津出版传媒集团

 天津科学技术出版社

图书在版编目（CIP）数据

水文水资源测绘与遥感技术应用 / 尚华超等著.

天津 : 天津科学技术出版社，2024. 7.

ISBN 978-7-5742-2293-9

Ⅰ．P332；TV213.4

中国国家版本馆CIP数据核字第2024F4N341号

水文水资源测绘与遥感技术应用

SHUIWENSHUIZIYUANCEHUIYUYAOGANJISHUYINGYONG

责任编辑：吴文博

责任印制：兰　毅

出　　版： 天津出版传媒集团
　　　　　　天津科学技术出版社

地　　址：天津市西康路 35 号

邮　　编：300051

电　　话：（022）23332377

网　　址：www.tjkjcbs.com.cn

发　　行：新华书店经销

印　　刷：北京四海锦诚印刷技术有限公司

开本　787×1092　1/16　印张 17.375　字数 320 000

2025 年 1 月第 1 版第 1 次印刷

定价：78.00 元

PREFACE

水文水资源测绘与遥感技术应用是一门涉及地球水资源调查、监测和管理的复杂而关键的学科。随着科技的不断进步，遥感技术在水文水资源领域的应用愈发引人注目。本文将探讨水文水资源测绘与遥感技术的重要性以及它们在实际应用中的潜在价值。

水文水资源测绘是一门关乎全球水资源分布、利用与管理的学科。在地球上，水资源是人类社会和自然生态系统生存和发展的基石。而水文水资源测绘通过对水文过程的观测和水资源的定量评估，能够为水资源的科学管理提供必要的数据支持。它关注水资源的空间分布、时空变化规律以及人类活动对水资源的影响，为科学合理地利用水资源提供了基础。

遥感技术在水文水资源测绘中的应用日益成为不可或缺的工具。遥感技术通过卫星、航空器等远距离的传感器获取地表信息，为水文水资源的实时监测和高效评估提供了途径。通过遥感技术，可以获取大范围内的水体分布、土壤湿度、降水量等信息，为水文水资源测绘提供更加全面和准确的数据。

水文水资源测绘与遥感技术的应用在环境保护和可持续发展方面具有深远的意义。随着全球气候变化和人类活动的影响，水资源短缺和水环境问题日益凸显。水文水资源测绘与遥感技术的应用可以帮助我们更好地了解水资源的状态和变化趋势，为环境保护提供科学依据。同时，它还能够支持水资源的合理规划与管理，推动社会在水资源利用中的可持续发展。

在实际应用中，水文水资源测绘与遥感技术在灾害监测和应对中也发挥着关键作用。洪涝、旱灾等自然灾害对水资源的分布和利用带来了巨大影响。通过遥感技术，可以实时监测灾害影响范围、深度和持续时间，为灾害预警和紧急响应提供科学数据，提高社会对自然灾害的适应性。

本书深入研究了水文水资源测绘与遥感技术应用领域，将这两个跨领域的核心主题融为一体。书中由浅入深地探讨了水文学和水资源测绘的基本原理、方法，以及遥感技术在这一领域的关键作用。本书详细阐述了水文水资源测绘与遥感技术应用的潜在价值，强调了如何将遥感数据与水文水资源测绘相结合，以提高水资源管理的效率和精确度。同时，本书也系统地介绍了创新的遥感技术在水资源测绘中的应用方法，包括监测河流湖泊、地下水位、水质等方面。本书内容结构清晰，逻辑严谨。在撰写过程中，强调理论与实践的有机结合，旨在为水文水资源测绘与遥感技术领域的研究者、从业者以及关心水资源管理与遥感技术应用的各界人士提供宝贵的知识和指导。不论是从事水资源测绘技术研究的学者，还是从事水资源管理与环境保护的专业人士，都将从本书中获益良多。

CONTENTS 目 录

第一章 水文水资源测绘与遥感技术概论

第一节 水文学与水资源测绘

一、水文学测绘

(一) 水文学测绘的概述

水文学测绘是一门研究水文学和测绘学相结合的学科，主要关注地球表面水体的分布、运动和特性，并运用测绘学方法对水文过程进行观测、记录和分析。水文学测绘的发展得益于现代科技的进步，为我们更全面、准确地了解水文信息提供了有效的手段。

水文学测绘的研究范围涉及地表水、地下水和大气水等各种水体。它通过建立水文学测站，采用现代仪器设备，对水文要素进行测量、监测，形成丰富的水文数据。这些数据包括水位、流量、温度、降水等，为科学家研究水文学规律提供了有力支持。

水文学测绘在水资源管理、灾害监测和环境保护等方面具有重要作用。通过监测水文数据，我们能够更好地了解水资源的分布状况，有针对性地进行水资源开发和利用规划。同时，水文学测绘也能够为洪涝、干旱等自然灾害的预警和应对提供科学依据，减缓灾害对社会的影响。

在水文学测绘中，地理信息系统（GIS）和遥感技术的应用日益突出。GIS技术通过整合空间数据，提供了强大的地图制图和分析工具，使水文学测绘的结果更具可视化和实时性。遥感技术则通过卫星和航空器等远程传感器，获取大范围内的地表信息，为水文学测绘提供更全面、高效的数据来源。

水文学测绘的发展离不开测绘学的支持。地图是水文学测绘的重要成果之一，它通过图形化的方式直观地展示了地表水体的分布和运动情况。水文学测绘通过地图的制作，帮助人们更好地认识水文环境，为社会决策提供了基础数据。

水文学测绘是一门将水文学与测绘学相结合的交叉学科，旨在研究地球表面水体的分布、运动和特性。它通过建立水文学测站、运用测绘学方法，获取水文数据，为水资源管理、灾害监测和环境保护提供科学支持。随着现代科技的进步，水文学测绘将继续在更多领域发挥关键作用，为人类更好地认识和利用水资源贡献力量。

(二) 水文学测绘的方法与技术

1. GIS 在水文学测绘中的应用

在水文学测绘领域，地理信息系统（GIS）的应用已经成为一种不可或缺的技术手段。

GIS通过整合空间信息、地理数据和地图，为水文学研究提供了强大的工具。这种技术的应用深刻地改变了水文学测绘的方式，为深入理解水文过程、有效管理水资源提供了全新的途径。

GIS在水文学中的应用体现在空间数据的整合和分析。通过GIS技术，我们能够将地理信息以图形形式表现，将不同时期和地点的水文数据进行整合。这有助于研究者深入了解地球表面上水资源的分布、流动和演变过程，为水文循环、降水分布等方面提供更为精准的地理空间信息。

GIS在水文学测绘中广泛应用于水体监测与管理。通过卫星遥感和其他传感技术获取的数据，结合GIS技术，可以实时监测水体的水质、水量等参数。这为对水资源的监测和管理提供了高效、精确的手段。通过GIS，我们能够迅速识别水体异常变化，提前发现潜在的水资源问题，实现对水体的精准管控。

GIS还在水文学中广泛应用于地下水资源的研究。通过地理信息系统，我们能够对地下水位、水文地质等信息进行集成和分析，揭示地下水资源的空间分布和变化趋势。这有助于科学合理地利用地下水资源，预测地下水位的变化，提高水资源的可持续利用性。

GIS在洪水、干旱等自然灾害的研究与应对中发挥着重要作用。通过对历史洪水事件、气象数据等信息的整合分析，GIS可以建立灾害风险评估模型，提前预警潜在的灾害风险。在灾害发生后，GIS也能够迅速提供灾区的空间信息，为救援工作提供有力的支持。

GIS在水文学测绘中的应用还有助于生态环境保护。通过GIS技术，我们能够分析水体周边的生态环境变化，研究水资源对生态系统的影响，从而制定更加科学合理的生态保护政策。GIS的空间分析功能使得我们能够更好地了解水资源与生态环境的相互关系，为生态环境的可持续发展提供决策依据。

GIS在水文学测绘中的应用为水文学的发展提供了强大的支持。通过空间数据的整合和分析，GIS帮助我们更好地了解水资源的分布和变化，实现对水文循环、水体监测与管理的精准把控。这一技术的应用不仅提高了水文学测绘的效率，同时也为更科学、可持续地利用水资源提供了关键信息。

2. 遥感技术在水文学测绘中的作用

在水文学测绘领域，遥感技术发挥着不可忽视的作用。遥感技术通过卫星、航空器等平台获取大范围、高分辨率的数据，为水文学测绘提供了丰富的信息，实现了对水资源及其变化的全面监测。这种非接触、远距离的观测方式使得水文学测绘工作更加高效、准确。

遥感技术在水文学测绘中的作用主要体现在水体分布与监测方面。通过卫星传感器获取的影像数据，可以清晰地描绘出地表水体的分布状况。这对于识别湖泊、河流、水库等水体类型，以及监测其面积、形状、深度等参数具有重要意义。遥感技术的应用为水文学测绘提供了实时的、全面的水体信息，为科学家和决策者提供了重要的依据。

遥感技术在水文学测绘中扮演关键角色的领域之一是水文遥感。通过获取地表反射率、温度等信息，遥感技术能够帮助科研人员进行水文要素的遥感监测。例如，通过红外波段的遥感数据可以获取地表温度，结合其他水文数据，可以推算出土壤湿度、蒸发散发等水文要素，为水资源的科学管理提供重要支持。

遥感技术在水资源管理中的作用还表现在水质监测方面。通过光谱遥感技术，可以获取水体中的不同波段的反射率，从而判断水体中溶解物质的浓度、水质状况等。这为对水体的污染程度、水质安全等方面的监测提供了非常有效的手段，有助于及时发现并解决水质问题。

遥感技术还能够为水文学测绘提供多源数据融合的可能。融合来自不同卫星、传感器的数据，可以提高水文学测绘的综合分辨率和时空分辨率，使得观测结果更加全面精确。这种综合利用不同数据源的方式，为水文学测绘提供了更加多样、全面的信息，有助于深入理解水资源的分布、变化规律。

遥感技术在水文学测绘中的作用不可忽视。通过遥感技术的广泛应用，我们能够更全面、精确地了解水资源的分布状况、水文要素的变化情况，为科学研究和水资源管理提供有力支持。遥感技术的不断发展与创新将进一步拓展水文学测绘的研究领域，为解决水资源管理中的各类问题提供更为有效的手段。

二、水资源测绘

（一）水资源测绘的基本概念

水资源测绘是一门研究水体分布、运动和质量状况的学科，其基本概念涵盖了对水资源进行全面观测、测量和监测。水资源测绘的核心目标是深入了解水体在地球表面的分布情况，掌握水文过程的规律，为科学合理地利用水资源提供数据基础。

水资源测绘的概念基础之一是水文学的原理。水文学研究水体在大气、陆地和地下的运动、分布、蓄积和分解等规律。水资源测绘通过运用水文学的原理，采用多种测量手段和工具，对水体进行深入观测，获取水文数据，以揭示水体运动和水文过程的复杂性。

测绘学是水资源测绘的另一基本概念。测绘学是一门研究地球表面空间关系的学科，通过各种仪器设备对地理信息进行测量和记录。水资源测绘借助测绘学的技术手段，包括卫星遥感、GPS 定位等，对水体的位置、形状、流向等进行准确测定，构建出地理信息系统，为水资源的科学管理提供数据基础。

地理信息系统（GIS）是水资源测绘的重要工具。GIS 整合了空间数据，能够对地球表面的水体分布、地形、土地利用等信息进行存储、管理和分析。水资源测绘通过 GIS 的应用，能够更好地展示水资源的空间分布特征，为决策提供直观的地理信息支持。

水资源测绘不仅关注地表水体，还包括对地下水的观测。通过地下水位、水质的监测，水资源测绘能够全面了解地下水资源的分布和变化，为合理开发和保护地下水资源提供科学依据。

水资源测绘在环境保护方面也发挥着积极作用。通过监测水体的水质状况，及时发现和解决水体污染问题，为环境保护提供数据支持。同时，水资源测绘通过对水体变化的跟踪，帮助监测气候变化、洪涝、干旱等自然灾害，为灾害应对提供重要信息。

水资源测绘是一门关注水体在地球表面的分布和运动规律的学科，其基本概念涵盖了水文学、测绘学、GIS 技术等多个领域。通过深入了解水资源的分布状况、地下水资源和水体质量，水资源测绘为科学管理和有效利用水资源提供了不可或缺的基础数据。随着技术的不断发展，水资源测绘将在更广泛的领域中发挥更为重要的作用，为人类社会的可持续发展做出更大的贡献。

（二）水资源测绘的技术手段

1. 卫星遥感技术

卫星遥感技术是水资源测绘领域中一项重要的技术手段，通过卫星传感器获取地球表面的信息，为水体的监测、分析和管理提供了高效、全面的数据支持。

卫星遥感技术的关键在于其能够实现对广大地域进行大范围、高分辨率的观测。卫星搭载的各类传感器能够捕捉地表水体的光谱特征、温度分布、湿度状况等多维信息，从而实现对水体的全面监测。这些数据为水资源测绘提供了丰富的信息，可以帮助科学家更好地了解水体的分布、变化和特性。

卫星遥感技术的应用不仅仅限于地表水体的监测，还包括对降水、蒸发、地下水位等水文要素的观测。通过对这些水文要素的遥感监测，可以全面了解水文过程的动态变化，为水资源的管理提供更加准确的数据。卫星遥感技术的多波段、多源数据融合，也能够提高数据的可信度和综合利用效果。

卫星遥感技术在水资源测绘中还能够应用于水体质量的监测。通过卫星获取的高光谱数据，可以对水体中的溶解物质、藻类含量等进行监测和分析。这为科学家提供了直观的水体质量评估手段，有助于及时发现水质问题，采取有效的治理措施。

卫星遥感技术在水资源测绘中的进展还体现在对地下水资源的研究上。通过合成孔径雷达（SAR）等技术，卫星能够穿透云层和地表覆盖，实现对地下水位和地下水储量的监测。这为地下水资源的合理开发和保护提供了更为直接、高效的手段。

卫星遥感技术还可以结合地理信息系统（GIS）实现对水体空间分布的精准分析。通过将卫星遥感数据与其他地理信息数据进行融合，可以建立高质量的地图和空间模型，为水资源测绘提供更具时空精度的分析结果。

在应对水资源问题和自然灾害方面，卫星遥感技术也展现了独特的优势。卫星能够快速、全面地获取受灾地区的信息，为灾害的监测、评估和紧急响应提供及时数据支持。这对于预防洪涝、干旱等水灾具有重要意义，有助于提高社会对自然灾害的适应能力。

卫星遥感技术作为水资源测绘的技术手段，以其广覆盖、高时空分辨率、全天候监测的特点，为水体的监测、分析和管理提供了强大的数据支持。卫星遥感技术的不断创新和应用将进一步推动水资源测绘领域的发展，促使更多创新性的解决方案，为全球水资源可持续利用提供更为科学的决策支持。

2. GPS 技术在水资源测绘中的应用

全球定位系统（GPS）技术在水资源测绘中的应用，为测绘工作提供了高精度、实时的定位信息。GPS 技术的广泛应用使得水资源测绘的技术手段更加先进和精准。该技术在水资源测绘中发挥了关键作用，为科学管理和可持续利用水资源提供了强有力的支持。

GPS 技术的应用最为显著的方面之一是在水体测量中的精准定位。通过 GPS 技术，可以实现对水体边界、河道、湖泊等地理要素的高精度定位。这使得水资源测绘工作者能够准确测量水体的形状、面积、深度等参数，为水资源的调查和监测提供了精准的地理数据基础。

在水文学中，GPS 技术也常用于河流流速测定。通过将 GPS 设备安装在流速仪器上，可以实时获取流速仪器的位置信息，从而计算河流流速。这样的实时监测可以提供更为准确的河流流速数据，为水文学研究提供了更可靠的依据。

GPS 技术在水资源测绘中的应用还涉及水质监测。通过 GPS 定位水样采集点，我们能够更精确地记录水样的采集位置。这对于分析水体的空间分布、水质变化趋势等方面具有重要意义，有助于科学评估水体的健康状况。

在水资源测绘中，GPS 技术还用于建立水资源管理信息系统。通过将 GPS 技术与地理信息系统（GIS）相结合，我们可以实现对水资源的三维空间建模。这种空间信息系统能够提供全面的水资源信息，包括水源地分布、地下水位、水体水质等，为决策者提供科学的水资源管理手段。

GPS 技术的应用也扩展到水体动态监测，如洪水预警系统。通过安装 GPS 设备在流域中，可以实时监测河流水位的变化，及时预警洪水风险。这种实时监测系统对于防洪工程的规划和管理具有极大的帮助，为提高防灾能力提供了实用手段。

GPS 技术在水资源测绘中的应用丰富多彩，为水资源的科学研究和管理提供了前所未有的便利。通过 GPS 技术，我们能够实现水体的高精度定位、动态监测和空间信息整合，为水资源的测绘工作带来了更为先进和高效的技术手段。这为科学管理和可持续利用水资源提供了有力的支持，推动了水资源测绘领域的发展。

第二节　遥感技术在水文水资源领域的应用历史

一、遥感技术在水文领域的应用历史

（一）遥感技术的初期应用

遥感技术的初期应用在水文领域标志着一场技术革命的开端。这项技术的引入使得对地表水体、水文要素以及水资源的监测得以更加全面和远程化。通过利用卫星和航空平台上搭载的传感器，遥感技术为水文研究提供了新的视角和数据来源，为科学家们深入了解水文现象和地表水体的变化提供了便捷的工具。

遥感技术的初期应用主要集中在地表水体的识别和监测。卫星传感器能够捕捉不同波段的反射光谱，这使得科研人员能够通过遥感数据清晰地辨别湖泊、河流、水库等水体。这项技术的引入消除了地理范围的限制，使得水文学研究能够更加全球化，有效地解决了以往难以获取准确信息的问题。

在初期应用中，遥感技术还被广泛用于水体面积、深度和流速的监测。通过对遥感影像进行解译和分析，科学家们能够获取水体的动态信息，揭示水体在时间和空间上的变化

规律。这种对水体运动特性的监测不仅为水文模型的建立提供了可靠的数据基础，也为水资源的科学管理提供了支持。

初期的遥感技术应用还关注土地利用和植被覆盖对水文循环的影响。通过监测植被的生长状况和土地的利用情况，科学家们可以更好地理解水分的蒸发腾发过程，从而深入研究降水过程和水文循环中的复杂关系。这一方面的研究为农业水资源管理、生态保护等领域提供了有力的支持。

遥感技术的初期应用也在水文灾害监测和预警中发挥了重要作用。通过卫星传感器获取的数据，科研人员可以实时监测洪涝、干旱等水文灾害，及时预警和采取应对措施，为灾害风险评估提供了新的手段，促进了灾害管理的科学化和精准化。

遥感技术在水文领域的初期应用取得了显著的成果。通过远程获取大范围、高分辨率的数据，遥感技术为水文学研究提供了全新的视角，使得科学家们能够更全面地理解地球表面的水文现象和水体变化。这一初步的成功应用为后续遥感技术在水文领域的深入研究奠定了基础，为水资源管理和灾害监测提供了强有力的支持。

（二）多光谱和高光谱技术的应用

1. 高光谱技术的应用

高光谱技术，作为一种在光谱范围内具有较高分辨率的先进技术手段，已经在水文领域展现了广泛的应用前景。该技术通过采集地表物体在多个光谱波段的反射、辐射信息，实现对水体特性、水文过程以及水资源管理的精细化监测和研究。

在水体监测方面，高光谱技术通过获取水体的高光谱反射率数据，能够更准确地识别水体的物质组成、浊度和溶解物质含量。通过对水体光谱特性的分析，可以实现对水体质量的监测和评估，为水质问题的及时发现提供了科学手段。

在水文过程研究中，高光谱技术可以实现对水文要素的高精度监测。通过获取地表的高光谱信息，可以识别不同地表类型，了解土壤湿度、植被覆盖等参数。这有助于深入了解水文过程中的地表特征变化，为水文模型的建立和改进提供了准确的输入数据。

高光谱技术在水资源管理方面也发挥着积极作用。通过获取水体的高光谱数据，可以实现对水体的空间分布和变化的监测，为水资源的开发和利用提供科学依据。同时，高光谱技术可以帮助识别地表植被类型和覆盖度，为生态水文学的研究提供重要信息。

在水文灾害监测和防治方面，高光谱技术也展现出了独特的优势。通过获取多光谱波段的信息，可以实现对洪涝、干旱等灾害的实时监测。通过对灾害影响区域的高光谱数据分析，可以更准确地评估灾害对水资源的影响，并提供支持防治工作的决策依据。

在地下水资源方面，高光谱技术同样具有重要的应用价值。通过采集地下水区域的高光谱数据，可以实现对地下水的含水层结构、水质情况等进行详细的诊断。这有助于科学家更深入地了解地下水资源的分布状况，为地下水资源的科学管理提供支持。

在高光谱技术的应用中，数据的处理和分析是至关重要的一环。高光谱数据具有多维、高维的特点，需要运用先进的数学和计算机技术进行处理，以提取出有意义的信息。因此，高光谱技术的应用还需要结合遥感图像处理、数学建模等多学科知识，实现对数据的准确解读。

总体来看，高光谱技术在水文领域的应用不仅提高了对水体特性、水文过程和水资源管理的监测精度，也为水资源的科学利用和灾害防治提供了更为全面的信息支持。随着技术的不断创新和完善，高光谱技术将更好地服务于水文领域的研究和实践，为更有效地管理和保护水资源贡献力量。

2. 多光谱技术的应用

多光谱技术作为一种先进的遥感技术，已经在水文领域展示了广泛的应用潜力。通过捕捉地表的多光谱信息，该技术能够深入了解水体特性、水文过程以及水资源管理的方方面面。

在水体监测方面，多光谱技术能够提供更为详尽和精准的信息。通过获取多波段的光谱数据，科学家可以准确识别水体中的不同成分，包括溶解物质、悬浮物等。这有助于全面了解水体的物质组成，实现对水体质量的精准监测和评估。

多光谱技术在水文过程研究中的应用也是显著的。通过对地表多波段的反射光谱数据进行分析，可以深入了解地表的植被覆盖、土壤湿度等参数。这有助于科学家更全面地认识水文过程中的地表变化，为水文模型的建立和改进提供了高质量的输入数据。

水资源管理方面，多光谱技术为科学家提供了高效而全面的手段。通过获取多光谱遥感影像，可以实现对水体的精细化监测，了解水体的空间分布和动态变化。这为水资源的科学管理、合理开发和可持续利用提供了极具参考价值的数据。

在水文灾害监测与防治方面，多光谱技术的应用也表现出了显著的优势。多光谱遥感影像能够捕捉到地表不同区域的反射光谱特征，通过分析这些特征，可以实现对洪涝、干旱等灾害的实时监测。这有助于及时评估灾害影响，提供科学支持进行紧急响应和防治工作。

在地下水资源方面，多光谱技术同样具有广泛的应用前景。通过获取地下水区域的多光谱遥感数据，科学家能够深入了解地下水的水质状况、含水层结构等重要信息。这为地下水资源的科学管理和合理利用提供了实质性的数据支持。

然而，多光谱技术的应用也面临一些挑战，例如数据处理和分析的复杂性。多光谱数据的高维度和多样性需要科学家运用先进的计算机技术和数据处理方法进行处理，以提取出有价值的信息。这对于技术手段和人才水平提出了一定的要求。

多光谱技术在水文领域的应用呈现出多层次、多方面的优势。它不仅提高了对水体特性、水文过程和水资源管理的监测精度，也为水资源的科学利用和灾害防治提供了更全面的信息支持。随着技术的不断发展和完善，多光谱技术将更好地服务于水文领域的研究和实践，为更有效地管理和保护水资源做出更大的贡献。

二、遥感技术在水资源领域的应用历史

（一）早期的水资源监测

在早期，水资源监测主要依赖于遥感技术的初步应用。这一时期，虽然技术手段相对简陋，但科学家们通过创新和努力，初步实现了对水资源的遥感监测。这一时期的遥感技术，尽管局限性较大，却为后来的水资源监测奠定了基础。

早期的水资源监测中，利用遥感技术主要通过航空摄影，通过航拍图像来获取地表水体的信息。航空摄影技术能够提供大面积的覆盖，为水体分布的初步了解提供了一定的帮助。科学家们通过分析航拍图像，获取水体的分布、形状、面积等基本信息，从而初步把握了地表水资源的分布状况。

在早期，遥感技术还包括红外遥感。这种技术通过探测水体在红外波段的反射特性，来识别水体。由于水体在红外波段的反射较为明显，通过红外遥感可以较准确地识别出地表的水体，提供了一种简单而有效的水资源监测手段。

另一个早期的遥感技术是微波遥感。微波对于水体的穿透能力较强，能够在一定程度上突破云层和植被的遮挡，提供全天候的遥感监测能力。微波遥感技术通过探测水体的微波辐射，可以获取水体的特定信息，为水资源监测提供了一种新的视角。

尽管早期的水资源监测遥感技术相对有限，但它们为水资源监测的发展奠定了基础。这些技术手段在当时的条件下起到了重要的作用，为科学家们提供了水资源监测的初步数据和信息。通过对航拍图像、红外遥感和微波遥感的应用，科学家们逐渐摸索出一些对水资源监测有益的方法和手段。

早期的水资源监测遥感技术虽然相对简陋，但为后来的技术发展和水资源监测提供了宝贵的经验。在科学家们的不懈努力下，这些初步的遥感技术逐渐演变和完善，为后来更先进的水资源监测技术奠定了基础。

（二）数据挖掘和机器学习的兴起

1. 数据挖掘的兴起

遥感技术的兴起标志着在信息获取领域迎来了一场深刻的变革。这一技术的涌现在很大程度上得益于信息时代的兴起，数据挖掘作为一种信息处理的手段，与遥感技术的结合使得人们能够更全面、更深入地挖掘遥感数据中所蕴含的有价值的信息。

遥感技术的兴起与数据挖掘的普及密不可分。遥感传感器能够收集大量的地球观测数据，而数据挖掘技术则为处理和分析这些海量数据提供了有效的工具。通过数据挖掘，科学家们能够更加准确地提取遥感数据中的地表信息，包括植被覆盖、地形特征等，这为地质勘探、环境监测等领域提供了强有力的支持。

在遥感技术的发展过程中，数据挖掘技术的应用使得遥感图像的分类和识别变得更加精准。通过建立基于大规模训练数据集的分类模型，科学家们能够更加准确地识别遥感图像中的不同地物，为土地利用、城市规划等提供了准确的数据支持。数据挖掘还在地物变化检测方面发挥了关键作用，帮助科学家们追踪和分析地表变化的动态过程。

数据挖掘技术的引入也极大地促进了遥感数据的信息融合。通过整合来自不同传感器、不同平台的遥感数据，科学家们能够获取更全面、多层次的地球观测信息。这种信息融合有助于构建更加准确的地球表面模型，为气象预测、环境监测等提供了更为精细的数据基础。

在资源管理和环境保护方面，遥感技术与数据挖掘的结合也为决策提供了更科学的依据。通过对历史遥感数据的挖掘，科学家们能够分析地表的变化趋势，为土地资源的合理利用和环境的可持续发展提供战略性的参考。

然而，随着数据挖掘技术的深入应用，也面临着一系列的挑战。其中包括数据隐私的保护、算法的优化与创新等问题。在克服这些挑战的同时，将数据挖掘技术与遥感技术相结合的研究将会进一步推动信息处理领域的发展。

遥感技术与数据挖掘的兴起形成了一种相辅相成、相互促进的局面。这一结合为地球观测数据的更全面应用提供了新的途径，为科学研究、资源管理以及环境保护等领域带来了更为深刻的影响。随着技术的不断发展，这一结合也必将在未来取得更为显著的成果。

2. 机器学习的兴起

随着时代的演进，机器学习技术的兴起为遥感技术领域注入了新的活力。机器学习，作为一种依赖算法和数据的智能学习方法，已经深刻改变了遥感数据的处理和解释方式，为遥感技术的应用提供了更加强大的工具。

在遥感数据的处理方面，机器学习的兴起使得人们能够更加高效地从海量的遥感数据中提取信息。传统的图像处理方法通常需要人工制定规则和参数，而机器学习算法通过从数据中学习模式和特征，可以自动提取和识别地物、地貌等信息，大幅提高了数据的利用效率。

机器学习的引入也使得遥感技术在地物分类和识别方面取得了重要突破。通过训练机器学习模型，系统能够识别图像中的不同地物类型，如建筑、植被、水体等，实现对地表特征的自动分类。这为城市规划、生态环境监测等提供了更为精准的地理信息数据。

在遥感图像的处理和解译中，机器学习技术也使得人们能够更深入地挖掘图像中蕴含的信息。通过深度学习等机器学习方法，系统可以从遥感图像中学习到更抽象、高级的特征，提高图像解译的准确性和效率。这为资源调查、环境监测等提供了更为细致入微的数据支持。

在变化检测方面，机器学习的应用使得遥感技术更加适应动态环境的监测需求。通过利用历史遥感数据，机器学习模型可以学习地表特征的变化规律，实现对地表变化的自动监测。这对于城市扩张、自然灾害等变化的迅速发现提供了及时的信息支持。

机器学习技术还在遥感数据的融合和分析中发挥了关键作用。通过将多源遥感数据进行融合，机器学习模型能够更全面地理解地球表面的复杂情况。这为地质勘查、农业管理等提供了更为全面和深入的信息。

机器学习的兴起也带动了遥感技术与其他科技领域的深度融合。例如，结合物联网、大数据等技术，机器学习在遥感技术中的应用进一步提升了遥感系统的智能化水平，为环境监测、资源管理等领域带来了更为强大的解决方案。

总体来看，机器学习的兴起为遥感技术注入了新的活力，极大地丰富了遥感数据的处理和解释手段。在不断挑战和改进的过程中，机器学习与遥感技术的结合将继续推动地球观测、资源调查、环境监测等领域的发展，为人们更好地认知和管理地球提供更为智能化的支持。

第三节　遥感数据与水文水资源测绘的关联

一、遥感数据在水文领域的应用

（一）遥感数据的基本概念

遥感数据是通过卫星、飞机等遥感平台获取的地球表面信息。这些数据以数字形式记录了地球表面的各种特征，如地形、植被、土壤类型等。遥感数据是遥感技术的产物，通过对这些数据的获取和分析，可以深入了解地球表面的变化、特征及其相互关系。

遥感数据主要分为光学遥感和微波遥感两大类。光学遥感主要利用可见光、红外线等电磁波段，通过反射或发射的方式记录地表信息。这类数据可以提供高分辨率、丰富的光谱信息，适用于植被、土壤、水体等地表要素的监测。光学遥感数据的获取主要依赖于遥感传感器，如光学相机、卫星遥感器等。

微波遥感则主要利用微波波段的电磁波，适用于穿透云层、植被等不透明媒介的情况。微波遥感数据可以提供地表的高度、湿度、地形等信息，对于土地利用、地表变形等方面的研究有着独特的优势。微波遥感数据的获取依赖于微波传感器，如合成孔径雷达（SAR）等。

在遥感数据中，光谱信息是一个重要的概念。光谱是电磁波在空间传播时，不同波长的集合。通过记录不同波段的光谱信息，可以获取地表不同特征的光谱反射率。光谱信息是遥感数据中的重要指标，通过分析光谱数据，可以了解地表的植被状况、土壤类型等信息。

分辨率是遥感数据另一个关键的概念。分辨率反映了遥感数据中能够识别的最小空间对象的大小。分辨率越高，数据能够更清晰地显示地表的细节。分辨率通常分为空间分辨率和光谱分辨率，前者表示在地面上的最小识别单元大小，后者表示记录不同波段光谱信息的能力。

遥感数据还包括时间信息，即数据获取的时间。时间序列的遥感数据可以追踪地表的变化，如季节性植被生长、水体面积的变化等。通过时间序列分析，可以更全面地了解地表的动态过程，为自然资源管理和环境监测提供更为全面的信息。

遥感数据还涉及数据的格式、坐标系统、数据存储等多个方面。数据格式包括栅格数据和矢量数据，不同的格式适用于不同的应用场景。坐标系统用于确定地理位置，数据存储则关系到数据的传输和处理效率。

遥感数据是通过遥感技术获取的地球表面信息的数字表示。了解遥感数据的基本概念，包括光学遥感和微波遥感、光谱信息、分辨率、时间序列等多个方面，有助于更深入地理解和应用遥感数据，为环境监测、资源管理等领域提供科学依据。

（二）遥感数据在水文学中的应用

1. 河流流域监测

河流流域监测是水文学领域中关键的研究方向之一，而遥感数据的广泛应用为这一领域带来了革命性的变革。遥感数据在河流流域监测中的应用，不仅提高了监测的精度和效率，还为水文学研究提供了全新的视角。

遥感数据在河流流域监测中的一项重要应用是水体识别与变化检测。通过卫星和航空遥感获取的多光谱影像，科学家能够准确识别河流和水体边界，实现对水域的监测。同时，结合历史遥感数据，可以进行水体变化的时空分析，帮助研究者了解河流流域水体的演变过程，为水资源管理和生态环境保护提供基础数据支持。

遥感技术在监测河流水位和洪水方面发挥着独特的作用。卫星搭载的合成孔径雷达（SAR）等传感器可以获取地表高程信息，通过对河流的高程进行监测，科学家能够实现对河流水位的精确测定。在洪水发生时，遥感数据能够提供及时的洪水范围和深度信息，为防汛工作提供重要支持。

遥感技术还广泛应用于土地利用和植被监测，这对于河流流域的水文过程具有重要影响。通过获取高分辨率的遥感图像，可以准确判别不同地类，了解土地利用的动态变化。同时，植被监测可帮助研究者了解植被的覆盖情况，对水土保持、河流生态系统健康等方面提供关键信息。

遥感数据在河流流域监测中的另一应用是温度监测。通过红外遥感数据，可以获取地表温度信息，帮助科学家了解河流的水温分布情况。这对于研究水体温度对生态系统的影响、监测水体富营养化等方面具有重要意义。

遥感技术还可用于河流流域的干旱监测。通过获取植被指数等数据，可以实现对植被的健康状况进行评估，为干旱监测提供重要的指标。这有助于及时预警干旱事件，为农业生产和水资源管理提供科学依据。

遥感数据在河流流域监测中的应用，通过提供多维度、多时相的地表信息，为水文学研究提供了丰富的数据资源。这些数据不仅有助于监测水体变化、水位、洪水等水文要素，还为土地利用、植被监测、温度分布等多个方面的研究提供了有效手段。随着遥感技术的不断发展，对河流流域监测的深入研究将进一步拓展我们对水文过程和水资源管理的认识。

2. 水体监测与变化分析

水体监测与变化分析是遥感技术在水文学中的关键应用之一。通过利用遥感数据，可以实现对水体的动态监测和变化分析，为科学家和决策者提供丰富的信息，深化对水资源的认识，有效应对水文变化。

遥感数据在水体监测中的应用主要涉及水体边界的提取和水体参数的获取。通过遥感技术，可以获得高分辨率的影像，从而实现对水体的清晰边界提取。这为水体的准确识别和监测提供了基础。同时，遥感数据还能提供水体的一系列参数，如水体面积、湖泊深度等信息，为水文学的深入研究提供了关键数据。

水体监测通过遥感数据的时空分析，可以追踪水体的变化趋势。在时间序列的遥感数据中，科学家可以观察到水体的季节性变化、年际变化等规律，进而了解水体的动态演变过程。这种变化分析有助于深入理解水文循环、水体的周期性变化等自然规律。

遥感数据在水体监测中的应用不仅局限于表面水体，还涉及地下水的监测。通过微波遥感技术，可以穿透云层和植被，获取地下水体的一些特征，如地下水位的深度、变化趋势等。这为地下水资源的监测提供了一种有效的手段，帮助科学家更好地理解地下水系统的运动规律。

遥感数据在水体监测中还可应用于水质监测。通过光学遥感技术，可以获取水体的反射光谱信息，通过这些信息可以初步判断水体的透明度、溶解物质浓度等参数，从而对水体的水质状况进行评估。这种水质监测手段在环境保护、水资源管理等方面具有重要意义。

水体监测与变化分析通过遥感数据的处理和解译，为水文学提供了一系列实用工具。科学家可以利用这些工具对水体进行多方位的监测，深入研究水文循环、水体演变等问题。这不仅有助于对水资源的科学管理，还为水文学的发展提供了重要的数据支持。

遥感数据在水体监测与变化分析中发挥着不可替代的作用。通过提供高分辨率的影像、水体参数和时空变化趋势等信息，遥感技术为水文学的研究提供了强大的工具，为保护水资源、应对水文变化提供了科学依据。

二、遥感数据在水资源测绘中的应用

（一）遥感数据在水资源监测中的基础作用

1. 水体分布与水面积测算

水资源监测中，遥感数据发挥着基础作用，尤其在水体分布与水面积测算方面，其应用为科学家提供了高效、全面的手段。遥感数据的基础作用体现在对水体的快速识别、动态监测、面积测算等方面。

遥感数据在水资源监测中的基础作用表现在水体的快速识别。通过卫星和航空遥感获取的多光谱、高分辨率影像，科学家能够迅速识别地表上的水体。这为监测河流、湖泊、水库等水体提供了基础数据，使其得以精准定位和区分。

遥感技术在水体的动态监测中发挥着重要作用。通过不同时间点的遥感影像，科学家能够实现对水体的变化过程进行连续观测。这有助于及时发现水体的波动、蓄水量的变化等情况，提供动态的水资源监测数据。

在水面积测算方面，遥感数据更是提供了高效的手段。通过遥感图像进行水体边界的提取和分类，结合数学模型和算法，科学家可以准确地计算水体的面积。这为水资源管理、水域生态环境研究提供了关键的空间信息。

遥感技术在水体分布与水面积测算中，通过多波段数据的获取，还有助于区分不同水体类型。不同类型的水体具有不同的光谱特征，遥感数据能够捕捉这些特征，使得科学家能够更细致地划分湖泊、河流、沼泽等水域，为水资源研究提供更详实的信息。

在水资源监测中，遥感技术不仅仅用于单一时间点的快照式观测，还支持长时间序列的水体监测。这使得科学家能够追踪水体的季节性和年际性变化，深入了解水体的动态特征，为水资源的科学管理提供更为全面的依据。

遥感数据在水资源监测中的基础作用主要体现在水体的快速识别、动态监测、水面积测算等方面。其高时空分辨率的特点为科学家提供了丰富的地表信息，支持水资源的动态监控和管理。随着遥感技术的不断发展，其在水资源监测中的应用将更加深入、精准，为全球水资源的可持续利用提供更为强大的支持。

2. 土地利用与水资源关系分析

土地利用与水资源的关系是一个复杂而密切的课题，遥感数据在水资源监测中扮演着基础性的角色。通过分析土地利用类型与水资源之间的相互影响，科学家们能够更好地理解和管理水资源，实现对水文环境的合理规划和保护。

遥感数据提供了获取土地利用信息的重要途径。通过卫星和飞机等遥感平台获取的高分辨率遥感影像，可以揭示地表的土地利用状况。这包括城市建设、农田分布、植被覆盖等多个方面。通过对这些信息的解译和分析，科学家可以获取土地利用的详细数据，为水资源与土地利用之间的关系建立基础。

土地利用类型直接影响着地表水资源的分布和状况。城市化过程中，建设活动导致土地被大面积封闭，减少了地表的自然透水性，增加了地表径流，可能导致城市洪水的发生。农田的扩张会影响水文循环，改变水土保持状况，对水资源的供应和质量产生影响。植被的变化与水资源关系密切，不同植被类型对水分利用和蒸腾的方式各异，进而影响水体的蓄水和水文循环。

遥感数据的时空分析使得科学家能够监测土地利用变化对水资源的影响。通过多时相的遥感数据，可以追踪土地利用类型的演变，了解城市扩张、农业耕地变化、森林覆盖率的波动等。这种时间序列的监测为分析土地利用变化对水资源的影响提供了丰富的数据基础，有助于预测未来的水资源状况。

遥感数据还支持水资源模型的建立和验证。通过将土地利用数据与水文模型结合，科学家们能够更准确地模拟水资源的动态变化。这种模型可以用于预测水体径流、地下水位、水质等多个水文参数，为水资源的管理和规划提供科学依据。

遥感数据在水资源监测中扮演着基础作用。通过获取土地利用信息，科学家们可以深入研究土地利用与水资源之间的关系，为科学合理地管理水资源提供了必要的数据支持。这种基础性的遥感数据分析为水文环境的研究和保护提供了科学依据，有助于实现水资源的可持续利用。

（二）遥感数据在水资源评估中的应用

遥感数据在水资源评估中的应用是一项卓越的科学成就，通过对卫星和航空平台获取的多光谱数据的利用，为水资源的定量评估提供了全新的方法和手段。

遥感数据在水资源评估中的主要作用之一是对地表水体的动态监测。通过不同波段的光谱信息，遥感技术能够准确识别湖泊、河流、水库等水体，实现对水体的全球性监测。这为科学家提供了一个全面了解地球表面水体分布和变化的途径，为水资源评估提供了直观的数据支持。

遥感数据的应用拓宽了水资源评估的空间范围。传统的水资源评估主要依赖于地面观测，受制于地理环境和人力成本等因素，其空间范围有限。而遥感技术通过卫星、航空器等高空平台，可以覆盖广大地区，不受地理局限，使得水资源评估具有了更为广泛的应用前景。

遥感数据的时间序列分析能够揭示地表水体的时空动态变化。通过对历史遥感数据的挖掘和分析，科学家们可以获取水体的演变过程，发现水资源的周期性变化和长期趋势。这为水资源的长期规划和管理提供了可靠的依据，有助于制定更加科学合理的水资源策略。

在水资源评估中，遥感数据的高时空分辨率也为地表水体的特性提供了详细的描述。通过对地表反射率、温度等信息的提取，科学家们能够深入研究水文要素，包括水体温度、水质等。这种细致入微的信息有助于更准确地评估水资源的质量和可利用性，提供科学依据为水资源的保护和管理。

遥感数据在水资源评估中的应用还包括了地下水资源的调查与监测。通过遥感技术获取的地表信息，结合地下水位监测数据，可以实现对地下水资源的评估。这对于地下水的科学管理和可持续利用提供了有效手段。

遥感数据在水资源评估中的应用具有广泛而深远的意义。通过遥感技术，我们能够实现对全球范围内水体的高效监测和定量评估，为科学家和决策者提供了全新的视角和数据支持。这种综合利用遥感数据的方式有望为全球水资源的科学管理和合理利用提供更为科学、准确的手段。

第二章 水文学基础与原理

第一节 水文学的科学理念

一、水文学的基本理念

（一）水文学的概念

水文学是研究地球表面水体的一门学科，涉及水的分布、运动、循环以及与地表、大气、土壤和生物相互作用的科学。水文学关注水在自然环境中的各个方面，包括水的来源、水文过程、水文循环、水资源管理等。

水文学的研究范围包括河流、湖泊、沼泽、地下水、冰雪覆盖以及大气中的水汽等。这些水体在地球上形成了复杂而互相关联的水文系统。水文学通过对这些水文系统的研究，探讨了水的空间分布、数量、质量、运动规律等方面的问题。

水文学的核心任务之一是理解和描述水文过程。水文过程涉及水的蒸发、降水、地表径流、地下水流、融雪等。研究者通过观测、实验和建模，试图揭示这些过程的机制和规律。这有助于我们更好地理解水的循环，把握水资源在自然环境中的变化情况。

水文学在水资源管理方面也发挥着关键作用。通过对水文过程的深入研究，可以为合理规划水资源的开发和利用提供科学依据。水文学的成果不仅有助于解决供水、农业灌溉、能源生产等方面的问题，还能够为水资源的可持续管理提供战略性支持。

水文学还关注水文系统与环境的相互作用。地表水与大气、土壤、植被之间存在复杂的相互关系，而水文学正是通过研究这些相互作用，揭示水对自然生态系统的影响，以及自然环境对水文过程的调控机制。

随着遥感技术和地理信息系统的发展，水文学的研究手段得到了极大的拓展。卫星遥感数据的应用使得研究者能够更全面、更高效地监测水体的分布、变化和特征。地理信息系统的运用则为水文学提供了强大的空间分析工具，使得水文学的研究更具时空精度。

水文学作为研究水体及其在自然环境中的各种相互关系的学科，是理解和管理水资源的基础。通过对水文学的深入研究，我们可以更好地把握水在地球上的分布、运动和循环规律，为水资源的可持续利用和生态环境的保护提供科学支持。水文学的发展将继续推动我们对地球水循环和水资源管理的认识不断深化。

（二）水文学的核心要素

1. 降水过程

降水过程是水文学中的核心要素之一，对地球上的水循环和水资源的分布起着至关重要的作用。降水是大气中水汽凝结成液态或固态水滴并落至地面的过程，不仅影响着地表径流、地下水充实，也直接关系到植被生长、农业灌溉等多个方面。

水汽是降水的起源，它主要来源于海洋、湖泊、河流等水体的蒸发过程。水汽随着大气的运动和温度的变化，形成云团。当云团中的水汽达到饱和状态，就会发生凝结现象，形成水滴或冰晶，最终以降水的形式降落到地表。降水的形式多种多样，包括雨、雪、雹等，取决于大气中的温度和湿度条件。

降水对水文循环具有调节作用。在降水过程中，水汽从大气中释放并转化为液态或固态水，为地表提供了水源。这些降水进入土壤，一部分通过植被蒸腾和蒸发作用返回大气，形成大气再循环；另一部分渗透入地下，充实地下水层，形成地下水资源。同时，降水也是形成河流、湖泊等地表水体的主要水源，维持着地表水系统的平衡。

地理位置和气候条件对降水过程有着显著的影响。热带和赤道地区通常降水较为充沛，形成了茂密的雨林；而极地地区降水相对较少，以冰雪覆盖为主。地形对降水分布也有一定影响，如山脉阻挡了湿空气的流动，导致山坡上风 ward 侧的降水较多，而背风 ward 侧则相对干燥。

降水过程对植被和农业产生直接的影响。充足的降水是植物生长的重要条件，适宜的降水量有助于提高农作物产量。然而，降水过多或过少都可能对农业产生负面影响，过多的降水可能导致洪涝灾害，而过少的降水则可能引发干旱。因此，降水的时空分布对于农业生产的合理规划和水资源管理至关重要。

降水过程还与气候变化紧密相关。随着全球气候变暖，降水模式可能发生改变，一些地区可能面临更频繁的极端降水事件或干旱。这对于预测和适应未来的水资源状况具有重要意义，需要通过对降水过程的深入研究来加深对气候变化影响的理解。

降水过程是水文学中的核心要素，对于地球上的水资源分布和水循环过程起着不可替代的作用。通过了解降水的起源、形式、对水文循环的调节作用以及与气候、地理条件的关系，可以更好地理解和利用水资源，实现对水文环境的科学管理。

2. 地表径流

地表径流是水文学研究的核心要素之一，它是地表水循环过程中的重要组成部分。地表径流是指雨水、融雪等降水形成的地表水流动的过程，是水文循环中的一个重要环节，直接关系到地表水资源的形成、分布和利用。

地表径流的形成受多种因素影响，包括地形、土壤类型、植被覆盖、降水强度等。地形对于地表径流的分布具有显著的影响，陡峭的地势容易形成较大的地表径流，而平缓的地势则有助于水分渗透和土壤蓄水。不同土壤类型的渗透性差异也会导致地表径流的差异。植被覆盖能够减缓降水对地表的冲击，降低地表径流的生成。降水强度和分布不均匀也是地表径流形成的重要因素，过强的降水可能导致地表径流急剧增加。

地表径流的研究对于水资源的合理利用和水环境保护具有重要意义。了解地表径流的时空分布可以帮助科学家和决策者更好地规划水资源的开发和利用。通过对地表径流的研究，可以确定适宜的水源地、合理的水资源配置，以满足不同地区的用水需求。

地表径流的研究对于防洪减灾有着重要的意义。洪水是地表径流过程中的一种极端现象，了解地表径流的规律和特点有助于预测洪水的发生，提前采取有效的防控措施，减轻洪水对人类和生态环境的不利影响。

地表径流的管理也直接涉及城市规划和土地利用。在城市化进程中，过度的土地密封和建设会导致地表径流的急剧增加，加重城市洪涝风险。因此，科学的城市规划和土地利用策略应当考虑地表径流的影响，采取合理的措施来减缓和处理地表径流，保护城市水环境。

地表径流是水文学研究的核心要素，它反映了降水过程对地表水体的直接影响。通过深入研究地表径流的形成机制、影响因素以及时空分布规律，我们能够更好地理解水文循环的运行机制，为水资源管理、洪水防控以及城市规划提供科学的依据，推动水文学领域的深入发展。

二、水文学科学理念包含的内容

（一）水文学的综合性

水文学是一门综合性学科，它涵盖了地球表面水体的广泛范围，旨在深入研究水的分布、运动、循环以及与地表、大气、土壤和生物之间的复杂相互作用。这一学科不仅关注水的物理学和地理学特性，还致力于揭示水文过程、水资源管理、环境影响等方面的问题，具有极大的实用性和理论深度。

水文学的综合性体现在对多种水体的研究上。它不仅关注常见的河流、湖泊、沼泽，还深入研究地下水、冰雪覆盖以及大气中的水汽等。通过对这些不同类型水体的综合研究，水文学努力构建起对整个水文系统的全面认知，使得我们对地球表面水的分布、循环等有更加全面深刻的了解。

水文学的综合性体现在研究方法上。它不仅运用传统的野外实测、实验观测方法，还借助了现代科技手段，如卫星遥感、地理信息系统等。这些先进技术为水文学提供了海量的多维数据，使得水文学研究更加全面、时空精细。通过不同尺度的观测手段的有机结合，水文学能够深入了解水体的多层次特征，形成更为立体的研究视角。

水文学的综合性体现在对水文过程的全面理解上。水文过程包括水的蒸发、降水、地表径流、地下水流、融雪等一系列复杂而相互关联的过程。水文学不仅仅注重对这些过程的单一研究，更加注重对它们之间相互作用的理解。通过对水文过程的综合研究，水文学努力揭示这些过程如何相互影响，从而深刻理解地球水的动态变化。

水文学的综合性体现在水资源管理方面。水是生命之源，也是社会发展的基础。水文学通过对水资源的分布、利用和管理的综合研究，为合理规划水资源的开发和利用提供科学依据。这种综合性的研究对于解决供水、农业灌溉、能源生产等方面的问题起到了重要作用。

水文学的综合性还表现在对水文系统与环境的相互作用的关注上。水文系统与地表、大气、土壤、植被等环境要素之间存在复杂的相互关系。水文学通过综合研究这些相互作用，为我们理解水对自然生态系统的影响，以及自然环境对水文过程的调控机制提供了深刻认识。

水文学作为一门综合性学科，以其深入广泛的研究领域、多元复杂的研究方法和对水文过程的全面理解，为我们深入认知地球水文系统提供了重要支持。在面对全球性水资源挑战的同时，水文学的综合性研究将继续推动我们对地球水资源及其管理的深入理解。

（二）水文学的可持续发展理念

水文学的可持续发展理念是一种基于科学原理的思想框架，旨在实现水资源的科学管理和可持续利用。这一理念涵盖了对水文环境的全面认知、对水资源利用的谨慎策略和对水文系统的动态平衡的追求。

水文学的可持续发展理念强调对水文环境的深入认知。这包括对地表水、地下水、大气水的相互作用和影响的全面理解。通过深入研究水文循环、降水过程、蒸发蒸腾等关键过程，科学家能够更准确地刻画水文系统的运行机制，为合理管理水资源提供科学依据。

可持续发展理念注重对水资源利用的谨慎策略。这涉及水资源的合理分配、高效利用和对水质的保护。科学家和决策者需要通过研究水资源的供需关系、水资源的经济价值，设计出能够最大限度满足社会需求且不损害生态系统的水资源管理政策和方案。

可持续发展理念还强调对水文系统的动态平衡的追求。水文系统是一个复杂的生态系统，受到气候、地形、植被等多个因素的影响。通过建立水文模型，科学家可以模拟水文系统的动态变化，预测未来的水资源状况，为适应气候变化和人类活动对水文系统的影响提供科学指导。

在可持续发展理念下，水文学强调综合考虑自然和人为因素，实现水资源的可持续利用。这包括发展适应气候变化的水资源管理策略，推动科技创新以提高水资源的利用效率，加强对水体生态系统的保护，以及制定合理的水资源法规和政策。

可持续发展理念还需要重视公众参与和社会责任。公众对水资源的认识和参与程度对于可持续水资源管理至关重要。通过教育、宣传和社会参与，可以提高公众对水资源的理解，形成共同的水文学理念，推动整个社会对水资源的科学管理和保护。

水文学的可持续发展理念是一个综合性的科学思想，强调对水文环境的深刻认知、对水资源利用的谨慎策略和对水文系统动态平衡的追求。这一理念的实现需要科学家、决策者、公众的共同努力，通过不断地研究、创新和合作，实现水资源的可持续发展，为子孙后代留下一个丰富而可持续的水文环境。

（三）跨学科融合的趋势

水文学作为一门研究水的科学，近年来逐渐呈现出跨学科融合的趋势，体现了科学发展的新方向。这种趋势主要表现在水文学与地球科学、生态学、气象学等相关学科之间的深度合作，为解决当今面临的复杂水资源和水环境问题提供了更全面、系统的理论和方法。

水文学与地球科学的跨学科融合使得对地球水循环的认识更为全面。地球水循环是水文学研究的核心内容之一，而其受到地球大气、地表地貌、生态系统等多个方面的影响。通过与地球科学的深度融合，水文学能够更准确地揭示地球水循环的各个环节之间的相互作用，推动对全球水资源的综合管理和利用。

水文学与生态学的融合促进了对水生态系统的深入理解。水文学与生态学之间存在着密切的关系，水的流动和分布直接影响着水生态系统的结构和功能。跨学科融合使得水文学能够更好地理解水对生态系统的影响，为维护水生态平衡、保护水生物多样性提供更为科学的方法。

同时，水文学与气象学的紧密合作推动了水文过程的更为精确的模拟和预测。气象条件对降水和蒸发等水文过程有直接的影响，水文学与气象学的跨学科融合使得水文模型能够更准确地反映气象因素对水文过程的驱动，提高水文事件的预测精度，为防洪、水资源管理等提供更可靠的数据支持。

水文学与地球信息科学、遥感技术等领域的跨学科合作也为水文研究提供了新的视角和方法。通过地球观测技术和遥感数据，水文学能够实现对水体的高效监测、水文要素的全球观测，推动水文研究从局地扩展到全球尺度，为全球水资源管理和气候变化研究提供了更为综合的信息。

水文学的科学理念逐渐走向跨学科融合，这使得我们能够更全面地认识水文过程的复杂性，更有效地应对当今社会面临的水资源和水环境问题。跨学科融合不仅丰富了水文学的理论体系，也拓展了水文学的研究方法，为解决全球性水问题提供了更为全面和深刻的科学支持。

第二节　水文学中的地下水与地表水

一、水文学中的地下水

（一）地下水的概念与形成

1. 地下水的定义

地下水是指存在于地下岩层或土壤中的水体，它是地球水文循环中的一个重要组成部分。这种水体通常储存在地下蓄水层中，由岩石、砂土、泥土等多孔介质包围。地下水不仅是饮用水资源的主要来源之一，也对生态系统的维持和地表水循环起着至关重要的作用。

地下水的形成是由多种自然过程共同作用的结果。大气中的降水、融雪以及地表水的渗漏，将水分逐渐渗入地下，进入土壤和岩层。这些水分在地下岩石和土壤中形成了地下水的储集层。地下水的运动受到地下水流动力学规律的支配，包括水的渗流、流向和流速等。这种运动使得地下水在地下岩层中发生迁移，并最终在某些地方形成蓄水层。

地下水的储存是地下水循环的重要组成部分。地下水以极高的时间尺度存在于地下，形成了地下水库。这种水库的形成过程十分缓慢，水分滞留时间长，是地球上深层水资源的主要来源之一。地下水库的存在使得地下水具有相对稳定的水量，对地表水源的平衡和生态系统的生存起着至关重要的调节作用。

地下水的分布具有空间差异性，受到地质结构和地表覆盖的影响。在地质条件较为均匀的区域，地下水的分布较为广泛均匀；而在地质构造复杂的地区，地下水的分布则可能呈现出较为局部的不规则分布。地下水与地表水之间存在复杂的相互关系，地下水的补给主要来自地表水的渗漏，同时地下水也可以通过泉水等方式向地表水体补给。

地下水的水质受到地下水流经地下岩石和土壤的影响。地下岩层中的矿物质、溶解的化学物质等都会对地下水的水质产生影响。在一些地区，地下水可能因为受到污染物的渗入而导致水质下降。因此，地下水的保护和管理对于维护水质和人类生活至关重要。

地下水的开发和利用是一项复杂而关键的任务。在一些干旱地区或无法直接利用地表水的地方，地下水成为主要的饮用水和农业灌溉水源。然而，不合理的开采和过度使用可能导致地下水位下降、地下水库衰竭等问题，因此，科学合理的地下水管理显得尤为重要。

地下水是地球水文循环中的重要组成部分，它在自然生态系统的平衡中发挥着至关重要的作用。通过对地下水的深入研究，我们可以更好地了解地球水文循环的全貌，为水资源管理、环境保护提供科学支持。

2. 地下水的形成过程

地下水的形成过程是一个复杂的地质水文学问题，与地层结构、气象条件以及水文循环等多个因素密切相关。地下水的形成可以追溯到大气中的水汽凝结过程和地表径流水渗透入地下层的过程。

在大气中，水汽是地下水的主要来源之一。当大气中的水汽遇到冷却空气时，就会凝结成液态水滴或冰晶，形成云层。当云层中的水汽饱和时，就会发生降水，水滴或冰晶从大气中落至地表。这些降水一部分通过地表径流流入河流、湖泊等地表水体，另一部分渗透入地下，逐渐形成地下水。

地下水还形成于地表径流的渗透过程。当地表发生降雨或融雪时，地表水会流向低洼地区，形成地表径流。部分地表水在流动过程中渗透入地下层，进入土壤和岩石的孔隙中，逐渐形成地下水。这一过程是地下水形成的重要途径之一。

地下水形成过程中地层的角色至关重要。地下水主要存在于地下的岩石和土层中的裂缝、孔隙中。地下岩石的类型和结构对地下水的形成和储存起着决定性作用。例如，多孔性的砂岩和砾石层具有较高的水导性，有利于地下水的形成和流动。坚硬的岩石如花岗岩或页岩，其孔隙度较低，地下水形成相对较困难。

气象条件也对地下水形成产生影响。气温和降水是直接影响地下水形成的气象要素。气温的变化影响了大气中水汽的含量和地表水的温度，从而影响了水汽的凝结和降水过程。降水的多寡和分布也直接影响了地下水的形成，足够的降水有助于增加地下水的储量。

地下水的形成还受到地表植被、土壤性质等因素的影响。植被通过蒸腾作用将水分输送到大气中，降低土壤中的水分含量，有利于地下水的渗透和形成。不同类型的土壤对水分的渗透和保持有着不同的作用，对地下水形成起到了调控作用。

地下水的形成是一个综合地质水文学问题，受到大气水汽的凝结、地表径流水的渗透、地层结构、气象条件以及土壤植被等多个因素的影响。深入研究地下水的形成过程有助于更好地理解水文循环、水资源的分布和地下水的可持续利用。

（二）地下水运动与水文循环

1. 地下水运动的特点

地下水运动是水文学研究的重要组成部分。地下水运动的速度较慢。相比于地表水的快速流动，地下水在地下岩层中的运动速度通常较为缓慢。这是因为地下水受到地下岩石的阻碍，水分在孔隙中通过渗透和扩散的方式进行运动，导致地下水运动速度相对较慢。

地下水运动具有惯性。一旦地下水开始运动，其运动方向和速度不容易改变。这是由于地下岩石中的渗透性和孔隙度等地质条件限制了地下水的流动路径，使得一旦形成的地下水流体通道相对稳定，地下水就会在这个通道中保持运动。

地下水运动具有不均匀性。由于地质结构的不均匀性，地下水运动在地下岩层中会受到各种影响，导致地下水运动路径和速度的不均匀分布。这使得地下水系统呈现出复杂的空间分异性，不同区域的地下水运动状况存在较大差异。

地下水运动还具有季节性的变化。地下水系统受到降雨、融雪等气象条件的影响，季节性地发生水位升降和地下水运动速度的变化。在降雨季节，地下水水位上升，地下水运动增强；而在干燥季节，地下水水位下降，地下水运动减缓。

地下水运动与地表水之间存在相互联系。地下水与地表水通过渗透、沉淀和蓄水等过程相互影响，构成了水文循环的一个重要环节。地下水在地下岩层中运动的轨迹和速度受到地表水的补给和排水的影响，而地下水的流动也会通过泉水、湖泊和河流等方式与地表水相互交换。

地下水运动是水文学研究的一个关键方面，其特点的了解对于科学合理地管理地下水资源、预测地下水位变化、保护地下水环境等方面具有重要意义。深入研究地下水运动的特点有助于更好地理解地下水系统的复杂性，为解决相关水文问题提供科学的依据。

2. 地下水与水文循环的关系

地下水与水文循环密切相关，二者之间存在深刻的相互影响。水文循环是地球上水体在大气、地表和地下之间不断循环的过程，而地下水是水文循环中的一个重要储存和输送介质，两者的关系直接影响着地球水资源的分布和可持续利用。

地下水与水文循环的联系体现在水的输入和输出方面。降水是水文循环的重要输入，一部分降水直接通过地表径流流入河流湖泊，另一部分渗透进入土壤层，形成土壤水，而土壤水再继续渗透进入地下，最终形成地下水。这一过程构成了水文循环中的重要水分输入路径。与此相反，地下水通过泉水、井水等方式向地表输出，补给了地表水系统，维持了水文循环的平衡。

地下水在水文循环中扮演了重要的贮水角色。由于地下岩石和土壤的多孔性，地下水被储存在岩石和土层的空隙中，形成地下蓄水层。这些储存的地下水在水文循环中具有缓冲和调节作用，当降水较多时，地下水储备增加，当降水较少时，地下水储备则充当了地表水缺乏时的重要补给源。这种地下水的贮存和释放过程对维持水文循环的平衡至关重要。

地下水与水文循环的关系还表现在地下水对土壤水分和植被的供给上。通过渗透和植被的吸收，地下水向土壤和植被提供水分，支持了陆地生态系统的生存和发展。土壤水和植被蒸腾过程中释放的水汽也参与了水文循环的蒸发环节，形成了气候和降水的复杂相互作用。

地下水还通过地下水流动的形式影响着河流和湖泊的水位和水量。当地下水位较高时，会向河流和湖泊释放水分，维持其水位；反之，当地下水位较低时，河流和湖泊可能会向地下水释放水分。这种地下水与地表水的相互作用直接影响了水文循环中的河流流域和湖泊系统。

地下水与水文循环之间存在着密切的相互联系。地下水在水文循环中既是水分的重要输入和输出通道，也是水分的重要贮存介质。其对土壤水分和植被的供给、对地表水体水位和水量的调节，使得地下水成为水文循环中不可或缺的组成部分。对这种复杂而紧密的关系的深入研究，有助于更好地理解地球水资源的动态分布和生态系统的健康状况，为科学合理地利用水资源提供了理论支持。

二、水文学中的地表水

（一）地表水的概念与分类

1. 地表水的定义

地表水是指存在于地球表面的水体，包括河流、湖泊、水库、沼泽、雨水、冰雪融水等。这些水体在地表上流动、蓄积或渗漏，构成了地球表面水文循环的一部分。

河流是地表水的主要组成部分之一。它们由多个支流汇聚而成，流经山川河谷，最终流入海洋。河流的水体一般是明显可见的，流动轨迹往往刻画了地势的起伏，而河水的流速和流量受到地形、气象和季节等因素的影响。

湖泊是地表水的另一种形式，是由多种因素形成的天然或人工水体。湖泊一般是较为静态的水体，水质和温度可能随深度和季节的变化而有所不同。湖泊在地表水循环中起到蓄水的作用，既能够吸收雨水和河水，又能够向周围环境释放水分。

水库是人工筑造的蓄水池，通过堤坝阻塞河流而形成。水库既可以用于调蓄水源，保障用水需求，也可以发电、防洪、灌溉等多种用途。水库的存在改变了地表水的自然流动方式，影响了下游地区的水文情势。

沼泽是一种潮湿的低洼地区，水域较浅，植被茂盛，土壤富含有机质。沼泽对于地表水的影响主要表现在水的滞留和植被的蓄水作用上。它们是地表水循环中的湿地类型之一，对水质净化、生态系统的维持有着重要的作用。

雨水和冰雪融水是地表水的短期补给，主要受到气象条件的制约。雨水在降雨时刻暂时滞留在地表，可能渗透入土壤，形成地下水，也可能流入河流、湖泊等地表水体。冰雪融水则主要来源于山脉、极地等雪域地区，随着气温升高，冰雪融化后的水体进入河流系统，影响了地表水的水文循环。

地表水的存在和运动是地球水循环的重要组成部分。水汽从海洋蒸发升华，形成云层，再通过降水沉淀到地表，形成河流湖泊。这一循环过程中，地表水在形成和流动的过程中发挥着重要的作用，维持了地球表面水文平衡。

总体来说，地表水是地球表面上存在的多种水体的总称，包括河流、湖泊、水库、沼泽等。这些水体在地球水文循环中扮演着不可或缺的角色，对生态系统、气候和人类社会都具有重要的影响。对地表水的深入研究有助于更好地理解水文循环过程，促进水资源的科学管理和可持续利用。

2. 地表水的分类

地表水是指地球表面上流动和静止的水体，根据其来源、性质和用途等方面的不同特征，可以将地表水进行多层次的分类。

根据地表水的来源，可以将其分为降水和地下水两大类。降水包括雨水、雪水和冰雹等，是大气中水汽通过凝结形成的水滴或冰晶在地表降落的过程。地下水则主要来源于降水后的地表径流、入渗到土壤中的降水以及湖泊、河流的水体。这两类地表水相互关联，共同构成了水文循环系统。

根据水体的运动状态，地表水可分为静水和流水。静水主要包括湖泊、水库、沼泽等静止的水体，其水流相对较缓，水质较为稳定。流水则包括河流、溪流等，其水体在地表上流动，受到地形和地势的影响，呈现出动态的特性。

根据地表水的性质和成分，可以将其分为淡水和咸水。淡水主要包括湖泊、河流等，其盐分含量相对较低，适用于饮用和农业用水。咸水则主要存在于海洋中，盐分含量较高，不适宜直接用于饮用和灌溉。

根据地表水的生态功能，可将其分为生态水体和非生态水体。生态水体主要指具有较好生物多样性、维持生态平衡的水体，例如湿地、河流中的生态系统。非生态水体则是那些由于污染或人为活动干扰而生态平衡受到破坏的水体，例如受到工业废水排放的河流、湖泊。

根据地表水的用途，可以将其分为工业用水、农业用水和生活用水等。工业用水主要指用于工业生产和制造的水资源，农业用水主要用于农田灌溉，生活用水则供应居民生活和日常生产所需的水资源。

地表水的分类多样，体现了其在水文循环、生态系统、人类活动等方面的多重属性。对地表水的合理分类有助于更好地理解和管理水资源，保护水生态环境，以及满足不同用途对水质的需求。

（二）地表水的流域特征

1. 河流流域

河流流域是指一个地理区域内所有地表水通过河流或其支流最终汇聚到一个主要水系的区域。地表水流域具有独特的地理、气候和地形特征，这些特征直接影响了水文过程和地表水资源的分布、利用和管理。

地表水流域的特征之一是其明显的地理界限。通常，河流流域是由一条主要河流及其支流所形成的地理区域，其边界由流域的分水岭确定。分水岭是一个地理上的分界线，将流域划分成相邻的水系，使得流域内的水体汇聚流向同一方向。这种地理界限使得流域内的水文过程具有相对封闭性，形成独特的水循环系统。

地表水流域的特征受地形的显著影响。流域的地形起伏直接影响了地表水的流动方式和水体的分布。在山地区，流域的水流路径通常较陡峭，河流流速较快，形成瀑布和急流等地貌特征。而在平原地区，流域的地势较为平缓，河流呈缓慢流动，形成河滨湿地等地貌特征。地形对流域内降水的集水和水的输运路径产生深刻影响，进而塑造了流域的水文特征。

气候是地表水流域的另一个重要特征。不同气候条件下，流域内的降水量、蒸发量和融雪等水文过程会发生差异。热带流域通常具有丰富的降水，而寒带流域则可能受到冰雪覆盖和融雪的影响。气候对水文过程的季节性和年际性变化产生显著影响，决定了流域内水资源的可持续性和变异性。

植被覆盖是地表水流域的又一显著特征。不同植被类型对地表水的拦截、渗透和蒸腾过程有着不同的影响。森林地带通常具有较高的蒸腾作用，可以调节土壤湿度和保持地表水质。草地和草原地带的植被覆盖相对较疏，可能导致土壤侵蚀和径流增加。植被的分布和类型在一定程度上决定了流域的生态系统健康状况和水资源的可持续利用性。

流域内的土地利用也是地表水流域的重要特征之一。不同的土地利用方式会导致地表水污染、径流量的增加或减少等问题。农业活动、城市化进程和工业排放等对流域水质和水量产生直接影响，进而影响到流域内水资源的可持续性。

总体来说，地表水流域具有明显的地理界限、受地形影响的地势特征、受气候调控的水文过程、植被和土地利用的差异。这些特征使得每个地表水流域都形成了独特的水文环境，对于地球上水资源的分布和可持续利用提供了复杂而独特的背景。通过深入理解地表水流域的特征，可以更好地进行水资源管理和生态系统保护。

2. 湖泊与水库

湖泊和水库是地表水体的两种形态，它们在地表水的流域特征上有着共性和差异。流域特征是指在地表水循环中，包括河流、湖泊和水库在内的水体所处的地理、气象、地形等综合因素对其形成、演变和功能的影响。

湖泊是一种自然形成的水体，通常由地壳运动、冰川作用或火山喷发等地质过程形成。湖泊在地表水循环中具有蓄水和调蓄功能。湖泊的地表水输入主要来自于河流、雨水和地下水。湖泊的出水主要通过湖泊排水口流出，通过这种方式湖泊参与了地表水的流动。湖泊的流域特征与其地理位置、地形地貌、气候等因素密切相关，这些因素直接影响湖泊的水量、水质和水文循环。

水库是一种人工构筑的蓄水池，通常是为了满足水源供应、发电、灌溉等多种用途而建造。水库的形成主要是通过修建堤坝截断河流，形成蓄水池。水库的流域特征受到工程设计和人为干预的影响较大。水库的输入主要是河流流入和降水，而出水则主要通过水库的泄水口。水库的流域特征受到大坝高度、堤坝位置、蓄水面积等因素的制约，人为的水库管理也会对流域特征产生显著影响。

流域特征对湖泊和水库的影响体现在多个方面。地理位置和地形地貌直接决定了湖泊和水库的地表水输入和排水方式。高山湖泊常常位于山脚下，其流域较小，地表水主要通过降水和地下水输入；而平原地区的水库流域较大，主要受到上游河流的影响。

气候是湖泊和水库流域特征的重要因素。湖泊和水库在不同气候条件下表现出不同的水文循环和水体特性。气候条件直接影响着流域的水文过程，例如，干旱气候下的水库可能面临蓄水不足的问题，而多雨的气候则可能导致湖泊水位上升。

地表水的水质也受流域特征的影响。湖泊和水库的流域特征直接影响水体的富营养化程度、溶解氧含量等水质指标。流域的植被覆盖、土地利用等也对水体的富营养化和水质产生影响。

总体来说，湖泊和水库的流域特征受到地理、气象、地形等多个因素的综合影响。深入研究湖泊和水库的流域特征，有助于更好地理解和管理这些水体，实现对水资源的科学利用和保护。

（三）地表水的水文过程

1. 降水对地表水的影响

降水是地表水的主要补给源之一，对地表水的水文过程产生着深远的影响。降水直接影响地表水的形成、流动和质量，是水文循环中至关重要的环节。

降水首先通过降雨、雪或其他形式的降水过程将水分输送到地表。降水量的多寡和分布不均对地表水资源的充沛与否产生直接影响。大量降水可能引发洪水，对地表水系统造成严重影响，而缺乏降水则可能导致地表水资源的匮乏。

一旦降水发生，地表水系统的地表径流过程被激活。降水中的一部分会迅速形成地表径流，流经河流、溪流等水道，最终注入湖泊或海洋。这种地表径流过程不仅影响地表水的分布，还在一定程度上决定了水质的变化。降水冲刷地表，携带着土壤颗粒和溶解的物质，对地表水的质量产生直接影响。

降水也影响地下水的充注。一部分降水通过入渗进入土壤层，补给地下水。这一过程对地下水位的升降和地下水储量的形成具有决定性作用。充沛的降水可以使地下水储备充实，而缺乏降水则可能导致地下水位下降。

降水的季节性和时空分布也对地表水的水文过程产生重要影响。季节性降水变化直接影响着水体的水位和水流速度，季节性湿润和干燥交替的气候条件也使得地表水系统呈现出季节性的水文循环。

降水还影响着水生态系统的形成和演变。充足的降水为湖泊、河流等水域提供了充足的水源，维持了水体的生态平衡。反之，缺乏降水可能导致水体的干涸，对水生生物的生存和繁殖产生负面影响。

降水是地表水系统中不可或缺的重要环节。其通过地表径流、地下水补给等水文过程，直接影响着地表水的形成、分布和水质。对降水的深入研究有助于更好地理解水文循环的运行机制，为科学合理地管理水资源、预测水文事件提供重要依据。

2. 蒸发和蒸腾过程

蒸发和蒸腾是地表水水文过程中的两个重要环节，它们共同构成了水文循环中的蒸发蒸腾过程。这一过程是地球上水分从地表转移到大气中的关键环节，对调节气候、维持水体平衡和影响生态系统具有重要作用。

蒸发是指水分由液态状态转变为气态状态的过程。在地表水水文过程中，蒸发主要发生在水体表面，如湖泊、河流、水库等，以及湿润的土壤表面。太阳能的照射提供了蒸发所需的能量，使得水分分子脱离水体表面，转变为水蒸气进入大气中。蒸发的强度受到太阳辐射、风速、湿度等多种因素的影响，是水文循环中的重要驱动力之一。

蒸腾是指植物体内水分由液态状态转变为气态状态的过程。植物通过细胞内的气孔吸取土壤中的水分，将其运输至叶片表面，然后水分在叶片表面蒸发为水蒸气。植物蒸腾是由土壤到大气中的一种水分传输过程，也是植物生长和发育的重要组成部分。植物的蒸腾过程受到气温、湿度、风速以及植物的生理特性等多种因素的调控。

蒸发蒸腾过程对水文循环具有重要的影响。它是地球水分从地表向大气中转移的主要途径之一。水体表面和湿润的土壤通过蒸发，将水分释放到大气中，形成水蒸气。而植物通过蒸腾作用，将土壤中的水分吸收并释放到大气中。这一过程使得水分得以在地表和大气之间实现动态平衡。

蒸发蒸腾过程对地表温度和气候形成产生直接影响。在蒸发过程中，水体吸收了大量热量，导致地表温度下降。植物蒸腾过程中释放的水蒸气在大气中升华，形成云层，进而影响着气候和降水分布。因此，蒸发蒸腾过程是地表能量平衡和气候形成的关键要素。

蒸发蒸腾过程对水体平衡和生态系统健康也具有重要作用。蒸发蒸腾过程通过将水分从地表输送到大气中，维持了水体的平衡。对于湖泊、河流等水体，蒸发是其水量调节的重要机制。对于植物来说，蒸腾是其生长发育的必要条件，也参与了植物根系吸水和养分运输的过程。

总体来说，蒸发和蒸腾是地表水水文过程中至关重要的组成部分。它们通过将水分从地表输送到大气中，调节了气候、影响了水体平衡和生态系统的健康。深入理解蒸发蒸腾过程的机制和影响，对于水资源管理、生态环境保护以及气候变化研究具有重要的科学价值。

第三节　水文循环与水资源管理

一、水文循环

（一）水文循环的基本概念

1. 水文循环的定义

水文循环是地球上水分在大气、地表和地下之间不断流动的过程，是一个复杂而相互关联的系统。这一系统的运作涉及大气中的水蒸气、云的形成、降水、地表径流、蒸发和植被蒸腾等多个环节，形成了一个巧妙而精密的循环体系。

在水文循环中，太阳的辐射是推动整个过程的主要动力源。太阳的能量使得地表温暖，地表的水分受热而蒸发成水蒸气。这些水蒸气在大气中上升，形成云团。随着温度的下降，水蒸气凝结成水滴或冰晶，最终形成降水。这种降水可能以雨、雪、冰雹等形式降落到地表。

降水后，水分将分为地表径流和植被蒸腾两个主要途径。地表径流是水在地表流动的过程，它可以通过河流、湖泊和地下水道系统传输。植被蒸腾是植物通过细小的气孔将水分从土壤中吸收并释放到大气中的过程，起到了调节大气湿度的重要作用。

水文循环还与地下水有着密切的关系。一部分降水渗透到土壤中，成为地下水，为地下水库提供补给。地下水的流动速度相对较慢，因此在水文循环中起到了一个稳定水量的储备作用。

水文循环是一个精密而细致的系统，它贯穿着大气、地表和地下的各个层面。这一复杂的循环过程不仅维持着地球上生态系统的平衡，同时也影响着人类社会的发展。正因为水文循环的存在和运行，地球上才能够保持着水资源的相对平衡，为生命的延续提供了必要的条件。

2. 水文循环的关键组成部分

水文循环是地球上水分在不同形式之间循环的过程，这一过程主要涉及大气、地表和地下水体。大气中的水分以气态存在，通过蒸发、凝结、降水等过程，实现了与地表和地下水体之间的交互。

大气中的水分主要通过蒸发的方式从地表转移到空气中。这个过程并不仅仅受到气温的影响，还受到风速、湿度等多种因素的调控。蒸发的水蒸气随着空气的运动而上升，形成云层。

云层中的水分在一定条件下会发生凝结，形成水滴或冰晶，最终通过降水的形式返回到地表。降水可以是雨、雪、冰雹等不同形式，这取决于空气的温度和湿度等因素。

地表的水体，如河流、湖泊、海洋等，也是水文循环中的重要组成部分。这些水体受到降水和融雪的影响，水分会通过径流、蒸发等过程再次回归大气。地表水体的温度、盐度等特性会影响水分的蒸发和凝结过程。

地下水也是水文循环的关键组成部分之一。部分降水会渗透到地下，形成地下水。地下水通过渗流、蓄水等方式，与地表水体进行水量交换。地下水的运动速度较慢，对水文循环的调节起着缓冲和稳定作用。

水文循环的复杂性还受到地形、土壤类型等自然条件的影响。山脉、平原等地貌特征会影响降水的分布和流向，不同的土壤类型对水分的渗透和保持也有着不同的影响。

水文循环是一个自然而复杂的过程，涉及大气、地表和地下水体的相互作用。通过蒸发、凝结、降水、渗透等多个过程，地球上的水分得以循环利用，维持了水平衡。了解水文循环的关键组成部分有助于我们更好地理解地球水资源的分布和利用。

（二）水文循环的主要过程

1. 蒸发与蒸腾

水文循环是地球上水分在不同形态之间不断循环的过程，其主要过程包括蒸发和蒸腾。蒸发是水从液态转变为气态的过程，主要发生在水体表面。当太阳能照射到水面时，水分子获得足够的能量，使其从液态跃升至气态，形成水蒸气。而植物通过根部吸收土壤中的水分，并通过细孔释放到大气中，这个过程被称为蒸腾。

蒸发和蒸腾的共同点在于它们都是液态水分子转变成气态水蒸气的过程，而主要的区别在于它们发生的地点和物体。蒸发主要发生在水体表面，例如湖泊、河流和海洋。当水受到太阳能的照射时，水分子获得足够的热量，从液态状态变为气态，升入大气中。这一过程是水文循环中的重要环节，因为它将水分从地表输送到大气层。

蒸腾则是植物体内水分分子升华成水蒸气的过程。植物通过其根系吸收土壤中的水分，这些水分被输送至植物的叶片。在叶片上，水分子经过气孔释放到大气中，形成水蒸气。这种植物过程不仅帮助植物体内水分平衡，同时也促使水分进入大气循环中，与蒸发共同推动水文循环的进行。

水文循环中的蒸发和蒸腾过程具有显著的环境影响。它们共同促进了水分的大气输送，将水分从地表转移到大气层，形成云层，最终导致降水。蒸发和蒸腾是调节地表温度的重要因素。太阳能通过蒸发和蒸腾的过程转化为潜热，减缓了地表温度的升高，对维持地球气候和生态平衡具有重要作用。

蒸发和蒸腾是水文循环中的重要过程，它们共同推动水分在地球大气和地表之间不断循环。通过这些过程，水分得以在不同形态之间转换，维持了地球上水资源的平衡。同时，蒸发和蒸腾也在地球生态系统中发挥着关键的调节作用，对气候和环境的稳定具有深远的影响。

2. 降水

降水是水文循环中的一个核心环节，是地球上水分在大气层中由气态转变为液态或固态形式的过程。太阳的辐射是驱动这一过程的主要力量。太阳能的作用使得地表温暖，使水分从地表蒸发成水蒸气，随后水蒸气上升到大气层。在大气层中，水蒸气随着高度的增加，遇到冷却空气后发生凝结，形成云团。

云团中的水滴或冰晶在云内碰撞和凝结，逐渐增大，最终形成降水粒子。这些降水粒子由于自身的重力作用，开始向地表降落。降水的形式有多种，如雨、雪、冰雹等，取决于大气层中的温度和湿度条件。

降水在水文循环中扮演着重要的角色，它是水分从大气到地表的主要途径之一。一旦降水到达地表，它可以分为两个主要方向，地表径流和植被蒸腾。地表径流是指降水在地表流动的过程，可以通过河流、湖泊等水体传输。植被蒸腾是指植物通过气孔吸收土壤中的水分，然后释放到大气中的过程，有助于维持大气中的湿度。

降水对地表的影响不仅仅局限于水资源的补给，还直接关系到土壤湿度和植被的生长。适度的降水可以促进植物的生长，维持土壤湿度，保持生态系统的平衡。然而，过多的降水可能导致洪涝灾害，对生态环境和人类社会造成不利影响。相反，干旱地区缺乏充足的降水，可能导致水资源匮乏，影响农业和人类的生存。

降水是水文循环中的一个关键环节，它连接着大气层和地表，通过蒸发、凝结和降落的过程，维持了地球水资源的平衡。了解降水的过程对于预测气象变化、管理水资源、维护生态平衡等方面都具有重要的意义。

3. 地表径流

地表径流是水文循环中的一项重要过程，涉及地表水在地势的作用下流动的现象。这一过程受到多种自然因素的影响，包括地形、降水、土壤类型等。地表径流主要分为降雨产生的地表径流和融雪产生的地表径流两种情况，具体过程如下。

在降雨产生的地表径流过程中，当雨水降落到地表时，一部分被土壤吸收，渗透到地下，成为地下水。另一部分则留在地表，形成地表径流。地表径流的形成受到地表的坡度和土壤的渗透能力的影响。如果地表坡度较大或土壤渗透能力较差，雨水容易形成地表径流，沿着地表流向低洼处。

植被也对地表径流的形成有一定影响。植被通过吸收雨水和增加土壤的渗透性，减缓了地表径流的产生过程。植被的存在可以降低雨水对地表的冲击，起到一定的保护作用。

融雪产生的地表径流是在雪融化时发生的。当雪融化后，水分会流向低洼处，形成地表径流。融雪产生的地表径流同样受到地形的影响，雪水会顺着地表的坡度流动，形成河流、溪流等水道。

地表径流的流向受到地势的制约，通常沿着地势的低洼处流动。这种流动的路径可以形成河流系统，将水分从高处运输到低处。河流的形成和发展是地表径流的一个重要表现，它反映了地势的起伏和地表水分在空间上的流动情况。

地表径流的量受到降水量、土壤类型和地表覆盖的影响。在降水较大的地区，地表径流量相对较大，容易形成洪水。土壤类型也会影响水分的渗透和保持能力，进而影响地表径流的形成过程。地表覆盖，如城市建设、农田等，会改变地表的渗透性，增加地表径流的量。

地表径流是水文循环中一个复杂而重要的过程。它涉及降水、地形、土壤和植被等多个因素的相互作用。通过了解地表径流的形成过程，我们可以更好地理解水在地球表面的分布和运动，为水资源管理和自然灾害防治提供重要参考。

二、水资源管理

（一）水资源管理的概念

1. 水资源管理的定义

水资源管理是一项综合性的工作，旨在保护、维护和优化地球上有限的水资源。这一任务涉及对水体的可持续利用和保护，以满足不断增长的社会需求。水资源管理的核心理念在于实现水的有效分配，确保水资源在各个层面都能得到科学、公正的利用。

在水资源管理的框架下，首要任务是实施科学的水资源评估，通过深入研究水资源的数量、质量以及地理分布等方面的数据，以明晰水资源的现状和未来走势。这为制定合理的水资源管理策略提供了基础。管理者需要了解各地区的水资源供需关系，明确不同用途对水的需求，并确保这些需求在整体上形成平衡。

水资源管理也需要综合考虑生态环境因素。保护水源地的生态系统，维护水生态平衡，是水资源管理的一个重要方面。通过科学合理的手段，降低人类活动对自然水体的负面影响，保障水质量和水生物多样性，成为实现可持续水资源利用的关键。

在水资源管理中，社会参与是至关重要的。公众的参与不仅能够为水资源管理提供更全面的信息，还能促进社区对水资源的合理利用和保护。管理者需要与各利益相关方积极合作，形成共同理解和共识，推动水资源管理工作的顺利进行。这涉及信息传递、意见协商等方面，以确保水资源管理是全面而公正的。

水资源管理的一项重要任务是建立和实施有效的水法规和政策。这需要不断审慎地调整，以适应不断变化的社会和环境条件。法规和政策的制定不仅需要考虑科学数据和技术手段，还需要考虑到社会经济发展的需要，确保法规的执行在不同背景下都能够发挥积极的效果。

水资源管理还需要考虑到不同地域和气候条件下的特殊情况。对于干旱地区，管理者需要采取创新性的方法，如引入水资源再生利用技术、推动雨水收集和储存等方式，以最大限度地减缓水资源枯竭的趋势。而在湿润地区，需要通过合理规划和管理，避免过度开采和浪费水资源。

水资源管理是一项综合性、复杂性极高的工作。它要求管理者具备深厚的科学素养，善于整合各方资源，以制定和实施科学有效的管理策略。保护水资源，维护水生态平衡，确保水的公平分配，这些都是水资源管理的终极目标。只有通过全社会的共同努力，才能够实现对水资源的可持续管理和利用。

2. 水资源管理的目标

水资源管理的目标在于实现水的有效利用和可持续发展。这一目标涵盖了多个方面，包括维护水资源的质量、促进公平合理的水分配、确保生态系统的健康、以及满足不断增长的社会和经济需求。

水资源管理的一个关键目标是保护和维护水体的质量。水是生命之源，对于人类、动植物和整个生态系统都至关重要。因此，确保水资源的质量对于维持健康的环境和人类社会的可持续发展至关重要。水资源管理应该注重减少污染源，采取有效的水质监测和治理措施，以保护水体的纯净度和生态系统的平衡。

水资源管理的目标之一是促进公平合理的水分配。水是有限资源，但需求却不断增长。在水资源有限的情况下，公平地分配水资源变得尤为重要。这涉及公共和私人利益之间的平衡，以及不同地区、行业之间的水分配公正性。水资源管理需要考虑社会的需求，通过科学有效的手段来合理分配水资源，确保每个社会成员都能够获得足够的水资源支持其基本需求。

另一个重要目标是确保生态系统的健康。水对于生态系统的平衡至关重要，包括湿地、河流、湖泊和海洋等生态系统。水资源管理需要考虑生态系统的需求，防止过度抽取水资源对生态系统造成不可逆转的损害。维持水的自然循环，保护生态系统的多样性和稳定性，是水资源管理的一个关键目标。

水资源管理还需要考虑人类社会的可持续发展。随着人口的增长和经济的发展，对水资源的需求不断增加。水资源管理需要通过科学规划和有效的管理手段，确保水资源的可持续利用。这包括开发新的水资源，提高水资源利用的效率，推动循环经济，以及采取可持续的水资源开发和利用策略，以满足当前和未来的社会和经济需求。

水资源管理的目标是实现水的有效利用和可持续发展。这涵盖了水质量的保护、公平合理的水分配、生态系统的健康以及人类社会的可持续发展。水资源是一个有限而宝贵的资源，其管理需要全面考虑自然环境、社会需求和经济发展的关系，以确保水资源得到合理、公正、可持续的利用。

（二）水资源管理的重要性

1. 社会需求

社会对水资源管理的需求是一项至关重要的任务。水是维持生命、支持社会经济发展的基本资源之一。其可用性、分配和质量直接关系到社会的繁荣和可持续性。在当今社会，随着人口的增加和工业化的推进，对水资源的需求呈不断增长的趋势。因此，有效的水资源管理成为确保社会可持续发展的关键因素之一。

农业是社会对水资源需求的主要方面之一。农业是人类最早的生产活动之一，而且是社会经济的基石。农业对水资源的需求在耕种、灌溉、养殖等方面表现得尤为明显。通过合理的水资源管理，可以提高农业生产效率，保障粮食安全，促进农村经济的可持续发展。

工业生产对水资源的需求也日益增长。工业是现代社会的支柱之一，水在生产中扮演着重要的角色，用于制造、冷却、清洗等各个环节。科技的发展和工业结构的变迁使得对水的需求更为复杂和广泛。合理的水资源管理能够确保工业生产的稳定进行，推动经济的可持续增长。

城市化过程中，城市对水资源的需求也日益增多。城市是人口和资源聚集的地方，对饮用水、工业用水和生活用水的需求量庞大。城市的可持续发展需要建立完善的水资源管理体系，以满足城市居民的基本需求，并提高水资源的利用效率。

生态环境的保护也需要进行有效的水资源管理。水是生态系统中不可或缺的一部分，影响着生物多样性和自然平衡。合理的水资源管理有助于维护湿地、河流等生态系统的健康，保护水生生物的生存环境，维持自然生态平衡。

在社会需求方面，水资源的管理还需考虑到公平和社会正义。不同地区、不同群体对水资源的需求差异巨大，一些地区可能面临水资源短缺，而一些地区却可能过剩。因此，社会需求水资源管理的关键在于确保资源的公平分配，维护社会的稳定和和谐。

社会对水资源管理的需求是多方面的、复杂的。水资源管理直接关系到农业、工业、城市发展、生态环境和社会公平等多个方面的需求。在面对不断增长的水资源需求的同时，科学、合理、公平的水资源管理显得尤为重要，以确保社会的可持续发展和人类的福祉。

2. 生态平衡

水资源与生态平衡密切相关，它在维持生态系统的稳定中扮演着至关重要的角色。水资源管理的有效性直接影响到生态平衡的保持和地球生态系统的可持续发展。水是生命的基石，不仅满足生物体的需求，同时参与了许多生态过程。因此，科学合理的水资源管理至关重要。

水资源的合理利用对生态平衡的维护有着直接而深远的影响。水是生命的重要组成部分，对于植物、动物等生物体而言，水的可及性关系到它们的生存和繁衍。一旦水资源的利用不当，就可能导致生态系统的紊乱，影响到各类生物的生存和生活史。

水资源的有效管理也对维持水生态系统的多样性起着关键作用。水体中的生物群落和生态位之间存在复杂的关系，水资源的不合理利用可能导致水生生物的栖息地破坏，从而影响生物多样性。一些水生生物对水质、水温等环境条件非常敏感，它们的存在和繁衍需要一个相对稳定的水生态环境。

水资源管理的不当也可能引发水体污染，对生态平衡造成极大的破坏。水体污染会导致水质下降，影响到水生生物的生存和繁衍。一些污染物可能在食物链中逐渐积累，对高级生物产生毒害，最终扰乱整个生态系统的平衡。因此，科学有效的水资源管理需要防范和治理水体污染，以维护水生态系统的健康。

水资源的可持续管理也涉及湿地生态系统的保护。湿地是自然的过滤系统，能够净化水体，提供栖息地，调节气候等生态服务。合理管理水资源需要重视湿地的保护，以确保它们能够发挥最大的生态功能。湿地的消失可能导致水质下降，生态系统的破坏，对生物多样性和生态平衡造成不可逆的损害。

水资源管理的另一重要方面是与土地利用的协调。不适当的土地利用可能导致水土流失、泥石流等问题，直接危及水资源的稳定。合理规划土地利用，减少人类活动对土地的破坏，对于保持水资源的自然流动、减少地表径流、维护水质等方面都具有积极的作用。土地与水资源之间的互动关系需要在整体生态系统的层面上进行综合考虑。

水资源管理的科学性也关乎到水文循环的平衡。水文循环是地球上水分在不同形态之间不断循环的过程，涉及蒸发、蒸腾、降水、地表径流等多个环节。合理的水资源管理能够调控这些环节，使得水分在大气、土壤和水体之间实现平衡，维持水文循环的稳定。

水资源管理是维持生态平衡的关键因素之一。水与地球上所有生命息息相关，它的管理涉及整个生态系统的稳定和可持续发展。科学合理的水资源管理需要全面考虑自然和人为因素，促使人类在水资源利用中达到与生态平衡相协调的状态，以确保地球生态系统的可持续发展。

第四节　遥感在水文学研究中的作用

一、遥感在水文学中的数据获取与分析

（一）遥感技术的基本原理

遥感技术的基本原理涵盖了传感器、电磁波、能量交互等多个方面。传感器是遥感系统的核心组成部分，它能够接收并记录地表反射或辐射的能量。电磁波是遥感中信息传递的媒介，其波长范围从无线电波到 γ 射线。能量交互描述了地表与传感器之间的相互作用，包括辐射、散射、吸收等过程。这三个方面共同构成了遥感技术的基本原理。

遥感中最为核心的是传感器的作用。传感器是一种能够接收和记录地表反射或辐射能量的设备。这些传感器通常通过探测特定波长范围内的电磁辐射，来获取地表的信息。传感器的种类繁多，例如光学传感器、微波传感器、红外传感器等，它们能够感知不同波长

范围的电磁辐射，从而提供多样化的地表信息。

电磁波在遥感中扮演着重要的角色。电磁波是一种在真空或介质中传播的波动，其波长和频率决定了电磁辐射的性质。在遥感中，不同波段的电磁波能够提供不同的地表信息。可见光波段通常用于获取地表颜色和纹理等信息，红外波段则用于检测地表的温度和植被健康状况。微波波段则能够透过云层，获取地表的高程、土壤湿度等信息。

能量交互是地表与传感器之间的相互作用过程。当太阳辐射照射到地表时，地表会反射、吸收和散射部分辐射能量。这些能量交互过程中产生的辐射会被传感器接收，通过这些辐射信号，我们能够获取地表的信息。地表的反射率、辐射率等参数与地表的性质和状况密切相关，因此能够通过能量交互过程获取丰富的地表信息。

遥感技术的基本原理在不同领域有着广泛的应用。在农业方面，通过遥感技术可以监测农田的植被状况、土壤湿度等信息，帮助农民做出科学决策。在城市规划中，可以利用遥感技术获取城市土地利用信息，进行空间分析和规划。在环境监测方面，通过遥感技术可以实时监测大气污染、海洋污染等情况，提供及时的数据支持。

遥感技术的基本原理包括传感器、电磁波和能量交互三个方面。传感器负责接收和记录地表反射或辐射的能量，电磁波是信息传递的媒介，不同波段提供不同的地表信息，能量交互过程描述了地表与传感器之间的相互作用。这些基本原理构成了遥感技术的核心，为各个领域的应用提供了强大的数据支持。

（二）遥感在水文过程监测中的应用

遥感技术在水文过程监测中具有广泛而重要的应用。通过利用不同波段的电磁波与地表水体相互作用的特性，遥感技术可以提供关键的水文信息，用于监测河流、湖泊、水库等水体的变化，以及了解降水、蒸发、地下水位等水文过程。

遥感技术可以用于监测水体表面覆盖的变化。通过可见光和红外线波段的遥感数据，可以获取水体的颜色和反射率信息，从而判断水体表面的覆盖情况。这有助于监测水体中的植被、浮游植物和底泥等情况，为水体生态环境的评估提供重要数据。

遥感技术对于水体的水质监测具有独特的优势。通过遥感获取的数据，可以分析水体中的溶解有机物、浊度、叶绿素含量等指标，从而评估水质的变化。这种遥感监测可以实现对大范围水域的实时监控，为水质管理提供了高效的手段。

遥感技术在监测水体表面温度方面也有重要应用。红外线波段的遥感数据能够反映水体表面的温度分布，进而提供有关水体温度的空间信息。这对于了解水体的温度变化、水体热力环境以及生态系统的影响具有重要意义。

遥感技术还可以用于监测水文过程中的降水情况。通过微波波段的遥感数据，可以实现对降水量、雨滴尺寸等信息的获取。这对于水资源管理、洪涝预警等方面具有重要的实际意义。

在水文过程中，地下水位的监测也是遥感技术的应用领域之一。通过合成孔径雷达（SAR）技术，可以实现对地下水位的高精度监测。这种监测方式不受天气和云层的影响，能够提供全天候、全时段的监测数据。

遥感技术在水文过程监测中的应用为水资源管理、自然灾害预警、生态环境保护等提供了强有力的支持。通过获取高分辨率、多波段的遥感数据，我们能够更全面、准确地了解水体的变化和水文过程的动态，为科学决策和可持续水资源利用提供了重要的技术手段。随着遥感技术的不断发展，其在水文监测中的应用前景将更加广阔。

二、遥感在水资源管理中的应用

（一）遥感在水资源评估中的作用

1. 水资源量化评估

水资源量化评估是一项关键而复杂的工作，它旨在精确测定特定区域的水资源状况。在这方面，遥感技术发挥着不可替代的作用。遥感作为一种远距离获取地球信息的技术，通过卫星、飞机等平台获取的数据为水资源评估提供了丰富的信息。这种信息不仅涵盖地表水体的分布和变化，还包括土壤湿度、植被状况等多个方面，为水资源量化评估提供了全面的数据支持。

遥感技术在水资源评估中的一个重要应用是监测地表水体。通过卫星和飞机上搭载的遥感仪器，我们能够获取高分辨率的地表影像，清晰展现了河流、湖泊、水库等水体的分布和动态变化。这些影像不仅提供了水体的空间分布信息，还能够通过多时相的遥感数据分析，揭示水体的季节性和年际性变化，为水资源的定量评估提供了有力的支持。

遥感技术在水资源评估中的另一个关键角色是土壤湿度的监测。通过不同波段的遥感数据，我们能够推测土壤的湿度状况。这对于了解土壤的水分状况、水分的分布情况以及土壤蓄水能力具有重要意义。基于遥感数据的土壤湿度监测可以为农业灌溉、土地利用规划等提供数据支持，帮助实现水资源的合理配置和利用。

遥感技术还可用于监测植被状况，从而对水资源进行更为细致的评估。通过获取植被指数等信息，我们能够推测植被的健康状况和覆盖程度。这对于了解植被的水分利用效率、生长状况以及对水资源的依赖程度具有重要的参考价值。基于遥感数据的植被监测有助于科学规划水资源的保护和合理利用。

水资源量化评估是一项复杂而关键的任务，而遥感技术在其中的作用不可忽视。通过监测地表水体、土壤湿度和植被状况等多个方面，遥感提供了大范围、高时空分辨率的数据，为水资源的定量评估提供了全面的支持。这一技术的应用有助于深入了解水资源的分布、变化和利用状况，为科学合理地管理和保护水资源提供了有力的工具和方法。

2. 土地利用与水资源关系分析

土地利用与水资源之间存在着密切的关系，这种关系在很大程度上决定了水资源的分配、利用和可持续发展。遥感技术在水资源评估中发挥着关键的作用，通过获取大范围的土地利用信息，有助于深入理解土地利用对水资源的影响，并提供科学依据支持水资源的合理管理。

土地利用类型的不同直接影响水资源的分布和利用方式。例如，城市化和工业化的发展会导致土地由自然覆盖转变为城市和工业用地，增加了地表径流和雨洪的风险。农业的不同耕作方式和植被类型也对水资源有着直接的影响，不同作物的灌溉需求、植被覆盖对蒸发蒸腾过程的影响各不相同。

遥感技术通过获取土地利用信息，可以迅速、高效地监测和识别不同区域的土地利用类型。通过遥感数据，我们能够了解土地利用的空间分布、面积变化、植被覆盖情况等信息，为水资源管理提供全面的土地利用背景。

在城市化过程中，遥感技术可以追踪城市扩展的规模和速度，评估城市用地的变化对水资源的影响。通过遥感数据的时空分析，我们能够了解城市化对降水入渗、地表径流的影响，为城市水资源规划提供科学支持。

在农业领域，遥感技术可以监测农田的种植结构、灌溉情况等。通过获取农田的土地利用信息，可以精准评估农业对水资源的需求，并提出合理的水资源配置方案。同时，遥感还可以监测水稻田、棉田等不同农作物的生长情况，帮助优化灌溉管理，提高水资源的利用效率。

在林业方面，通过遥感技术可以监测森林覆盖率、树种结构等信息。林业的合理管理对于水资源的保护和维持水体水质具有重要作用。遥感提供了获取大范围林地信息的手段，为制定科学的林业保护政策提供支持。

总体来说，遥感技术在水资源评估中的作用是多层次、全方位的。通过获取土地利用信息，我们可以深入分析不同利用类型对水资源的影响，为合理的水资源管理和可持续发展提供科学依据。遥感技术的不断发展使得我们能够更加精准地获取土地信息，从而更好地理解土地利用与水资源之间的复杂关系。这为解决水资源管理中的问题提供了强有力的技术支持。

（二）遥感在水质监测与保护中的应用

1. 水体光学特性监测

土地利用与水资源之间存在着密切的关系，这种关系在很大程度上决定了水资源的分配、利用和可持续发展。遥感技术在水资源评估中发挥着关键的作用，通过获取大范围的土地利用信息，有助于深入理解土地利用对水资源的影响，并提供科学依据支持水资源的合理管理。

土地利用类型的不同直接影响水资源的分布和利用方式。例如，城市化和工业化的发展会导致土地由自然覆盖转变为城市和工业用地，增加了地表径流和雨洪的风险。农业的不同耕作方式和植被类型也对水资源有着直接的影响，不同作物的灌溉需求、植被覆盖对蒸发蒸腾过程的影响各不相同。

遥感技术通过获取土地利用信息，可以迅速、高效地监测和识别不同区域的土地利用类型。通过遥感数据，我们能够了解土地利用的空间分布、面积变化、植被覆盖情况等信息，为水资源管理提供全面的土地利用背景。

在城市化过程中，遥感技术可以追踪城市扩展的规模和速度，评估城市用地的变化对水资源的影响。通过遥感数据的时空分析，我们能够了解城市化对降水入渗、地表径流的影响，为城市水资源规划提供科学支持。

在农业领域，遥感技术可以监测农田的种植结构、灌溉情况等。通过获取农田的土地利用信息，可以精准评估农业对水资源的需求，并提出合理的水资源配置方案。同时，遥感还可以监测水稻田、棉田等不同农作物的生长情况，帮助优化灌溉管理，提高水资源的利用效率。

在林业方面，通过遥感技术可以监测森林覆盖率、树种结构等信息。林业的合理管理对于水资源的保护和维持水体水质具有重要作用。遥感提供了获取大范围林地信息的手段，为制定科学的林业保护政策提供支持。

总体来说，遥感技术在水资源评估中的作用是多层次、全方位的。通过获取土地利用信息，我们可以深入分析不同利用类型对水资源的影响，为合理的水资源管理和可持续发展提供科学依据。遥感技术的不断发展使得我们能够更加精准地获取土地信息，从而更好地理解土地利用与水资源之间的复杂关系。这为解决水资源管理中的问题提供了强有力的技术支持。

2. 水体污染源识别

水体污染源的识别是水质监测与保护中一项至关重要的任务，而遥感技术在这方面发挥了重要的应用作用。遥感作为一种远距离获取地球信息的技术，通过卫星和飞机获取的高分辨率数据为水体污染源的监测提供了有效手段。

遥感技术能够准确地探测水体表面的污染物。通过分析卫星和飞机传感器捕捉到的多光谱、高光谱数据，我们可以识别水体表面的不同污染物，如悬浮物、有机废物等。这种高时空分辨率的遥感数据提供了对水体表面细微特征的详细描述，有助于及时发现和定位潜在的污染源。

遥感技术可以通过监测水体颜色、透明度等指标来识别污染源。受污染的水体通常呈现出与正常水体不同的颜色和透明度。通过对遥感数据进行光谱分析，可以辨别出水体中的异常颜色，提示可能存在的污染物。这种非接触式的遥感监测方式不仅高效而且能够远距离地捕捉到水体的变化，为水质监测提供了有效的手段。

遥感技术还可以通过监测水体温度来识别潜在的污染源。受污染的水体通常会表现出与周围环境不同的温度分布。通过红外遥感数据，我们能够准确捕捉到水体温度的变化情况，从而识别出可能存在的污染源。这为及时发现污染事件提供了一种有效的手段。

遥感技术还可以通过监测水体边界和周边环境的变化来帮助识别污染源。受污染的水体通常会对周围的水体和植被产生影响，通过对遥感影像的比对和分析，我们可以发现潜在的污染区域。这种基于空间变化的遥感监测方法能够迅速定位污染源，为及时采取保护和治理措施提供有力的支持。

遥感技术在水体污染源识别方面发挥了不可替代的作用。通过获取高分辨率的遥感数据，我们能够全面而迅速地了解水体表面的污染情况，识别出潜在的污染源。这为水质监测与保护提供了科学而高效的手段，有助于及时采取措施维护水体健康和生态平衡。

第三章　遥感基础与技术

第一节　遥感数据源与传感器

一、遥感数据源在水文水资源中的应用

（一）卫星遥感数据源

1. Landsat 系列卫星

Landsat 系列卫星是美国国家航空航天局（NASA）与美国地质调查局（USGS）合作开发的一系列地球观测卫星。自 1972 年首颗 Landsat 卫星发射以来，该系列卫星在遥感领域发挥了重要作用。Landsat 卫星的任务旨在监测地球表面的变化，提供全球范围内的高分辨率影像，为地球科学家、资源管理者和决策者提供宝贵的数据支持。

Landsat 系列卫星采用多光谱遥感技术，通过不同波段的传感器捕捉地表的反射光谱，从而获取多样化的地表信息。这些卫星能够记录植被、土壤、水体和城市等要素的状态变化，为环境监测和自然资源管理提供了重要的观测手段。

卫星的数据在许多领域都发挥了重要作用。在农业方面，Landsat 系列卫星的观测数据被用于监测作物生长状况、水资源利用以及土地利用变化。这对于精确农业管理和决策提供了有力的支持。在城市规划中，这些卫星的数据被广泛应用于监测城市扩张、土地利用规划以及城市绿化的变化。

Landsat 系列卫星的数据还在自然灾害监测和应对中发挥了关键作用。卫星能够提供受灾地区的高分辨率影像，帮助紧急救援工作的展开，并为灾后重建提供详实的地表信息。卫星还在矿产勘探、水资源管理以及环境变化研究等领域产生了深远的影响。

随着科技的不断进步，Landsat 系列卫星的新一代也在不断更新，提高着遥感数据的分辨率和准确性。这为科学家们更深入地了解地球表面的变化、应对全球性的环境挑战提供了更强大的工具。Landsat 系列卫星作为地球观测的重要工具，为我们对地球的认知提供了宝贵的数据支持，推动了地球科学和资源管理的发展。

2. Sentinel 系列卫星

Sentinel 系列卫星是欧洲空间局（ESA）倾力打造的一项卫星计划，旨在为地球观测和环境监测提供全面而高效的解决方案。这一系列卫星的独特之处在于其先进的遥感技术和多功能性，使其成为当前卫星技术领域的翘楚。

Sentinel 系列卫星的核心任务之一是监测地球表面的变化，无论是自然的还是人为的。

通过其卓越的遥感能力，这些卫星能够捕捉到地表的微妙变化，为科学家和决策者提供宝贵的数据支持。这种高度灵敏的监测系统使得我们能够更好地理解自然生态系统的动态演变，有助于科学家们更好地预测自然灾害的发生和发展趋势。

Sentinel系列卫星还在全球环境监测方面发挥着至关重要的作用。通过对大气、海洋、陆地等多个方面的监测，这些卫星能够为我们提供关于气候变化、污染程度和资源利用状况等方面的全球性信息。这为制定环境保护政策和采取有效的环境管理措施提供了实时而准确的数据支持。

Sentinel系列卫星还在卫星导航和应急响应方面发挥着不可替代的作用。其先进的导航系统不仅提高了全球导航的准确性和可靠性，同时也为应急救援提供了精准的地理信息。在自然灾害、人道主义危机等紧急情况下，Sentinel系列卫星能够快速响应，为救援行动提供关键的地理数据，从而提高了应对灾害的效率和成功率。

Sentinel系列卫星不仅在科学研究和环境监测领域发挥着重要作用，同时也为人类社会的可持续发展和灾害管理提供了强大的支持。其先进的技术和多功能性使其成为当今卫星技术的典范，为我们更深入地了解和保护地球提供了可靠的工具。

（二）航空遥感数据源

航空遥感是一种通过飞行器搭载传感器来获取地球表面信息的技术。这些传感器可以记录光学、红外、微波等波段的电磁辐射，为地理信息系统（GIS）和地理空间数据的应用提供了宝贵的数据源。航空遥感数据源广泛应用于地图制图、资源管理、环境监测等领域，成为现代科学和工程的不可或缺的工具之一。

在航空遥感中，传感器是关键的组成部分。光学传感器主要利用可见光和红外光波段，可以捕捉地表的颜色、形状和纹理等特征。红外传感器则对地表物体的温度和热特性进行监测。微波传感器适用于透过云层获取地表的信息，因为微波辐射可以穿透云雾和大气层。这些传感器的组合和运用，形成了多源、多波段的航空遥感数据。

航空遥感数据源具有高分辨率的优势。由于飞行高度相对较低，航空遥感数据能够提供更为细致的地表信息，有助于制图、城市规划、土地利用等领域的精细化工作。高分辨率的数据源也使得对小尺度目标的监测和分析成为可能，为研究和管理提供了更多的空间信息。

航空遥感数据源的时空分辨率优势使其适用于动态监测。通过多时相的航空遥感数据，可以追踪地表变化，监测城市扩张、植被生长、水体演变等过程。这对于资源管理、环境保护以及自然灾害的监测和预测都提供了重要的支持。

航空遥感数据源的灵活性是其另一个显著的特点。由于航空遥感通常采用机载或无人机平台，相比于卫星遥感，它更容易实现灵活的任务定制。这使得航空遥感可以根据实际需求灵活调整采样方案、目标区域和时间，提高了数据的针对性和可定制性。

在资源管理方面，航空遥感数据源为林业、农业等领域提供了高效的监测手段。通过获取植被信息、土壤特性等数据，可以实现对森林、农田的健康状况进行实时监测和评估。这对于提高资源利用效率、制定科学的管理措施具有积极的作用。

在城市规划和管理中，航空遥感数据源也发挥了巨大的作用。通过获取城市的地形、建筑信息等数据，可以实现对城市结构和发展的深入分析。这对于城市规划、交通管理、灾害风险评估等方面提供了有力的支持。

然而，航空遥感数据源也存在一些挑战。成本相对较高，因为需要投入飞行器、传感器以及数据处理等多个环节。受天气条件的限制，航空遥感在云雾天气下的效果可能受到影响。数据处理和存储也是一个挑战，因为高分辨率的数据量庞大，需要先进的计算和存储设施来支持。

航空遥感数据源在地理信息领域的应用日益广泛，为各个领域的研究和应用提供了高分辨率、灵活性强的数据支持。它的出现为科学研究、资源管理和环境保护等提供了更为精准和全面的数据，推动了遥感技术在现代科学和工程中的不断发展和应用。

二、遥感传感器在水文水资源中的应用

（一）光学传感器

1. 可见光与红外传感器

可见光和红外传感器是在水文水资源领域中广泛应用的遥感工具。这两类传感器通过探测不同波段的电磁辐射，为水文学和水资源管理提供了丰富的信息。可见光传感器主要在可见光波段进行探测，而红外传感器则关注红外波段。这两者结合使用，能够深入了解地表水体的变化、土壤水分状况以及水资源的利用与分布。

可见光传感器能够捕捉地表特征的视觉信息。通过分析可见光波段的图像，我们可以识别水体的位置、形状和水体与陆地的分界线。这为水文学家提供了观测河流、湖泊和水库等水体的重要手段。同时，可见光传感器还能探测植被状况，为水资源管理者提供关于植被覆盖和土地利用的信息，从而更好地了解水资源循环过程。

而红外传感器则在红外波段发挥着关键作用。这一波段对地表温度敏感，能够捕捉地表和水体的热辐射特征。通过红外数据，我们可以推测地表温度，进而了解水体的热动力学特性。这对于监测水体温度、河流流速和湖泊水质有着重要的意义。红外传感器还能够识别土壤湿度，为水资源管理提供了关键的土壤水分信息，帮助评估灌溉需求和农业水资源利用效率。

光和红外传感器的数据，我们可以全面了解地表水体的空间分布和动态变化。这有助于有效监测水资源的利用情况、水体的变化以及水文循环过程。在水资源管理中，这些信息对于科学决策和可持续发展至关重要。因此，可见光和红外传感器的联合应用在水文水资源领域的研究和管理中具有广泛而深远的影响，为解决水资源问题提供了有力的支持。

2. 高光谱传感器

高光谱传感器是一种先进的遥感工具，它在水文水资源领域的应用具有深远的影响。这种传感器通过对地表反射光谱的高分辨率探测，能够提供丰富的地表信息，为水文水资源的监测和管理提供了全新的途径。

高光谱传感器在水文领域的应用主要表现在水体监测方面。通过高光谱遥感技术，我们可以有效地测量水体中的不同成分，包括溶解有机物、悬浮物和溶解无机物等。这为水

质监测提供了更加精准和全面的数据，有助于科学家和水资源管理者更好地理解水体的组成和质量状况。高光谱传感器还在水文循环的研究中发挥着重要的作用。通过对地表覆盖的高光谱信息的获取，我们能够更准确地估算土壤含水量和植被覆盖度。这对于水文模型的建立和水资源管理的决策制定具有重要的意义，因为它提供了更为精细和实时的土地表面水分变化信息。

在水资源管理方面，高光谱传感器也为地下水资源的监测提供了新的手段。通过分析地下水体中的化学成分和污染物，我们能够更全面地了解地下水的质量和可持续利用状况。这为科学家和政策制定者提供了决策支持，以确保地下水资源的可持续开发和管理。

总体来看，高光谱传感器的应用为水文水资源领域带来了前所未有的数据和信息，极大地提高了我们对水体和水资源的认识。这种先进的遥感技术为水资源的合理利用和环境保护提供了重要的工具，推动了水文水资源研究和管理的进步。

（二）热红外传感器

热红外传感器作为一种遥感传感器，在水文水资源领域发挥着重要的作用。其主要功能是通过感知地表温度变化，获取与水文水资源相关的信息。这种传感器通过测量地表和水体的热辐射，提供了独特的数据源，用于监测地表温度、水体蒸发、土壤湿度等参数，对水文过程和水资源管理提供了有力的支持。

热红外传感器的工作原理是通过测量地表或水体发射出的红外辐射来获取目标的温度信息。地表和水体在不同的温度下会辐射出不同强度的红外辐射，热红外传感器能够捕捉这些辐射，并将其转化为数字信号。通过对这些信号的处理和分析，可以获得地表和水体的温度分布，从而推测土壤湿度、水体蒸发等水文水资源相关参数。

热红外传感器在水文水资源领域的应用主要体现在以下几个方面。通过监测地表温度，可以获取地表能量平衡的信息。地表温度是反映地表热态的重要指标，通过监测地表温度的变化，可以研究地表能量的收支状况，为水文过程模拟提供基础数据。热红外传感器可以用于监测水体温度。水体温度对水质和水生态系统有着重要的影响，通过定期监测水体温度，可以了解水体的季节性变化、水体循环过程等，为水体健康和生态平衡的评估提供支持。热红外传感器还可以用于监测土壤温度，进而推测土壤湿度。土壤温度和湿度是影响植物生长和水分循环的重要因素，通过获取这些信息，可以更好地理解土壤水分状况，为农业灌溉和水资源管理提供科学依据。热红外传感器还可用于监测蒸发散和植被蒸腾。通过测量植被表面的温度，可以推测植被的蒸腾强度，从而了解植被对水分的利用情况。这对于生态系统的健康评估和水资源的合理利用都具有重要意义。

在水文水资源管理中，热红外传感器的应用为实现水资源的高效利用、提高水文过程的预测精度提供了关键数据。通过获取地表和水体的温度信息，可以深入理解地表能量平衡、水体状况和土壤水分状态，为科学决策和水资源规划提供重要的支持。同时，热红外传感器的高时空分辨率特性使其能够对小尺度的水文水资源过程进行监测，为局部地区的水资源管理提供了更为精准的数据。热红外传感器在水文水资源领域的应用为深入了解水文过程提供了一种高效、全面的手段，为实现水资源的可持续管理和保护提供了强有力的技术支持。

第二节 遥感图像的获取与处理

一、遥感图像的获取在水文水资源中的应用

(一) 航空遥感图像获取

1. 航空摄影

航空摄影在水文水资源领域的应用具有深远的意义。这一技术通过航空器搭载传感器获取高分辨率的遥感图像,为水文学家和水资源管理者提供了丰富的地表信息。这些图像能够揭示地表水体的动态变化、土地利用情况以及水资源的分布与利用状况。

航空摄影的遥感图像在水文学领域广泛应用于水体边界的识别。这有助于科学家们准确测定湖泊、河流和水库的位置和形状,为水资源的监测和管理提供了基础数据。同时,航空摄影图像能够捕捉地表的微小变化,帮助研究人员更好地理解水文过程中的地貌演变和水体动态。

在土地利用方面,航空摄影的遥感图像也为水资源管理提供了重要的信息。通过图像分析,可以识别出不同土地类型的分布,包括耕地、林地和城市区域。这对于评估水资源的利用情况以及预测水资源的变化趋势具有重要的意义。航空摄影还能够揭示土地利用变化对水文系统的影响,为科学家和决策者提供科学依据。

遥感图像的高分辨率也在水体质量监测中发挥着关键作用。航空摄影能够捕捉水体表面的微观特征,识别悬浮物质、藻类细胞和底质类型。这对于监测水体富营养化、藻华爆发和水质污染有着不可替代的价值。基于这些信息,水资源管理者能够采取有效的措施来改善水体质量,保护水资源的可持续利用。

航空摄影的遥感图像也被广泛用于水文模型的建立和验证。通过获取大范围的地表信息,科学家们能够更准确地模拟降水、蒸发和径流等水文过程,提高水资源管理的科学性和可行性。这为制定有效的水资源管理策略提供了技术支持。

航空摄影在水文水资源领域的应用丰富多彩,为我们深入了解水文过程、科学管理水资源提供了强大的工具。这一技术的不断发展和创新将进一步拓展我们对水资源的认知,推动水资源管理朝着更加科学、精准和可持续的方向发展。

2. 激光雷达 (LiDAR)

激光雷达 (LiDAR) 技术作为一种先进的遥感手段,在水文水资源领域展现出了广泛的应用潜力。通过激光雷达获取的高分辨率遥感图像,可以为水文水资源的监测、分析和管理提供丰富而准确的信息,从而促进了对水体和水资源的深入理解。

激光雷达在水文领域的应用之一是地表地貌的精准测量。通过激光雷达仪器发射激光束并记录其反射时间,我们能够获取地表的三维坐标信息,实现对地形和地势的高度精度测绘。这为水文学家提供了宝贵的地表地貌数据,有助于更准确地模拟水体的流动和洪涝过程,为水资源管理提供科学依据。

激光雷达在水文水资源领域的另一重要应用是植被结构的精准监测。通过激光雷达获取的遥感图像，可以精确测量植被的高度、密度和结构，为植被覆盖对水文过程的影响提供详实的数据支持。这对于水资源保护和土地利用规划具有重要的参考价值，有助于科学地优化水资源的分配和利用。

激光雷达还在河流和湖泊水体特性的研究中发挥了关键作用。通过激光雷达获取水体表面的高程数据，可以实现对水体体积和表面积的精准测量。这为水文模型的建立和水资源的定量评估提供了可靠的基础，有助于更准确地预测洪水、枯水等水文事件。

激光雷达技术的广泛应用为水文水资源研究提供了高精度、高分辨率的地表信息，促进了对水体和水资源复杂性的深入理解。这种先进的遥感手段为水文学家和水资源管理者提供了重要的工具，推动了水资源管理领域的科学发展。

（二）地面观测图像获取

地面观测图像获取是一种用于获取遥感图像的技术手段，通过在地面上设置观测设备，捕捉地表反射、辐射等信息，为水文水资源领域提供了丰富的数据源。这种遥感图像获取的方式，不仅能够提供高分辨率的图像，而且具有较高的时空灵敏度，使其在水文水资源研究与管理中得到广泛应用。

遥感图像的获取通过在地面上设置观测设备，利用传感器记录地表的反射和辐射情况。这些传感器可以是光学传感器、红外传感器、微波传感器等，涵盖了多个波段。通过不同波段的传感器，可以获取地表的多维信息，包括可见光、红外、热红外等，为水文水资源研究提供了多层次、全方位的数据。

在水文水资源领域，遥感图像的获取主要体现在以下几个方面。通过可见光和红外传感器，可以获取地表的颜色、纹理等信息，从而实现对水体分布、土地覆盖等进行监测。这对于水资源的空间分布和水域健康状况的评估具有重要意义。遥感图像的获取也用于监测地表温度。红外和热红外波段的传感器能够捕捉地表的辐射温度，这对于研究城市热岛效应、水体温度分布等有着重要的作用。微波传感器则能够透过云层，获取地表的形状和地形信息，为水文过程的模拟提供了高质量的地形数据。遥感图像也可用于监测植被状况。通过红外传感器，可以获取植被的健康状态，了解植被的生长情况，对于水域生态系统和水资源保护有着直接的关联。

遥感图像的获取具有高时空分辨率的优势。地面观测设备可以灵活地布设在不同地点，针对性地监测感兴趣区域，提供高分辨率的图像。这使得对于小尺度水文过程和地表特征的研究具有更高的精度和准确性。同时，地面观测图像获取还具有较高的时空灵敏度，能够实现对水文过程的实时监测和长期演变的追踪，为水资源的管理和规划提供了及时的数据支持。

在水文水资源研究中，遥感图像的获取为深入了解水文过程和水资源管理提供了强有力的数据支持。通过不同波段的传感器，可以获取地表和水体的多维信息，包括水体温度、植被覆盖、土地利用等多个方面的参数。这些信息有助于建立水文模型、预测水资源的变化趋势，为合理利用水资源、应对水灾等提供了科学依据。同时，遥感图像的获取也为生态环境的监测和保护提供了技术手段，通过对植被、土地覆盖等的监测，可以及时发现生态系统的异常变化，为保护水资源的生态系统提供有效的支持。

地面观测图像获取作为一种遥感图像获取的技术手段，在水文水资源领域发挥了重要的作用。其高时空分辨率、多维信息获取的特点，为水资源管理、水文过程研究和生态环境保护提供了全面而有力的数据支持。通过对遥感图像的获取与应用，可以更全面地了解水资源的动态变化，为科学决策和可持续水资源管理提供了有力的技术支持。

二、遥感图像的处理在水文水资源中的应用

（一）遥感图像的辐射校正

1. 大气校正

遥感图像的大气校正在水文水资源领域发挥着至关重要的作用。通过对图像进行大气校正，我们能够消除大气中的干扰因素，获取更为准确的地表反射率信息。这为水文学家和水资源管理者提供了更可靠的数据，用以深入研究地表水体的变化、土地利用状况以及水资源的分布和利用。

大气校正的应用使得遥感图像更具科学价值。通过去除大气中的云、雾和气溶胶等因素，我们能够获得清晰的地表信息，这对于水文学研究具有重要的启示作用。特别是在山区或湿地等地形复杂的地区，大气校正的效果更为显著，有助于提高遥感图像的解译精度。

在水体监测方面，大气校正的重要性不可忽视。水体对大气中的光线有着不同的吸收和反射特性，因此大气校正能够减轻水体表面的影子和干扰，提高水体的辨识度。这对于监测河流、湖泊和水库的水质、水位和水动力学特性至关重要。同时，大气校正也为水体温度的遥感监测提供了更为准确的数据，为水温对水生态系统的影响研究提供了重要支持。

土地利用变化是水资源管理的一个重要方面，而大气校正则为这方面的研究提供了有力的工具。通过清晰的遥感图像，我们能够更精准地识别和分析不同土地类型的变化，包括农田、城市和自然覆被区。这有助于科学家和决策者更好地理解土地利用对水文过程和水资源分布的影响，从而更有针对性地制定水资源管理策略。

在水文模型建立方面，大气校正为模型输入数据的准确性提供了保障。通过获取经过大气校正的遥感图像，科学家们能够更好地模拟降水、蒸发和径流等水文过程，从而提高水文模型的可靠性。这为水资源管理提供了更科学、精准的决策支持。

大气校正在水文水资源领域的应用对于提高遥感图像的质量和可用性具有不可替代的意义。这一技术的不断发展和创新将进一步推动我们对水资源的深入理解，促进水资源管理朝着更为科学和可持续的方向迈进。

2. 几何校正

几何校正是遥感图像处理中的一项重要技术，其在水文水资源领域的应用具有深远的意义。该技术通过修正图像的几何形状和位置，提高了遥感数据的准确性和可用性，为水文水资源的研究和管理提供了关键的支持。

几何校正的主要应用之一是地表特征的精确提取。通过几何校正，遥感图像可以更准

确地反映地表的真实形态和位置，为水文学家提供高质量的地理信息。这对于水资源管理者而言至关重要，因为精确的地表特征提取为土地利用规划、水体监测和水资源评估提供了可靠的基础。

在水文循环研究中，几何校正也扮演着关键角色。通过对遥感图像进行几何校正，我们可以更精细地测量土地表面的特征，如植被覆盖、土地坡度等，从而更准确地模拟降雨径流过程和水文事件。这有助于科学家们更全面地了解水文过程的动态和复杂性，为水资源管理提供了重要的数据支持。

几何校正还在水体监测方面发挥着关键作用。通过纠正图像的几何形状，我们能够更准确地测量河流、湖泊等水体的形状和面积。这为水体容积和水位的监测提供了高精度的数据，为水资源管理者提供了实时而可靠的水体信息，有助于更有效地应对洪涝和干旱等水文灾害。

几何校正技术的应用为水文水资源领域带来了高精度的地理信息，提高了遥感数据的质量和可信度。这种技术为水文学家、水资源管理者和环境科学家提供了有力的工具，推动了水文水资源领域的研究和管理水平的不断提升。

（二）遥感图像的预处理

遥感图像的预处理在水文水资源领域具有重要的应用价值。这一过程涉及对遥感图像进行校正、增强、分类等一系列处理，以提高图像的质量和信息获取能力。通过有效的预处理，可以为水文水资源研究提供更准确、全面的地表信息，为水资源管理、生态监测和灾害预警等方面提供有力支持。

遥感图像的预处理包括几何校正的步骤。几何校正主要是通过地面控制点来纠正图像的几何形状和位置，使得图像能够更准确地反映真实地表特征。在水文水资源研究中，通过几何校正可以解决图像中的变形、位移等问题，提高图像的地图准确性，为地表水体分布、土地利用等方面的研究提供更精确的地理信息。

预处理中的大气校正是提高遥感图像质量的重要环节。大气校正的目的是消除大气中的气溶胶、水汽等对光的吸收和散射的影响，从而还原地表反射的真实信息。在水文水资源研究中，通过大气校正可以更精准地获取地表反射率信息，为水体的特征提取、水质监测等提供了更可靠的数据基础。

进一步，图像的增强是提高图像视觉效果的关键步骤。增强包括对比度增强、色彩调整等操作，使得图像更具清晰度和表现力。在水文水资源领域，通过图像增强可以更清晰地显示水体的边界、植被分布等特征，为水资源的定量分析和可视化呈现提供了更好的条件。

遥感图像的分类是对图像信息进行提取和分类的关键步骤。图像分类通过将图像中的像元划分到不同的类别，实现对地表特征的自动识别和分类。在水文水资源研究中，图像分类可以用于提取水体、植被、建筑等不同地物的信息，为土地利用/覆盖研究、水域生态系统监测等提供了重要的数据支持。

遥感图像的时间序列分析也是预处理中的一个重要环节。通过分析不同时间点的遥感图像，可以揭示地表特征的时空变化规律，对水文水资源的动态变化进行监测。这对于了解水体水质、土地利用变化、植被生长状况等方面提供了重要信息。

预处理还包括图像的去噪处理。在水文水资源研究中，图像可能受到云、大气、植被遮挡等因素的影响，导致图像中存在噪点或遮挡区域。通过去噪处理，可以提高图像质量，更准确地提取地表信息，为水文水资源研究提供更可靠的数据基础。

遥感图像的预处理在水文水资源领域的应用不仅能够提高图像的质量和解译精度，还为水资源管理、生态监测、灾害预警等提供了可靠的数据基础。通过有效的预处理，可以更全面地了解地表特征，深入研究水文过程，实现对水资源的科学管理和保护。这一系列处理步骤为遥感图像的应用提供了技术支持，为水文水资源研究提供了更为精准和全面的数据支持。

第三节　遥感数据的分类与特征提取方法

一、遥感数据的分类

（一）遥感数据的分类方法

1. 光学遥感图像的分类

光学遥感图像的分类在水文水资源领域的应用具有广泛而深远的影响。通过对地表特征的精细分类，我们能够深入理解水体、土地和植被等要素的分布状况，为科学家和水资源管理者提供丰富的信息，从而支持水文水资源的研究和管理。

遥感图像的分类技术在水文学中的关键作用体现在对水体的精准识别上。通过分类图像，我们可以准确判断河流、湖泊和水库等水体的位置和边界，为水资源监测和管理提供基础数据。这对于评估水体的面积、水位和水质等参数具有不可替代的作用，为科学家深入研究水体动态变化提供了有效手段。

土地利用变化是水资源管理中的一个重要因素，而光学遥感图像的分类为土地利用的精细分析提供了技术支持。通过对图像中的不同土地类型进行分类，我们能够准确识别耕地、林地、城市区域等，帮助科学家和决策者更好地了解土地利用的时空分布变化。这有助于深入研究土地利用变化对水文系统的影响，为科学的水资源管理提供决策支持。

植被在水文水资源中具有重要的生态功能，而光学遥感图像的植被分类为研究植被覆盖和植被状况提供了有效手段。通过对图像中的植被进行分类，我们能够获取植被的空间分布、面积和类型等信息。这对于监测植被变化、评估生态系统健康状况，以及预测水资源的可持续利用具有重要的实际意义。

光学遥感图像的分类还能够为水体温度的监测提供支持。通过对图像中水体的分类，科学家可以获取不同水体的表面温度数据。这对于研究水体温度分布、水体生态环境的健康状况以及水资源的可持续利用提供了有力的信息。

光学遥感图像的分类在水文水资源领域发挥着不可替代的作用。通过对地表特征进行细致分类，我们能够深入了解水体、土地和植被等关键要素的分布和变化，为科学的水文水资源研究和管理提供了可靠的数据基础。这为制定有效的水资源管理策略和推动可持续发展提供了重要支持。

2. 微波遥感图像的分类

微波遥感图像的分类在水文水资源领域的应用是一项重要的技术，具有广泛而深远的影响。通过对微波遥感数据进行分类，我们能够更准确地识别和监测水文水资源的特定特征，为水资源管理提供了实用而可靠的工具。

微波遥感图像分类的一项重要应用是土壤湿度监测。微波波段对土壤的湿度非常敏感，通过对遥感图像进行分类，可以实现对土壤湿度的精准测量。这对于农业灌溉和水资源管理至关重要，因为它为农民和管理者提供了关于土壤湿度分布的实时信息，有助于优化灌溉方案，提高水资源的利用效率。

另一个微波遥感图像分类的关键应用是水体监测。微波信号在水体中的传播和反射受水体表面粗糙度、植被遮蔽等因素影响，通过对这些微波遥感数据进行分类，可以实现对水体的类型和特性的准确判别。这对于湖泊、河流、湿地等水体的监测和保护提供了重要的信息，有助于科学家们更好地理解水体动态和水资源状况。

微波遥感图像分类还在降雨监测方面发挥了重要作用。微波信号能够穿透云层，从而使得在云层遮蔽的地区依然能够进行有效的降雨监测。通过对微波遥感数据进行分类，我们能够实现对不同降雨事件的判别和分析，为水文预测和水资源管理提供了关键的信息。

总体来说，微波遥感图像分类技术为水文水资源领域提供了一种强大的工具，通过对微波数据的精准分类，实现了对水资源特性的高效监测和识别。这为水资源管理者、科学家和决策者提供了重要的数据支持，推动了水文水资源领域的研究和实践不断向前发展。

（二）光学遥感图像分类在水文水资源中的应用

光学遥感图像分类在水文水资源中的应用呈现出多方位的价值。通过对地表光谱信息的提取和解析，可以深入研究水体的特性，包括水体类型、水质状况以及水体变化等方面。这一技术应用的深化不仅为水文水资源的监测提供了高效手段，也为水资源管理与规划提供了科学支持。

在水体类型识别方面，光学遥感图像分类通过对地表不同特征的反射光谱进行分析，能够有效区分出湖泊、河流、水库等水体类型。通过对这些水体类型的监测，可以更好地理解不同水体的空间分布特征，有助于制定相应的水资源保护策略。

在水质监测方面，光学遥感图像分类可以通过分析水体表面的颜色、透明度等信息，快速准确地评估水体的水质状况。这为对水源地的水质监控提供了一种非常便捷的手段，有助于及时发现和解决水质问题，保障饮用水安全。

对于水体变化的监测而言，光学遥感图像分类技术具有独特的优势。通过对多期遥感影像的比对与分析，可以实现水域面积的动态监测，掌握水体变化的趋势。这对于防洪、调水、保护湿地等方面的水资源管理提供了实时可靠的数据支持。

光学遥感图像分类还能够结合地理信息系统（GIS）等技术，实现水文水资源信息的空间集成和多源数据融合，提高数据的综合利用效率。这使得在水资源管理决策中，可以更全面地考虑地理空间的复杂性，为科学合理的管理提供更为全面的数据支持。

光学遥感图像分类技术在水文水资源领域的应用为提高水资源监测与管理水平提供了强

有力的工具。通过对水体类型、水质状况和水体变化等方面的深入研究，能够为科学的水资源管理决策提供全方位的数据支持，为维护生态平衡、促进可持续发展做出积极贡献。

二、遥感数据的特征提取方法

（一）光学遥感图像特征提取方法

1. 光谱特征提取

水文水资源是自然界中极为重要的一部分，对于人类社会的可持续发展起着至关重要的作用。光谱特征提取作为一种先进的技术手段，在水文水资源领域的应用逐渐引起了广泛关注。

光谱特征提取主要通过分析水体中的不同波段光谱信息，获取水体的物理、化学性质以及生态特征。这一技术的应用使得我们能够更全面地了解水资源的状况，为科学家和决策者提供了更为准确的数据支持。

光谱特征提取在水文水资源中的应用为我们提供了一种全新的视角，使得我们能够深入了解水体中的微观结构和组成。通过对水体反射光谱的分析，我们可以获取到水中不同物质的光谱特征，进而推断水体中存在的溶解物质的浓度。这有助于我们及时监测水体中的污染情况，为环保决策提供有力的科学依据。

光谱特征提取在水文水资源管理中的应用还可以帮助我们更好地监测水文循环过程。通过分析水体的吸收、散射和透射光谱，我们可以了解水体的温度、悬浮物含量以及生物量等关键参数。这种信息的获取有助于我们更准确地预测水文变化，为水资源的科学合理利用提供支持。

光谱特征提取还可以用于监测水体生态系统的健康状况。通过分析水体中的藻类、植物和微生物的光谱特征，我们可以评估水体中生物多样性的变化，进而判断生态系统的稳定性。这为生态环境保护提供了有力的工具，有助于我们更好地维护水资源的可持续利用。

光谱特征提取技术在水文水资源领域的应用为我们提供了一种高效、全面的手段，使得我们能够更深入地了解水体的各种性质。这为水资源的科学管理、环境保护和可持续利用提供了有力的支持，推动着水文水资源领域的研究和实践取得了新的进展。

2. 空间纹理特征提取

空间纹理特征提取是一种在水文水资源领域具有广泛应用的关键技术。通过对遥感图像进行空间纹理特征提取，我们能够深入挖掘地表的信息，实现对水文水资源的精准监测和分析。这项技术的应用为水资源管理者、科学家和决策者提供了强有力的工具，促进了水文水资源领域的科研和实践的发展。

空间纹理特征提取在土地利用和土地覆盖研究中发挥了重要作用。通过对遥感图像的纹理特征进行提取，我们可以更全面地了解土地表面的复杂性和多样性。这有助于科学家和土地规划者更好地理解土地利用变化对水资源的影响，为合理的土地规划和水资源管理提供有力支持。

空间纹理特征提取对植被监测和分析也具有关键意义。通过对植被遥感图像进行纹理特征提取，我们能够更准确地评估植被的结构、密度和分布。这为植被覆盖对水文循环和水资源的调控提供了深刻的理解，为生态系统的保护和可持续利用提供了科学的依据。

空间纹理特征提取在水体监测中也发挥了关键作用。通过对水体遥感图像进行纹理特征提取，我们能够更精细地识别水体的边界和结构。这为河流、湖泊等水体的监测和保护提供了高分辨率的信息，有助于科学家们更全面地了解水体的动态变化和水资源的状态。

总体来看，空间纹理特征提取是一项在水文水资源领域具有广泛应用的技术。通过深入挖掘遥感图像的纹理信息，我们能够更全面、准确地了解地表特征和水资源状况，为科学研究和水资源管理提供了有力的支持。这一技术的发展推动了水文水资源领域的进步，为实现水资源的合理利用和可持续发展提供了有效的手段。

（二）微波遥感图像特征提取方法

微波遥感图像特征提取在水文水资源中的应用是当前研究的焦点之一。通过微波遥感技术，我们能够获取地表信息，从而更好地理解水文水资源变化。微波遥感图像特征提取的方法在这个领域的应用，为我们提供了一种独特而高效的手段。

微波遥感图像中的极化特征成为水文水资源研究中的重要数据来源。通过提取微波图像的极化信息，我们可以深入了解水域的表面特征，包括水体边界、湖泊和河流的变化。这种极化特征提取方法不仅可以帮助我们识别水域的类型，还能捕捉到水面表面粗糙度、植被分布等重要的水文信息。

微波遥感图像中的反射率特征也为水文水资源研究提供了有力的支持。通过对微波信号的反射率进行分析，我们可以获取地表覆盖的信息，包括土壤湿度、河道变化等。这种特征提取方法使我们能够追踪地表的水分动态，为水资源管理提供实时而准确的数据支持。

微波遥感图像的干涉特征也成为水文水资源研究的重要手段。通过干涉图像的分析，我们可以监测地表沉降、地壳运动等变化，为地下水资源的合理开发提供科学依据。这种特征提取方法不仅帮助我们理解地下水位变化，还可以为水文灾害的预测提供先进的技术支持。

微波遥感图像特征提取方法在水文水资源中的应用具有重要的意义。通过对微波图像中的极化、反射率和干涉特征进行提取，我们能够全面而深入地了解水域的变化情况，为水资源管理、地下水开发和水文灾害预测提供了科学依据。这种先进的遥感技术为我们打开了水文水资源研究的新篇章，为实现可持续水资源利用提供了强有力的技术支持。

第四节　遥感技术的发展趋势与前沿

一、遥感技术的发展趋势

（一）高分辨率遥感技术的发展

1. 超高分辨率卫星

超高分辨率卫星遥感技术一直是空间信息领域的研究热点，其发展趋势主要体现在以下几个方面。

卫星传感器的性能不断提升，推动了遥感技术的发展。随着科技的不断进步，卫星传感器的分辨率得以提高，使卫星能够获取更为精细的地表信息。这一趋势在未来将继续，以满足对地球表面变化高度精确监测的需求。

多波段遥感数据的获取和利用将更加广泛。超高分辨率卫星将能够同时获取多波段的遥感数据，如可见光、红外、微波等，从而提供更为全面的地表信息。这将为资源管理、环境监测等领域提供更为丰富的数据支持。

数据处理和分析技术的进步将成为超高分辨率卫星遥感的重要驱动力。随着数据量的急剧增加，如何高效处理和分析这些数据成为一个亟待解决的问题。将会涌现出更为先进的数据处理算法和技术，以应对超高分辨率卫星数据的复杂性和多样性。

卫星平台和轨道技术的创新也将对超高分辨率卫星遥感的发展产生深远影响。新型卫星平台和轨道设计将提高卫星的灵活性和响应速度，使其能够更好地适应各种地表变化的监测需求。

国际合作和数据共享将成为未来超高分辨率卫星遥感的重要发展方向。由于地球表面的变化具有全球性和跨国性，各国需要加强合作，共享数据资源，共同应对全球环境和资源管理的挑战。

总体来看，超高分辨率卫星遥感技术的未来发展将在卫星传感器性能、多波段数据获取与利用、数据处理与分析技术、卫星平台与轨道技术创新以及国际合作与数据共享等方面取得新的突破，为地球表面变化监测和资源管理提供更为精准、全面的信息支持。

2. 高光谱遥感

高光谱遥感技术作为一种先进的遥感手段，一直以来都受到广泛的关注与研究。其发展趋势在不断演进，主要体现在以下几个方面。

高光谱遥感技术的数据获取方式将更趋多元。传统的高光谱遥感主要依赖于卫星和飞机平台，但随着技术的进步，无人机和小型卫星等新型平台的应用将逐渐增加。这种多元化的数据获取方式将有助于提高数据的时空分辨率，更好地满足不同领域对高光谱信息的需求。

高光谱数据处理和分析的方法将更为智能化。随着人工智能和机器学习的飞速发展，高光谱数据的处理不再局限于传统的手工分析方法，而是借助于深度学习等技术，实现更高效、精准的信息提取和分类。这将为遥感应用提供更加智能化的支持，提升数据处理的效率和准确性。

高光谱遥感技术将更广泛地应用于环境监测与资源管理。随着社会的发展，对于环境保护和资源管理的需求日益增加。高光谱遥感技术通过对地表不同波段的光谱信息进行获取和分析，可以实现对土地利用、植被覆盖、水质情况等方面的监测。该技术有望在农业、林业、水资源管理等领域发挥更为重要的作用。

高光谱遥感技术还将更深入地融合其他先进技术。例如，与地理信息系统（GIS）、全球定位系统（GPS）等技术的融合，可以实现更为精准的空间定位和空间分析；与云计算、大数据等技术的结合，可以实现对大规模高光谱数据的存储、处理和共享。这种技术的融合将为高光谱遥感的应用提供更丰富的可能性。

高光谱遥感技术的国际合作将更加密切。由于高光谱遥感技术具有较高的成本和技术门槛，国际合作将成为推动该技术发展的重要动力。在数据共享、技术研发、应用示范等方面，国际的合作将促使高光谱遥感技术更好地服务于全球各个领域。

高光谱遥感技术的发展趋势将呈现多元化、智能化、广泛应用、技术融合和国际合作的特点。这一发展势头不仅将推动遥感技术的整体升级，也将为解决环境问题、促进可持续发展等提供更为强大的支持。

（二）深度学习在遥感中的应用

深度学习在遥感中的应用为水文水资源研究提供了新的视角。这一技术的兴起使得我们能够更加精细地理解地表和水体的变化，进而优化水资源管理和水文预测。深度学习在遥感图像处理中的应用，尤其是卷积神经网络（CNN）等模型的使用，为水文水资源研究带来了新的可能性。

深度学习在遥感中的应用通过提取图像中的高级特征，使我们能够更好地解读地表信息。卷积神经网络的深层结构可以自动学习图像中的抽象特征，这对于水文水资源研究中的复杂问题尤为重要。例如，深度学习可以有效地识别和分类地表覆盖，包括水域、植被和城市区域，为水资源管理提供了更精确的地理信息。

深度学习在遥感图像中的应用还能够改善水文参数的估计。通过对遥感数据进行端到端的学习，深度学习模型可以自动捕捉图像中的空间和时间关联，提高水文参数的精度。这对于水文模型的建立和水资源量化分析具有显著的推动作用，使得我们能够更好地了解地表水文过程的复杂性。

深度学习在水文水资源研究中的应用还表现在遥感数据的时空融合方面。通过整合多源遥感数据，深度学习模型能够更全面地捕捉地表和水体的动态变化。这种时空融合的方法为我们提供了更完整、更细致的地表信息，有助于深入理解水文过程的时空演变规律。

深度学习在遥感中的应用为水文水资源研究带来了显著的进展。通过深度学习模型对遥感图像的处理和分析，我们能够更准确地把握地表和水体的特征，从而为水资源管理、水文模型的构建以及水文过程的时空分析提供更为可靠的技术支持。深度学习的应用将进一步推动水文水资源研究向更深层次、更高精度的方向发展。

二、遥感技术的前沿应用

（一）高性能计算在遥感中的应用

1. 云计算与遥感大数据处理

云计算技术的兴起为遥感大数据处理带来了革命性的变化，为遥感技术的前沿应用提供了新的可能性。云计算的弹性和高效性为处理海量遥感数据提供了理想的平台，使得遥感技术在资源管理、环境监测等领域取得了一系列令人瞩目的成果。

在云计算环境下，遥感大数据得以迅速存储和处理，大大提高了数据处理的效率。这使得科研人员能够更加迅速地分析大规模的遥感数据，发现其中隐藏的规律和信息。云计算的弹性资源分配使得遥感数据处理能够更好地适应不同的科研需求，提升了数据处理的灵活性。

云计算不仅提供了高效的数据处理平台，还为遥感技术的前沿应用提供了新的技术支持。人工智能（AI）和机器学习等技术在云计算环境中得以充分发挥，为遥感数据的智能化处理和解译提供了新的可能性。这意味着遥感技术不仅能够获取大规模的数据，还能够通过智能化算法挖掘数据中的深层次信息，实现更为精准的地表监测和资源管理。

在遥感技术的前沿应用中，云计算还促进了遥感数据的融合利用。通过在云平台上建立数据共享和交互的机制，不同来源、不同时间、不同分辨率的遥感数据可以被整合起来，形成更为全面的地球表面信息。这种融合利用不仅扩展了遥感技术的应用范围，也为跨学科研究提供了更为丰富的数据基础。

云计算环境中的遥感技术应用不仅在科学研究领域取得了显著成就，也在实际应用中发挥了巨大作用。在自然灾害监测中，云计算为遥感技术提供了实时、高效的应用场景。通过快速处理大规模的遥感数据，科研人员能够迅速获取受灾地区的地表信息，为紧急救援和灾害管理提供有力支持。

云计算技术为遥感大数据处理和遥感技术的前沿应用提供了强大支持。其高效的数据处理能力、智能化的算法支持以及数据融合利用的机制，使得遥感技术在科学研究和实际应用中都取得了重要的突破。云计算与遥感技术的深度融合将继续推动这一领域的发展，为更加精准、全面的地球表面监测和资源管理提供新的思路和手段。

2. 边缘计算与遥感传感器

边缘计算和遥感传感器的结合标志着遥感技术进入了一个新的前沿应用阶段。边缘计算是一种将计算和数据存储能力移动到接近数据源的计算模式，与传统的云计算相比，边缘计算能够更有效地处理实时数据和减轻网络负担。在遥感领域，这种技术的前沿应用体现在以下几个方面。

边缘计算为遥感传感器提供了更强大的实时数据处理能力。传感器产生的海量数据可以在接近数据源的边缘设备上进行实时处理，减少了数据传输延迟，提高了数据处理的效率。这使得遥感系统能够更快速、更及时地响应环境变化，并为各行业提供更精准的信息支持。

边缘计算和遥感传感器的结合促进了智能化遥感应用的发展。传感器通过在边缘设备上执行智能算法，能够实现对数据的实时分析和处理，从而实现对复杂环境的智能感知。这种智能化使得遥感系统能够更好地适应不同的应用场景，为城市规划、农业管理、环境监测等提供更为个性化的解决方案。

边缘计算和遥感传感器的融合推动了遥感数据的隐私保护。由于数据处理发生在边缘设备上，敏感信息不必在传感器和云端之间频繁传输，降低了数据泄露的风险。这对于一些涉及隐私敏感信息的遥感应用，如城市监控和环境调查，具有重要的实际意义。

边缘计算还为遥感技术的实地应用提供了更为灵活的解决方案。通过在边缘设备上进行数据处理，遥感系统不再依赖于强大的中心计算设施，使得遥感技术能够更广泛地应用于偏远地区、自然灾害现场等特殊环境，提高了遥感技术的适用性和可操作性。

边缘计算与遥感传感器的结合为遥感技术的前沿应用带来了新的发展机遇。这种融合不仅提升了数据处理的效率和实时性，也推动了遥感技术向智能、隐私保护、实地应用等方向的拓展，为各个领域的发展带来了更为丰富的可能性。

（二）遥感与人工智能的交叉应用

遥感技术和人工智能的交叉应用，呈现出多层次、多领域的前沿应用。这一融合的趋势正在推动科学研究和实际应用领域的飞速发展，为我们更全面地认知地球表面提供了新的视角。

在农业领域，遥感技术结合人工智能实现了智能农业的重要突破。通过卫星和无人机获取的高分辨率遥感图像，结合深度学习算法，可以精准识别农田中的植被、土壤类型等信息，提升了农业生产的效益和可持续性。这种交叉应用为农业资源管理提供了强有力的支持，使得农业生产更加智能化、高效化。

在城市规划中，遥感和人工智能的结合也展现了巨大潜力。通过卫星遥感数据和深度学习算法，可以实现城市土地利用的高精度监测和分析。这不仅有助于科学规划城市布局，提高土地利用效率，还可以为城市交通、环境保护等方面的决策提供科学依据。

在环境监测方面，遥感和人工智能的交叉应用也为我们提供了强大的工具。卫星遥感数据结合深度学习模型，能够实现对大气、水质、土壤等环境参数的全球监测。这为环境保护、资源管理和灾害预警提供了全新的手段，使得我们能够更及时、准确地响应自然环境的变化。

医学领域也在遥感和人工智能的融合中受益匪浅。遥感技术通过卫星和传感器获取的医学影像数据，结合深度学习算法，可以实现对疾病的早期诊断和治疗方案的个性化设计。这一交叉应用的发展为医学领域带来了更为准确和高效的医疗服务。

遥感技术和人工智能的交叉应用呈现出多领域的前沿应用。这一趋势的发展不仅推动了科学研究的深入，也为社会各个领域提供了新的解决方案。遥感和人工智能的结合为我们提供了更为全面、高效的数据处理和分析手段，为人类面临的各种挑战提供了更为创新和可行的解决途径。

第四章　水资源调查与测量方法

第一节　水文站建设与水位观测

一、水文站建设

（一）水文站的基本概念与功能

1. 水文站的定义

水文站是一种专门用于监测和记录地表水文信息的设施，其作用在于实时、精准地收集有关水文变量的数据。水文站通常由多个传感器和测量仪器组成，这些仪器能够测量涉及水体的各种参数，包括水位、水温、水质、流速等。这些数据对于了解水体的变化、水文过程以及水资源管理具有重要意义。

水文站的基本组成包括测量传感器、数据采集系统和数据传输装置。测量传感器负责直接获取水文数据，通过高度灵敏的技术测定水位、水温、水质等多个关键参数。数据采集系统则负责记录、存储和整理这些数据，保障其准确性和可靠性。数据传输装置则起到将水文数据传送至中心数据库或监测中心的作用，以便进一步的数据分析和利用。

水文站广泛应用于各种水文研究和水资源管理领域。通过对水位的监测，水文站能够追踪河流、湖泊等水体的水位变化，为洪水预警、水资源评估提供关键信息。水温的监测则有助于了解水体的温度分布，对水生态环境的研究和保护起到积极作用。水质监测可以评估水体的污染程度，为环境保护和水质改善提供科学依据。

水文站的部署位置通常根据研究或管理的具体目的而定，可以位于河流、湖泊、水库、港口等水体附近。其布设地点的选择需要考虑到水体的地理特征、流域特点以及相关的地表水文过程。因此，水文站的合理布局对于获取全面、准确的水文数据至关重要。

随着科技的发展，现代水文站逐渐采用先进的传感技术和自动化控制系统，使其能够实现远程监控和自动化运行。这使得水文数据的获取更为方便、高效，减少了人工干预的需求。自动化水文站不仅提高了数据采集的精度，同时也减轻了维护和操作的负担，为长期的水文监测提供了可靠的支持。

水文站作为水文研究和水资源管理的基础设施，发挥了不可替代的作用。通过实时、连续地监测水文参数，水文站为科学家、工程师和决策者提供了重要的水文信息，为水资源的科学管理和可持续利用提供了可靠的数据基础。水文站的不断发展和创新将为我们更好地理解水文过程、保护水资源、防范水灾等方面提供更多可能性。

2. 水文站的功能

水文站是一种用于监测和记录水文信息的设备，其功能涵盖了多个方面。水文站的主要功能之一是实时监测水体的水位。通过配备精密的水位测量仪器，水文站能够连续不断地记录水位的变化情况，提供准确的水位数据，为水文研究和水资源管理提供了实时、可靠的信息支持。

水文站还负责监测水体的流量。借助流速仪、流量计等设备，水文站能够精确测算水流的速度和流量，从而掌握河流、湖泊等水体的流动状况。这对于洪水预警、水资源分配以及生态环境保护等方面都具有重要的意义。

水文站的功能还包括监测水体的水温。通过在水文站中配置水温传感器，可以实时监测水体的温度变化。水温是水文研究中的重要参数，对于生态系统的健康、水生动植物的生存状况等有着直接的影响。因此，水文站通过水温监测为科学家提供了有关水体生态环境的重要数据。

水文站还可以用于监测水体中的溶解氧浓度。通过搭载溶解氧传感器，水文站能够实时测量水体中的氧气溶解情况，为水质评估和水环境保护提供了关键的信息。溶解氧是衡量水体中生态系统健康的关键指标之一，对于维护水体生态平衡具有不可替代的作用。

水文站的功能还涉及监测水体的悬浮物质和底泥等。通过搭载悬浮物测量仪器和底泥采样装置，水文站可以实时监测水体中的悬浮物质浓度和底泥的物理化学特性。这对于了解水体污染程度、评估水质状况以及采取相应的环境保护措施具有重要的实际意义。

水文站还承担着气象要素监测的任务。通过集成气象传感器，水文站能够记录气温、湿度、风速等气象参数，为全面了解水文环境提供了综合数据。这对于研究水文过程与气象条件之间的关系，以及对气象因素对水资源的影响有着重要的参考价值。

水文站作为水文学和水资源管理领域的重要工具，通过实时监测水位、流量、水温、溶解氧、悬浮物质、底泥和气象要素等多个方面的水文信息，为科学家、水利工作者和环境保护者提供了全面、准确的水文数据，为有效管理水资源、预防洪涝、维护生态平衡以及保护水环境提供了不可或缺的技术支持。

（二）水文站的设备与仪器

水文站设备与仪器用于测量和监测水文要素，确保对水文过程的准确观测。水文站的设备主要包括水位仪、雨量计、流量计和水质监测仪器。水位仪用于测量水体的水位，通过传感器实时记录水位的变化。雨量计则用于定量测量降雨量，确保对气象条件的准确记录。流量计被用来测量水体的流速，为计算水体的流量提供数据支持。水质监测仪器则用于分析水体的化学成分，以评估水体的质量状况。

水位仪器的核心是压力传感器，通过测量水体的压力变化来确定水位高度。雨量计通常采用漏斗式设计，将雨水导入集水器，然后通过计量系统来精确测量降雨量。流量计主要有激光雷达流速仪和电磁流量计，它们能够快速准确地测量水体的流速。水质监测仪器则包括光谱仪、离子选择电极和 pH 仪等，通过这些仪器可以实时监测水体的化学性质，包括溶解氧、氨氮和总磷等指标。

水文站设备与仪器的关键在于其高度灵敏的传感器和精密的计量系统，能够在极端环境条件下稳定运行。为确保准确性，这些仪器通常需要定期校准和维护。同时，自动化技术的应用使得水文站能够实现远程监控和数据传输，提高了数据的实时性和可靠性。这为水文研究提供了强大的工具，为科学家们深入了解水文过程和水体状况提供了坚实的基础。

二、水位观测

（一）水位观测的基本原理

1. 水位测量方法

水位测量方法具有重要的环境监测和水资源管理意义。传感器技术是当前水位测量领域的主流，其原理多样。毫米波雷达技术以其高精度、非接触等特点被广泛应用，其通过发送毫米波并接收反射信号，从而实现对水位的准确监测。

超声波测距原理也在水位测量中得以应用。超声波传感器通过发射超声波脉冲并测量其反射时间，从而得知水面距离。其具有实时性强、应用范围广等优势，适用于不同场景的水位监测。

电容式水位传感器则基于电容变化原理，当电极与水位接触时，电容值发生变化，通过测量电容的变化实现对水位的监测。这种方法具有灵敏度高、响应迅速等特点，适用于小范围的水位测量。

激光测距技术通过发送激光束并测量其返回时间，实现对水位的精准测量。其在测量范围远、精度高的优势下，被广泛应用于河流、湖泊等水域的水位监测。

除了传感器技术，遥感卫星技术也在水位测量中发挥着关键作用。通过卫星对水体的遥感观测，可以获取大范围、全球性的水位数据，为水资源管理提供全面的信息支持。

水位测量技术的发展与创新不断推动着环境监测和水资源管理的进步。不同原理的传感器及遥感技术相互补充，共同构建起全面、精准的水位监测体系，为应对水资源变化和环境变迁提供了可靠的数据支持。

2. 水位观测的仪器

水位观测仪器在水文学和环境监测中具有不可替代的重要性。它们扮演着监测水体变化、预测洪水、评估水资源利用等方面的关键角色。这些仪器的发展不仅是技术进步的产物，更是人类对自然环境认知的深化体现。

水位观测仪器主要分为机械式和电子式两类。机械式水位仪器通过测定浮标或测槽的位置变化来获取水位信息，其设计注重稳定性和可靠性。而电子式水位仪器则运用先进的传感技术，通过电子元件感知水位变化，具有高灵敏度和实时性的特点。

在机械式水位仪器中，浮标是核心组成部分。浮标的设计直接影响到仪器的测量精度。为了保证准确性，浮标通常采用轻量化的材料，如聚乙烯或泡沫塑料，并通过合理的形状设计来减小流体阻力。浮标的悬挂系统也至关重要，它需要保证在水流冲击下仍能保持相对稳定的位置，以确保水位测量的准确性。

在电子式水位仪器中，传感器的选择和性能对观测精度起着至关重要的作用。压力传感器是一种常见的选择，它通过测量水柱对传感器的压力来间接获取水位信息。超声波传感器也被广泛应用，通过发射超声波并测量其回波时间来计算水位。这种非接触式的测量方式避免了机械磨损和污染对测量的影响，提高了仪器的稳定性。

水位观测仪器的数据传输与存储技术的发展也对其性能提出了更高的要求。传统的数据记录方式通常采用记录仪和传感器直接相连，通过电缆传输数据。而现代水位观测系统则更倾向于采用远程无线传输技术，通过卫星通信或无线网络实现实时数据传输，提高了数据的时效性和可用性。同时，先进的存储技术使得大量数据能够被高效地保存和管理，为后续的数据分析和应用提供了便利。

水位观测仪器的发展经历了从机械式到电子式、从有线传输到无线传输的演变。这一演变不仅体现了科技进步的催化作用，更彰显了人类对水文学和环境监测认知的深刻提升。水位观测仪器的不断创新将为我们更全面、准确地了解水体变化提供有力的支持，促使环境保护和水资源管理迈向更加科学和可持续的方向。

（二）水位观测的技术与方法

水位观测是一项重要的地学技术，它通过测量水体的高度变化来监测水域的动态情况。水位观测的技术和方法涉及多个领域，包括传感器技术、地理信息系统、遥感技术和数学建模等。这些技术和方法的综合应用为水位观测提供了全面而深入的理解。

在水位观测中，传感器技术是关键的一环。各种类型的传感器被广泛应用于测量水位，包括压力传感器、浮子传感器、毫米波雷达等。压力传感器通过测量水柱的压力来确定水位的高度，而浮子传感器则通过漂浮在水面上的浮子的运动来获取水位信息。毫米波雷达则利用微波的反射原理，通过测量微波的回波时间来确定水位的变化。这些传感器的不同特性使得它们能够在不同的环境和条件下进行水位观测，从而满足多样化的监测需求。

除了传感器技术，地理信息系统（GIS）的应用也为水位观测提供了有力支持。通过将水位数据与地理空间信息相结合，可以实现对水域空间分布的精确描述。GIS技术还能够将水位数据与其他地学数据进行融合，提供更全面的环境监测和资源管理信息。这种综合分析方法为科学家和决策者提供了更深入的认识，帮助他们更好地理解水域的演变和变化趋势。

遥感技术在水位观测中的应用日益增多。卫星遥感、航空遥感等高分辨率遥感技术能够提供大范围的水域监测数据。通过遥感技术，可以获取水域的表面特征、植被分布、地形变化等信息，为水位观测提供了丰富的背景资料。这些遥感数据不仅可以用于实时监测，还可以用于建立长期的水文模型，预测水域的未来变化趋势。

数学建模是水位观测中的又一重要方法。通过建立数学模型，可以更好地理解水位的动态变化规律。这些模型可以基于物理原理，如水力学方程，也可以基于统计学方法，如时间序列分析。数学模型的建立不仅能够揭示水域系统的内在规律，还能够对未来的水位变化进行预测，为水资源管理和防洪工作提供科学依据。

水位观测技术和方法的发展得益于多个领域的协同作用。传感器技术、地理信息系统、遥感技术和数学建模相互融合，为水位观测提供了多层次、全方位的解决方案。这些技术和方法的不断创新和进步，将进一步推动水位观测在地学研究和水资源管理中的广泛应用。

第二节　降雨量测量与气象站布设

一、降雨量测量

（一）降雨量测量的基本原理

1. 雨量计的工作原理

雨量计是一种用于测量降水量的仪器，其工作原理主要涉及感应降水的装置和记录降水量的系统。该装置通常包括漏斗、计量容器和传感器等组件，通过这些组件的协同作用，实现对降水量的准确测量。

漏斗的设计起到了引导雨水的作用，使其集中流入计量容器。漏斗口的大小和形状会直接影响到降水的采集效率，因此在雨量计的设计中，需要根据实际降水情况选择合适的漏斗结构。漏斗的作用类似于一种导向装置，确保雨水能够有效地被引导至计量容器。

计量容器是雨量计中一个至关重要的组成部分，它负责接收漏斗引导而来的雨水，并在内部准确地记录降水的数量。通常，计量容器的形状和体积都经过精心设计，以确保在不同强度和类型的降水条件下，仍能提供可靠的测量结果。计量容器的底部通常连接着传感器，用于感知雨水的实际高度。

传感器在雨量计中扮演着关键的角色，它们能够感知计量容器中雨水的高度，并将这些信息传输给记录系统。这些传感器通常基于一些物理原理，例如电阻、电容或超声波等。通过这些原理，传感器能够准确地测量雨水的高度，并将数据传送到记录系统中，从而实现对降水量的实时监测和记录。

在记录系统中，接收到的传感器数据会被进一步处理和分析。这一过程通常包括数据的校正、去噪和转换等步骤，以确保最终得到的降水量数据具有高度的准确性和可靠性。记录系统还可能与其他气象设备或传感器进行集成，以获取更全面的气象信息，并为相关研究和预测提供支持。

雨量计的工作原理涉及漏斗引导、计量容器采集和传感器感知等关键步骤。通过这些步骤的有机组合，雨量计能够有效地完成对降水量的测量任务，为气象学、水资源管理等领域提供了重要的数据支持。

2. 激光测雨技术

激光测雨技术是一项现代科技领域中备受关注的前沿技术之一。该技术通过利用激光束与雨滴之间的相互作用，实现对雨水的高精度检测，为气象学、农业和水资源管理等领域提供了全新的解决方案。

在激光测雨技术中，激光器被用于产生一束高强度的激光光束，该光束穿越大气层并与雨滴发生相互作用。通过精密的探测系统，可以测量雨滴对激光光束的散射和吸收情况，从而得出雨滴的数量、大小和速度等关键信息。这种非接触式的测雨方法相比传统的雨量计更具优势，能够实时、高效地获取雨水数据。

激光测雨技术的应用范围广泛，其中之一是在气象学中的应用。通过对雨滴的精准监测，气象学家能够更准确地预测降雨量、雨水分布和雨滴的特性，为气象灾害预警和防控提供有力支持。这对于社会公共安全和农业生产具有重要意义。

激光测雨技术在农业领域也有着潜在的巨大应用前景。通过实时监测降雨情况，农业生产者可以更科学地制定灌溉计划，合理利用水资源，提高农田的水分利用效率。这对于缓解水资源紧缺问题和提升农业生产的可持续性具有积极的推动作用。

除了气象学和农业，激光测雨技术还在水资源管理领域展现出独特的价值。通过实时监测雨水流量和降雨强度，可以更准确地评估水库、河流和水源地的水量变化，为水资源的合理分配和管理提供科学依据。这对于维护生态平衡和确保水资源可持续利用具有重要意义。

激光测雨技术作为一项新兴的科技手段，不仅在气象学、农业和水资源管理等领域具有广泛应用前景，同时也为科研人员提供了研究大气和降水过程的新途径。随着技术的不断创新和完善，激光测雨技术将在未来更多领域展现出其独特的优势和价值。

（二）雨量计的类型与选择

雨量计是一种用于测量雨水降落量的设备，广泛应用于气象学、水文学和环境监测等领域。在选择雨量计的时候，需要考虑不同类型之间的特性和适用场景。主要的雨量计类型包括容器式雨量计、测振式雨量计、光电式雨量计和微波式雨量计。

容器式雨量计是最传统的类型之一，通过测量雨水落入一个容器的量来确定降雨量。这种类型的雨量计简单、易于维护，但容易受到风的影响，导致误差较大。因此，在选择容器式雨量计时，需要考虑周围环境的影响因素，以确保测量结果的准确性。

测振式雨量计利用雨滴落到感应器上产生的震动来测量降雨量。这种类型的雨量计对风的影响较小，适用于多变的天气条件。然而，测振式雨量计在长时间使用后可能会受到灰尘和污染的影响，降低测量的准确性。因此，在选择测振式雨量计时，需要定期进行清洁和维护。

光电式雨量计通过光束的遮挡来测量雨滴的数量和大小，从而计算降雨量。这种类型的雨量计对风的敏感性较低，但在强降雨时可能会出现误差。光电式雨量计的优势在于其响应速度较快，能够实时监测降雨变化，适用于对降雨变化较为敏感的场合。

微波式雨量计是一种先进的技术，利用微波信号与雨滴的相互作用来测量降雨量。这种类型的雨量计对环境条件的适应性较强，能够在复杂的气象条件下提供较为准确的测量结果。然而，微波式雨量计的价格较高，需要专业的维护和操作，适用于对测量精度要求较高的应用场景。

在选择雨量计时，需要根据具体的应用需求和环境条件综合考虑不同类型的特性。容器式雨量计适用于简单的环境条件，而测振式雨量计对于多变的天气较为适用。光电式雨量计响应速度快，适用于需要实时监测降雨变化的场合。微波式雨量计则适用于对测量精度要求较高的复杂环境条件。最终的选择应基于具体的应用场景和要求，以确保雨量计能够在不同条件下提供准确可靠的测量数据。

二、气象站布设

（一）气象站的基本构成

1. 气象观测仪器

气象站是一个用于监测大气状况和天气变化的设备集合体，主要包括气象仪器和数据记录系统。气象站的基本构成由测温仪器、测湿仪器、测风仪器和气压仪器等组成。这些仪器在气象站中各司其职，通过相互协作，为我们提供全面准确的气象信息。

测温仪器是气象站中至关重要的组成部分，它负责测量环境中的温度。通常，测温仪器采用一些常见的传感原理，如电阻、热敏电阻、热电偶等。这些原理通过测量物质的热膨胀或电阻变化，来反映环境温度的变化。测温仪器通常分布在不同高度和地理位置，以获取更全面的温度分布信息。

测湿仪器用于测量空气中的湿度，是气象站中不可或缺的一部分。测湿仪器采用各种不同的技术，如湿度传感器、湿度计等，来准确测量空气中水分的含量。湿度的测量对于天气预报和气候研究等方面具有重要意义，因为湿度的变化直接影响着大气的稳定性和降水的形成。

测风仪器主要用于测量风速和风向，是气象站中监测气流运动的关键工具。测风仪器通常包括风速计和风向计两个部分。风速计通过一些物理原理，如风扇、旋翼等，来测量空气流经的速度。而风向计则通过风向标或风向传感器等装置，来指示风的吹向。测风仪器的安装位置和高度选择对于获得准确的风场信息至关重要。

气压仪器用于测量大气压力，也是气象站中的重要组成部分。气压的测量可以帮助我们了解大气的垂直结构和变化趋势。常见的气压仪器包括水银气压计、差压计和压电传感器等。通过测量大气压力的变化，气象站可以推断气候系统的演变和天气变化的趋势。

除了上述基本仪器外，气象站还可能配备其他辅助设备，如太阳辐射计、紫外线辐射计、雷达和卫星等，以获取更全面的气象信息。这些设备的使用进一步提高了气象站的观测精度和能力，为气象学研究、天气预报和环境监测提供了有力的支持。

气象站的基本构成包括测温仪器、测湿仪器、测风仪器和气压仪器等，它们通过协同工作，为我们提供全面准确的气象信息。这些信息对于理解大气状况、预测天气和研究气候变化等方面具有重要意义。

2. 数据采集与传输系统

气象站数据采集与传输系统是一个由多个组成部分构成的复杂系统，其核心任务是获取、处理和传输气象数据。这一系统的基本构成主要包括传感器组件、数据处理单元、通信模块和电源系统。

我们来看传感器组件。这是气象站的核心部分，负责实时感知气象环境的各种参数。例如，气温传感器用于测量空气温度，湿度传感器用于测量空气湿度，风速风向传感器则负责监测风的强度和方向。辐射计和降水传感器等组件也起着关键的作用，用于记录辐射强度和降雨情况。这些传感器组件通过高度灵敏的技术，能够精确地捕捉气象参数的变化，为后续的数据处理提供了可靠的基础。

接下来是数据处理单元。这一部分负责将传感器组件获取的原始数据进行处理和整合。数据处理单元使用先进的算法和技术，将不同传感器采集到的数据进行合并，并进行校正和校验，以确保数据的准确性和可靠性。数据处理单元还能够实时监测异常情况，并进行相应的错误处理，确保气象数据的质量。

通信模块是系统中的另一个关键组成部分。其任务是将处理后的气象数据传输到远程数据中心或用户端。通信模块通常采用无线通信技术，如 GPRS、4G 或甚至是卫星通信，以确保数据的快速、稳定的传输。这使得气象站能够实现远程监测和数据共享，为科学研究、决策支持和公共服务提供了便利。

电源系统是确保气象站正常运行的基础。由于气象站通常需要在户外环境中工作，电源系统需要具备稳定性和可靠性。常见的电源系统包括太阳能电池板和储能装置，以及备用电池组。这些系统能够为气象站提供足够的电力，确保其在各种天气条件下都能正常运行。

气象站数据采集与传输系统的基本构成包括传感器组件、数据处理单元、通信模块和电源系统。这一系统通过高度集成的技术和组件，实现了对气象环境的全方位监测和数据传输，为科学研究、气象预测和公共服务等提供了关键的数据支持。

（二）气象站布设的原则与方法

气象站的布设应当考虑地理环境、气象特征以及观测要求。需要充分了解目标区域的地形、地貌和气候特征，以确保布设的气象站能够充分代表该区域的气象状况。应选择适当的站址，避免受到人为影响和自然环境的扰动，确保气象观测的准确性。在布设气象站时，要充分考虑站点之间的空间分布，以覆盖目标区域的多样性和代表性。布设气象站需要充分考虑站点之间的距离，以确保观测数据的空间分布均匀，能够反映出目标区域的气象变化。

需要考虑气象站与周围环境的协调性，以降低外部环境对气象观测的干扰。在气象站布设过程中，还需要考虑观测仪器的布置，确保能够捕捉到大气各层的气象要素。在选择观测仪器时，要根据目标区域的气象特征和观测需求，选择适当的仪器类型和参数范围。气象站的建设应注重设备的防护和维护，以确保仪器的长期稳定运行。在布设气象站时，要考虑到气象站的可持续性发展，选择适当的站址和仪器，以满足未来气象观测的需求。在布设气象站的过程中，需要与相关部门进行充分沟通和协调，确保气象观测站的建设能够得到充分的支持和配合。

需要建立健全的气象站管理和数据传输系统，以确保观测数据的及时传输和有效利用。通过以上原则和方法，能够实现气象站布设的科学性、合理性和实用性，为气象观测提供可靠的数据支持。

第三节　地下水位与水质监测技术

一、地下水位监测技术

（一）地下水位监测的基本原理

1. 压力传感器原理

压力传感器是一种测量气体或液体压力的装置，其基本原理涉及感应物理力的传递和转换。压力传感器通常包括敏感元件、转换机构和信号输出等主要组成部分。敏感元件是压力传感器的核心，它的工作原理主要基于一些基础物理原理。

敏感元件的工作原理之一是电阻变化原理。在受到外部压力作用下，敏感元件的电阻值会发生变化，这是由于压力导致了敏感元件内部结构的微小变形。这个电阻值的变化可以通过电路进行测量，并转化为相应的压力数值。另一种常见的工作原理是压电效应，当敏感元件受到压力时，会产生电荷的分离，从而引起电压的变化，通过测量这一电压变化来确定压力的大小。

在地下水位监测中，压力传感器的应用是为了准确测量水下的压力，从而推断地下水位的高低。当地下水位上升时，由于水的重力，水会对敏感元件产生压力，从而导致敏感元件的电阻或电压发生变化。通过监测这些变化，我们能够实时了解地下水位的变动情况。

地下水位监测的基本原理涉及对压力传感器输出信号的实时监测和记录。监测系统通常包括数据采集装置和数据处理单元，用于将压力传感器输出的信号转化为可读的数据。这一系统的关键任务是实时捕捉地下水位的变动，确保监测结果的准确性和实用性。

在地下水位监测中，压力传感器的选择和布置是至关重要的。不同类型的地下水位监测点可能需要不同灵敏度和精度的压力传感器。压力传感器的布置位置也需要根据地下水位的分布和变化规律进行合理规划，以确保监测的全面性和可靠性。

地下水位监测利用压力传感器，通过监测地下水对敏感元件的压力变化，实现对地下水位的准确测量。这一技术应用于水资源管理、环境监测等领域，为科学研究和资源保护提供了重要的技术手段。

2. 流量计原理

流量计的原理在地下水位监测中发挥着至关重要的作用。流量计是一种测量水流速和水流量的仪器，其基本原理是基于水流通过管道时引起的一系列物理效应。

流量计利用液体流经管道时产生的压力差来进行测量。这种压力差是由于液体在管道中流动时，与管道内壁发生摩擦引起的。流速越大，摩擦造成的压力差就越大。流量计通过测量这种压力差的大小，可以准确地反映出液体的流速。

地下水位监测是基于地下水在地下水位下移动的情况进行的。流量计通过在地下水管道中布置传感器，监测地下水的流动情况。当地下水位上升时，管道中的水流速度增加，相应地，流量计记录到的压力差也会增大。这种实时的、动态的监测方式为地下水位的及时调控提供了基础数据。

流量计还利用水流通过管道时引起的声波效应。当水流速度增大时，水流会引起管道中的声波振动，流量计通过检测这些声波的频率和振幅的变化，可以计算出流速和流量。这一原理在地下水位监测中具有一定的优势，尤其在无法直接观测地下水流动的情况下，通过声波的传播能够有效地获取地下水流动的信息。

流量计还可以利用电磁感应的原理进行测量。当水流通过管道时，它会带着一定的电导率。流量计通过在管道周围布置电磁传感器，测量水流中的电导率变化，从而得知流速和流量的信息。这种基于电磁感应的测量方式对于一些具有特殊电导率特性的地下水具有较好的适用性。

流量计的原理在地下水位监测中发挥着关键作用，通过测量水流引起的压力差、声波效应和电磁感应等多种物理效应，实现对地下水流动的准确监测。这种监测方式为科学家和水利管理者提供了重要的数据支持，使其能够更好地了解地下水位的变化情况，从而做出科学合理的水资源管理决策。

（二）地下水位监测技术及仪器

地下水位监测技术是一项重要的水文地质工程应用技术，其目的在于获取地下水位的实时、准确、全面的信息，以指导水资源合理利用和地下水环境保护。常见的地下水位监测技术主要包括井位计、电测法、声测法和遥感技术等。

井位计是一种常用的地下水位监测仪器，通过在地下水井中安装水压传感器，实时测量井水位变化。井位计具有测量精度高、数据实时性强的优点，适用于不同深度的水井，可以满足多种水文地质条件下的监测需求。

电测法是一种基于电阻率变化原理的地下水位监测技术。通过在地下水位上、下设置电极，测量电阻率的变化来反映地下水位的高低。电测法具有简便、经济、对地质条件适应性强的特点，适用于不同类型的水文地质环境。

声测法是一种基于声波传播原理的地下水位监测技术。通过在地下水位上、下设置声发射器和接收器，测量声波传播的时间和速度，从而确定地下水位的位置。声测法对于水质和地下水位的联合监测具有优势，适用于水文地质条件相对复杂的区域。

遥感技术是一种非接触式的地下水位监测方法，通过卫星、飞机或地面传感器获取地表和地下水位的相关信息。遥感技术具有覆盖范围广、无侵入性、周期性观测的特点，适用于大范围的地下水位监测和动态变化分析。

除了以上主要的地下水位监测技术外，无人机技术也逐渐应用于地下水位监测领域。通过搭载传感器的无人机，可以实现对地下水位的高精度、高时空分辨率的监测，尤其适用于地形复杂、难以进入的区域。

地下水位监测技术和仪器的发展不断推动着水文地质研究的进步。不同的监测技术和仪器在不同地质环境下各有优劣，因此在实际应用中，需要根据监测的具体目的、地质条件和经济因素进行合理选择和组合，以确保地下水位监测工作的高效、准确和经济。

二、地下水质监测技术

（一）地下水质监测的基本原理

1. 传感器测量原理

传感器的测量原理基于物理、化学或电磁学等基本科学原理，通过感应和转换来测量特定的物理量。在地下水质监测中，传感器的应用是为了准确测量水质参数，从而评估水体的化学组成和污染状况。传感器通常包括感测元件、转换机构和数据输出等组成部分。

感测元件是传感器的核心，其工作原理多样。光学传感器利用光的吸收、散射或反射等特性来测量水中的溶解物质含量。电化学传感器则基于被监测物质与电极之间的电荷转移过程，通过测量电流或电压变化来判断水质参数。而传导率传感器则利用水体中导电性物质的浓度，通过测量电导率来推断水质。

在地下水质监测中，各种传感器被用于测量水中的不同参数，如 pH 值、溶解氧、化学需氧量（COD）、总氮和总磷等。这些参数反映了水体的酸碱性、氧气含量、有机和无机物质的污染状况，为环境保护和水资源管理提供了重要的信息。

除了感测元件外，转换机构也是传感器中的关键部分。它能够将感测元件测得的信号转化为数字信号或其他易于处理的形式，以便进一步的分析和记录。转换机构的性能直接影响着传感器的测量精度和灵敏度。

地下水质监测的基本原理涉及传感器对水体中目标物质的感测、测量和数据输出。监测系统一般包括数据采集单元和数据处理设备，用于收集和处理传感器输出的数据。这一系统的关键任务是实时监测地下水的质量变化，以便及时采取相应的措施。

在地下水质监测中，传感器的选择取决于具体的监测需求。不同类型的水体和监测点可能需要不同类型和精度的传感器。因此，在地下水质监测系统的设计中，需要考虑地质、水质和环境等多方面因素，以确保选择的传感器能够满足监测的需要。

地下水质监测通过传感器，利用不同的感测原理测量水体中的各种物质，为环境监测和水资源管理提供了必要的数据支持。这一技术为保护地下水资源、防止水体污染以及实施有效的水质治理提供了有力的手段。

2. 分析仪器原理

地下水质监测是通过分析仪器实现的，其基本原理是借助各种仪器和技术手段对地下水中的化学成分、物理性质进行准确测量。这些分析仪器的原理包括光谱分析、电化学分析、质谱分析和传感器技术。

光谱分析是一种常用的地下水质监测手段。通过光谱仪器，可以测量水中溶解物质对光的吸收、散射和发射等特性。这种分析原理基于分子在特定波长的光下吸收或发射的特定光谱，通过观察光谱的变化，可以推断水中的成分。UV-Vis 光谱仪可以测量紫外和可见光区域的光谱，而红外光谱仪则适用于检测红外光区域的光谱，这些仪器可以帮助监测地下水中的有机和无机物质。

电化学分析是一种常见的地下水质监测手段。这种原理基于水中的化学物质在电化学电极上发生反应，产生电流或电压信号。离子选择电极和参比电极之间的电位差可以用来测量水中特定离子的浓度。例如，PH计利用玻璃电极测量水中的氢离子浓度，电导率仪通过测量水中离子的传导能力来评估水的电导率，这些都是电化学分析的典型应用。

质谱分析也是地下水质监测中的一项关键技术。质谱仪通过将样品中的化合物分解成离子并测量其质量/电荷比，实现对水中各种化合物的准确分析。质谱技术可以应用于检测有机物、金属离子和微量元素等，广泛用于地下水质的监测和分析。

传感器技术在地下水质监测中也发挥着关键作用。传感器通过与特定的生化或物理参数相结合，产生电信号来测量水质。例如，氨氮传感器可以测量地下水中的氨氮含量，溶解氧传感器可以评估水中的氧含量。这些传感器通过直接感知水中的变化，提供了一种实时监测和反馈的手段。

地下水质监测依赖于分析仪器的多种原理，包括光谱分析、电化学分析、质谱分析和传感器技术。这些仪器的使用使得科学家和水质管理者能够准确、迅速地了解地下水中的各种物质的存在和浓度，从而为地下水资源的保护和可持续利用提供了重要的科学支持。

（二）地下水质监测技术及仪器

地下水质监测技术及仪器是水资源管理和环境保护的重要组成部分。监测地下水质旨在获取关于水质状况的详尽信息，以指导水资源可持续利用和地下水环境的有效保护。主要的监测技术包括地下水采样分析、地球化学测定、电测法和地球物理探测等。

地下水采样分析是一种常用的监测方法，通过在井孔中采集地下水样本，进行实验室分析。该方法能够全面、准确地获取水质信息，包括水中溶解物质的浓度和化学成分。然而，采样分析方法受到取样点限制，可能无法全面反映地下水质的整体状况。

地球化学测定是一种通过分析地下水中的微量元素和同位素来判断水质状况的方法。该技术能够提供更为详细的水质信息，包括水的来源、流向以及水质演变的过程。然而，地球化学测定需要精密的实验室设备和专业的分析技术，成本较高且操作较为烦琐。

电测法是一种基于地下水电导率的监测技术，通过在地下水中传输电流并测量电阻率来判断水质情况。这种方法对水质的监测比较灵敏，能够实时、动态地获取水体的电导率信息。然而，电测法受到地质条件和水质变化的影响，可能在高电导率或低电导率环境下失效。

地球物理探测是一种利用地球物理学原理来研究地下结构的方法。在地下水质监测中，通过测定地下介质的电阻率、磁性或声波速度等参数，来推断地下水质状况。该方法具有非破坏性、高效率的特点，能够在大范围内获取水质信息。但是，地球物理探测需要先进行地质勘探，费用较高。

无人机技术也逐渐应用于地下水质监测。通过搭载传感器的无人机，可以实现对水体表面和井孔的快速监测，提高监测效率，特别适用于难以进入或复杂地形的区域。

地下水质监测技术及仪器的选择应综合考虑监测目的、地质环境、经济成本等因素。不同的监测技术和仪器在不同环境中各有优劣，因此在实际应用中需根据监测的具体要求进行科学合理的选择，以保证地下水质监测工作的准确性和有效性。

第四节　水文测绘数据管理与分析

一、水文测绘数据管理

（一）数据采集与获取

1. 采集设备与技术

水文测绘数据管理是通过采集设备和技术，对水文测量数据进行有效整理、存储和分析的过程。采集设备包括各类水文仪器和测绘设备，而技术则涉及数据传输、存储和处理等方面。

水文测绘中使用的采集设备包括水文测量仪器、全球卫星导航系统（GNSS）、水文雷达、激光测距仪等。水文测量仪器主要用于测量水位、流速、水温等水文参数，通过感应、转换和传输的过程将实测数据记录下来。GNSS 系统用于测定地理坐标，帮助定位和定界水文测绘区域。水文雷达则可用于监测水体的表面高程和形状。激光测距仪则通过激光束的测量，实现对地物的高程、距离等参数的测量。

数据管理方面，水文测绘中采用的技术包括数据库管理系统、地理信息系统（GIS）、遥感技术等。数据库管理系统用于存储和管理大量的水文测绘数据，通过建立数据库模型、数据表和索引等结构，提高数据的检索效率。GIS 则用于空间数据的分析和可视化，通过将水文数据与地理位置关联，帮助理解和解释地理分布的水文特征。遥感技术通过卫星或飞机搭载的传感器，获取大范围的水文信息，包括土地利用、植被覆盖、地形等，为水文测绘提供更全面的数据支持。

数据的传输也是水文测绘中的关键环节，通常采用远程传感器和通信技术。远程传感器通过自动化的方式实时监测水文数据，将实时数据传输到数据中心或监测站点。通信技术涉及卫星通信、无线通信等方式，将数据从采集点传输到数据中心，实现远程监测和集中管理。

数据管理的挑战之一是数据的质量和准确性。在水文测绘中，数据的准确性直接关系到对水文特征的正确理解。因此，需要对采集设备进行校准和维护，并建立有效的数据质量控制体系。数据的及时性也是一个重要的问题，需要确保实时数据的快速传输和处理，以及数据长期存储的可靠性。

水文测绘数据管理是一个涉及多个层面的复杂系统，需要采用多种采集设备和技术。通过对水文测绘数据的有效管理，可以为水资源管理、气象预测、环境保护等领域提供重要的支持和参考。

2. 卫星遥感技术

卫星遥感技术在水文测绘数据管理中的应用对于获取全球范围内的水文信息和监测水资源的动态变化具有重要意义。该技术通过卫星传感器获取地球表面的反射、辐射等信息，为水文测绘提供了高时空分辨率的多光谱数据。卫星遥感技术在水文测绘数据管理中的作用主要体现在数据获取、监测和应用等方面。

卫星遥感技术为水文测绘提供了全球范围内的数据获取手段。通过搭载在卫星上的遥感传感器，可以获取大面积的水文信息，包括降水分布、地表温度、植被覆盖等。这种全球观测的特性使得卫星遥感技术成为获取水文测绘数据的有力工具，为监测全球范围内的水资源状况提供了全面的数据支持。

卫星遥感技术通过对时序遥感数据的监测，实现了对水文过程的长期动态观测。通过遥感数据的时间序列分析，可以追踪水域面积、湿地变化、降水季节等信息。这种长期监测的能力有助于了解水文系统的变化趋势，为制定水资源管理政策和实施水文治理提供了科学依据。

卫星遥感技术在水文测绘数据管理中的应用还涉及多源数据的融合。通过整合卫星遥感数据和地面观测数据，可以提高水文数据的精度和可靠性。例如，将遥感数据与水文测站数据结合，可以更准确地评估降水量、土壤湿度等水文要素。这种融合数据的方法有助于弥补传统水文测站数据在空间上的局限性，提高水文信息的空间分辨率。

卫星遥感技术还能够用于水文灾害的监测与预警。通过实时获取卫星数据，特别是高时空分辨率的微波遥感数据，可以实现对洪涝、干旱等水文灾害的迅速监测。这种实时监测的能力有助于提前预警并采取相应的应对措施，降低水文灾害对社会和环境的影响。

总体来看，卫星遥感技术在水文测绘数据管理中的应用不仅扩展了水文数据的获取范围，提高了监测的时空分辨率，还为水资源管理、灾害监测和气候变化研究等提供了丰富的数据支持。卫星遥感技术的不断发展与创新将进一步推动水文测绘领域的数据管理和科学研究。

（二）数据存储与管理

水文测绘数据的存储与管理对于有效利用这些数据、推动水文测绘工作的发展至关重要。数据存储与管理的过程中，需关注合理选择的数据存储介质、数据格式以及数据安全等方面的问题。

数据存储介质的选择直接影响着水文测绘数据的长期保存和管理。传统的物理存储介质如硬盘、光盘等仍然被广泛使用，其存储成本相对较低，但随着数据量的不断增加，其容量限制逐渐显现。云存储作为一种新兴的存储方式，提供了高容量、高可靠性的存储方案，同时具备方便的数据共享与远程访问能力，逐渐成为水文测绘数据存储的主要选择。

对于水文测绘数据的管理，需要注意合理规划和设计数据的结构和格式。数据结构应当能够满足数据间关联性和时序性的需求，以便于后续数据的检索、分析和利用。同时，数据格式的选择要考虑到数据的表达精度和存储效率，以确保数据在存储与传输过程中保持其原始的准确性。

数据安全是数据存储与管理中的一个重要问题。水文测绘数据通常包含敏感信息，需要采取一系列安全措施来防止数据泄露、损坏或被未授权的访问。包括加密技术、访问控制、备份与恢复机制等在内的多层次的安全措施，有助于保障水文测绘数据的完整性和机密性。

数据存储与管理的过程中，还需要关注数据的更新与维护。随着水文测绘数据的不断采集和更新，需要建立定期的数据更新机制，确保数据的时效性。同时，定期的数据备份和巡检工作也是保障数据完整性和可用性的关键环节。

在水文测绘数据管理中，元数据的建设也是一个重要的方面。元数据记录了数据的基本信息、来源、质量等，为数据的查找和理解提供了便利。通过完善的元数据体系，可以提高数据的可发现性、可理解性和可信度。

数据存储与管理对于水文测绘工作的顺利进行至关重要。选择合适的存储介质、设计合理的数据结构与格式、采取有效的安全措施、及时更新与维护数据，都是确保水文测绘数据长期有效利用的重要保障措施。

二、水文测绘数据分析

（一）空间数据分析

1. GIS 技术在水文测绘中的应用

在水文测绘中，地理信息系统（GIS）技术发挥着重要的作用，通过对地理空间数据的处理、分析和展示，提供了全面而深入的水文信息。GIS 技术在水文测绘数据分析中的应用主要体现在数据集成、空间分析和决策支持等方面。

GIS 技术在水文测绘中通过数据集成实现了多源数据的整合。通过将水文测绘数据与地理信息相结合，形成一个综合的数据库。这包括了水文参数数据、地形数据、土地利用数据等。通过对这些数据的整合，GIS 技术为更全面、综合的水文分析提供了基础。不同数据层的叠加和关联，使得水文特征在空间上更加清晰明了。

GIS 技术通过空间分析，实现了对水文测绘数据的深度解读。例如，利用 GIS 技术可以对水文测绘数据进行空间插值，通过差值计算，在测量点之外的区域生成预测值。这为更全面的水文测绘提供了数据支持。GIS 还能够进行地形分析、流域分析等，揭示地表水文过程中的关键特征，如水流方向、水流速度等。

在水文测绘数据分析中，GIS 技术还通过地图制图的方式，将数据可视化，使得数据更易于理解和解释。通过制作专题图，可以直观地展示水文参数在地理空间上的分布情况，如降水分布、河流流向、水质分级等。这种可视化的呈现方式有助于决策者和研究人员更好地理解水文测绘数据的含义，从而做出科学合理的决策。

GIS 技术的应用还拓展到了水文模型的建立与模拟。通过在 GIS 平台上构建水文模型，可以更好地模拟和预测水文过程。例如，根据地理信息数据，建立数字地形模型，进行洪水模拟，以评估洪水风险。通过将水文模型与 GIS 技术相结合，可以更准确地模拟地表和地下水流的行为，提高模型的可信度。

GIS 技术在水文测绘数据分析中的应用也为决策支持系统提供了支持。通过对多种数据的整合和分析，GIS 技术能够为水资源管理、环境保护和应急响应等方面提供决策支持。例如，在洪灾预警中，通过分析实时水文测绘数据和气象数据，GIS 技术能够帮助决策者及时做出决策，减缓洪灾带来的影响。

GIS 技术在水文测绘数据分析中的应用涉及数据集成、空间分析、可视化、模型建立和决策支持等多个方面，为水文测绘领域提供了强大的工具和手段。这不仅有助于更好地理解水文过程，还为水资源管理和环境保护提供了科学的数据基础。

2. 遥感影像解译

遥感影像解译水文测绘数据分析，是一项复杂而精密的工作，涉及多个学科领域的知识交叉。通过对遥感影像的深度解析，我们能够获取有关地表水文特征的宝贵信息，为水文测绘数据的准确性和全面性提供了重要支持。

在这一过程中，遥感技术的运用发挥着关键作用。通过对不同波段的影像进行综合分析，我们能够捕捉到地表水体的空间分布、形态特征以及水体质地的差异。这为水文测绘提供了直观的视觉数据，为进一步的分析和解释奠定了基础。

除了静态的影像分析，动态监测也是水文测绘中不可或缺的一环。通过对时间序列影像的比对和变化分析，我们能够追踪水体的演变过程，探究其在不同季节和气候条件下的变化规律。这种时间维度的分析有助于更全面地了解水文系统的动态特性，提高水文测绘数据的时空精度。

在遥感影像解译的基础上，水文测绘数据的分析离不开地统计学和数学建模的支持。通过对遥感数据进行统计分析，我们能够揭示地表水体的统计特征，如水体面积分布、水体形状的统计参数等。同时，数学建模的运用可以帮助我们建立水文测绘数据的模型，预测未来的水文变化趋势，为水资源管理和规划提供科学依据。

多源数据融合也是水文测绘数据分析的重要手段。通过整合遥感影像、地面监测数据以及气象数据等多源信息，我们能够更全面地了解水文系统的多维度特征，提高数据的综合利用效率。多源数据融合的实施有助于弥补单一数据源的局限性，提高水文测绘数据的精准性和可靠性。

遥感影像解译水文测绘数据分析是一项综合性的工作，需要通过跨学科的合作和多层次的数据分析，以揭示地表水文系统的多样性和复杂性。这项工作的深入开展将为水资源管理、环境监测等领域提供更为丰富和可靠的数据支持，为科学决策提供有力保障。

（二）时间数据分析

水文测绘数据的时间数据分析是一项关键任务，能够揭示水文变化的趋势、周期和异常情况，对于科学合理地制定水资源管理和保护策略具有重要意义。

时间序列分析是水文测绘数据分析的基础。通过对时间序列数据进行统计和数学分析，可以揭示出数据中的周期性、趋势性和随机性。这有助于深入了解水文变化的规律，为后续的水资源规划和管理提供科学依据。

周期性分析是水文测绘数据时间分析的关键步骤之一。通过对数据中的周期性变化进行挖掘，可以发现不同时间尺度上的周期性变化规律。这对于水资源的合理分配和利用以及灌溉等决策有着重要的指导作用。

异常检测是水文测绘数据时间分析中的重要任务。通过建立合适的模型，可以识别出数据中的异常值，进而推断是否存在异常的水文事件。这有助于预警和应对水文灾害，提高水资源管理的应变能力。

在时间数据分析中，时空关联性分析也占有重要地位。通过对不同地点的水文测绘数据进行时空关联性分析，可以揭示不同地区之间的水文变化趋势和相互关系。这对于跨区域的水资源调配和流域管理提供了科学依据。

温度与降水等气象数据与水文测绘数据的时空关系也是一个重要方面。通过对气象数据与水文测绘数据的时空分析，可以更好地理解气候变化对水文过程的影响，为水资源的长期规划提供更为全面的依据。

在水文测绘数据分析中，模型建立是时间数据分析的关键一环。通过建立合适的统计模型、数学模型或机器学习模型，能够更精确地描绘水文过程的变化规律，为未来的水文预测提供依据。

水文测绘数据的时间数据分析是一项综合性工作，涉及统计学、时空关联性、异常检测以及模型建立等多个方面。通过对水文数据进行深入的时间分析，可以更好地理解水文变化的规律，为水资源管理和环境保护提供科学支持。

第五章　水资源管理与决策支持系统

第一节　水资源管理的基本原则与政策

一、水资源管理的基本原则

（一）水资源管理的概念

水资源管理是一项复杂而综合的任务，旨在实现对水资源的有效利用、保护和分配。它涵盖了对水体的监测、调控和规划，以确保水资源的可持续发展，满足不断增长的社会和经济需求。

水资源管理的概念包括对自然水体的保护和维护，以及对水资源的利用进行有效的组织和管理。这意味着要在满足人类需求的同时，保护水体生态系统的完整性。水资源管理需要综合考虑各种因素，包括地理、气候、土地利用等，以制定科学合理的管理策略。

核心概念之一是水资源的可持续管理。这意味着在使用水资源的同时，要保持水体的健康状态，确保其能够继续为人类和生态系统提供服务。可持续水资源管理需要综合考虑水量、水质和水生态系统的平衡，以及社会、经济和环境的协调发展。

另一个关键概念是需求管理。水资源是有限的，而社会、农业和工业等各个部门对水的需求不断增长。需求管理涉及对不同部门的用水需求进行评估和协调，以确保合理的分配和利用。这可能包括提高用水效率、推动水循环经济，以及实施定量和质量方面的监管和控制。

保护水质是水资源管理中的重要组成部分。水体的质量直接关系到人类健康和生态系统的稳定。因此，水资源管理的概念中包括对水质进行监测、评估和改善的措施。这可能包括减少工业和农业排放，防止污染源的扩散，以及采用生态修复手段等。

水资源管理还需要考虑气候变化的影响。气候变化对水循环和水资源分布产生了深远的影响。因此，水资源管理需要适应性的策略，以应对气候变化带来的挑战，包括更频繁的干旱、洪涝和水源减少等问题。

社会参与是水资源管理概念的关键组成部分。有效的水资源管理需要广泛的社会参与，包括政府、企业、社区和公众。这涉及信息的透明传递，利益相关方的合作，以及公众对水资源管理决策的参与和监督。

在水资源管理的概念中，还要考虑国际合作和跨界水资源的管理。由于水体通常跨越不同国家，国际合作是确保水资源可持续管理的关键。这包括共享水文数据、协商流域管理和处理跨国水资源争端等方面。

水资源管理是一个涉及多个层面的综合性任务，旨在实现水资源的可持续利用、有效保护和公平分配。这需要综合考虑自然环境、社会经济和气候变化等多方面因素，通过科学合理的管理策略，实现水资源的可持续发展，满足不断增长的人类需求。

1. 水资源的定义

水资源是指地球上各种自然储存、分布和循环的水的总和，包括地表水、地下水、大气水和生物体内的水。水资源对于地球上所有生命体的存在和繁衍都至关重要。水资源的充足与否直接影响着人类的生存条件、社会经济的发展以及自然生态系统的平衡。

地表水是水资源的一部分，包括河流、湖泊、水库和沼泽等。这些水体对于维持陆地生态系统的稳定和人类社会的可持续发展具有重要作用。地下水则存在于地下岩层中，是一种重要的深层储水层。地下水的开采不仅可以作为饮用水和农业灌溉水源，还能够在枯水期为地表水提供稳定的补给。

大气水是水资源中的另一个组成部分，包括云层和大气中的水汽。降水是大气水循环的一部分，通过雨水、雪水等形式，将水分输入到地表水体中，维持水资源的可持续供应。大气水的存在也对地球的气候和气象产生深远影响，直接关系到生态系统的平衡和人类活动的进行。

生物体内的水是水资源的另一形式，包括植物、动物等生命体中的水分。生命体通过吸收和释放水分，参与到水循环中，对于生态系统的自我调节和生态平衡具有重要作用。植物通过蒸腾作用，将地下水引入大气中，形成云层，参与到大气水循环中，进而影响地球的气候变化。

水资源的可持续利用是当前社会面临的一项重大挑战。随着人口的增加和经济的发展，对水资源的需求不断增加，而水资源的总量相对有限。人类活动对水环境的影响，如过度开采地下水、污染地表水等，导致水资源的短缺和水质的下降，对生态系统和社会经济造成不可忽视的影响。

水资源管理成为保障水资源可持续利用的重要手段。这包括对水资源的科学评估、有效规划和合理分配。科学评估需要综合考虑地理、气候、土壤等多方面因素，以全面了解水资源的分布和特征。规划需要基于科学评估，考虑到社会需求、环境保护等方面，制定出合理的水资源利用方案。合理分配则涉及政府、企业和个体的协同努力，确保水资源得到公平合理的利用，最大限度地满足社会的需求。

水资源的可持续利用也需要考虑到气候变化的影响。气候变化导致了降水模式的不规律，极端天气事件的增多，对水资源的分布和利用提出了更高的要求。因此，水资源管理需要更加灵活、适应性强，能够应对气候变化带来的挑战。

水资源是地球上至关重要的自然资源，关系到人类生存和社会经济的可持续发展。水资源的合理管理和可持续利用是当前社会面临的重要任务，需要各方面共同努力，通过科学评估、规划和分配，确保水资源得到有效保护和利用，维护地球生态平衡。

2. 水资源管理的定义

水资源管理是一种综合性的社会活动，旨在合理、有效地利用和保护水资源。它涉及整个水文循环过程，包括水的获取、分配、利用和处理，以及对水环境的维护和保护。

水资源管理的核心目标是实现水资源的可持续利用。这意味着要确保水资源的供应能够满足当前和未来社会的需求，同时保护水体生态系统，维护水质，防止水资源过度开发和污染。为了实现可持续利用，水资源管理需要综合考虑自然、经济、社会和生态系统等多方面的因素。

一个有效的水资源管理体系必须建立在科学的水文学和水文地质学基础之上。了解水文过程、水文地质特征以及水资源分布是制定合理管理策略的前提。这种科学基础可以通过实地观测、实验研究以及先进的水文模型等手段来建立，以提高对水资源的深刻理解。

在水资源管理中，制定合理的水资源分配方案是至关重要的。这涉及不同部门、行业和社会群体之间的协调与合作，确保水资源的公平分配和有效利用。考虑到地域差异，社会经济状况，以及气候变化等因素，制定适应性强的水资源分配方案是水资源管理的一个复杂而具有挑战性的任务。

水资源管理还需要关注水质保护和水环境维护。防治水体污染，保护生态系统，维护水质是水资源管理的重要任务之一。通过建立水质监测体系，制定污染防治措施，实施水体生态修复等手段，可以有效维护水体生态平衡，保障水质安全。

水资源管理也需要考虑到气候变化对水文过程的影响。全球气候变暖导致的降水模式变化、蒸发增加等因素，使得水资源管理面临更为复杂的挑战。因此，水资源管理需要及时调整策略，采取灵活应对措施，以适应不断变化的气象环境。

最终，水资源管理需要形成一个系统而完整的管理框架。这个框架应包括政府管理机构、科研机构、企事业单位和公众等多方参与，形成合力。科学决策、合理规划、有效执行，以及及时的监测与评估，都是构建水资源管理框架的必要要素，以确保水资源的可持续利用和管理目标的实现。

（二）水资源管理的层次与分类

水资源管理涉及多个层次和分类，这涵盖了从全球到地方的多个层次，以及从水量、水质到水利用等多个方面的分类。这些层次和分类反映了水资源管理的综合性和复杂性。

水资源管理的层次可以从全球、国家、区域、流域到地方逐层递减。在全球层面，水资源管理涉及全球水循环和全球气候变化的影响，需要国际合作和全球治理。在国家层面，水资源管理涉及国家对水资源的整体规划、政策制定和法规制定。在区域和流域层面，水资源管理更加关注特定地区的水资源分布和利用情况，需要综合考虑地理、气候和土地利用等因素。而在地方层面，水资源管理则更为关注局部社区和城市的用水需求、水质保护和灾害预防等问题。

水资源管理的分类可以根据管理的对象和目标进行。根据水资源的形态，可以分为表水管理和地下水管理。表水管理关注河流、湖泊、水库等地表水体的保护、调控和利用；而地下水管理则关注地下水资源的开发和保护。根据水资源的用途，可以分为农业用水管理、工业用水管理和城市用水管理。不同的用水需求需要制定不同的管理策略和政策。还可以根据水质进行分类，包括饮用水管理、水环境管理等，着重于保护水体的质量。

水资源管理还需要考虑气候变化的影响。气候变化导致降水分布和水资源供应发生变化，需要采取相应的适应性管理措施。这包括制定更灵活的水资源规划、提高水资源的利用效率，以及实施更严格的水资源保护政策等。

水资源管理还需要与土地利用规划相结合。土地利用的变化直接影响到水资源的分布和利用。例如，城市化和农业扩张可能导致土地水文特征的改变，从而影响水资源的可持续发展。因此，水资源管理需要与土地规划协同工作，实现水资源和土地的可持续利用。

水资源管理还需要充分考虑社会的参与。社会参与是水资源管理的一个重要方面，它涉及公众对水资源管理决策的参与和监督。通过促进社会的参与，可以更好地了解和平衡各方的需求，确保水资源管理更为公正、合理。

水资源管理的层次与分类涵盖了全球到地方、从水量到水质、从表水到地下水、从农业到城市等多个层面和方面。这种多层次、多方面的管理体系有助于综合考虑水资源的复杂性，制定科学合理的管理策略，实现水资源的可持续发展和合理利用。

二、水资源管理的政策与法规

（一）国家水资源管理政策

1. 水资源可持续利用政策

国家水资源管理政策是为了保障水资源的可持续利用而制定的一系列政策措施。这些政策的出台是基于对水资源有限性和对其合理利用的认识，旨在维护国家的生态平衡、促进社会经济的可持续发展。

国家水资源管理政策强调水资源的整体性管理。这包括对地表水、地下水和大气水的综合考虑，以及与相关生态系统的协同关系。政策中通常会规定水资源的综合评估和动态监测，确保对水资源的全面了解，为科学决策提供依据。

政策强调科学技术的支持。通过引入先进的水资源监测技术、遥感技术以及数学建模等手段，以更准确、全面地获取水资源信息。这有助于提高水资源管理的科学性和准确性，为政策的制定和执行提供科学依据。

国家水资源管理政策还注重生态保护。通过设立水资源保护区、湿地保护区等措施，保障生态系统对水资源的自然净化作用，维护水体的生态平衡。政策也会对水资源污染进行严格监管，加强对违法排放的打击力度，以确保水质的稳定和安全。

水资源管理政策通常也包括对水权的明确和合理配置。通过建立水权制度，确保水资源的公平分配和高效利用。政策会规定不同用水行业和区域的用水配额，以及相应的用水价格机制，鼓励节水技术和管理手段的应用，促进用水的经济性和可持续性。

政策还强调社会参与和合作。通过建立水资源管理的多方参与机制，包括政府、企业、社会组织和公众等，形成合力。这有助于集思广益，凝聚社会共识，推动水资源管理政策的贯彻执行。

国家水资源管理政策也要考虑气候变化的影响。政策需要具有一定的适应性，能够随时调整和优化，以应对不断变化的气候条件。这可能包括制定应对极端气候事件的紧急预案，以及引导社会各界共同应对气候变化对水资源带来的挑战。

国家水资源管理政策是为了确保水资源的可持续利用，促进社会经济的可持续发展而制定的一系列措施。这些政策需要全面、科学地考虑水资源的多样性和复杂性，通过合理的管理、科技的支持、生态的保护、社会的参与等手段，实现水资源的有效保护和合理利用，维护国家生态平衡和社会的可持续发展。

2. 水环境保护政策

水环境保护政策是国家对水资源管理的一项重要战略，旨在维护水体的质量、保护水环境生态系统，并确保水资源的可持续利用。国家水资源管理政策作为水环境保护的框架，涵盖了一系列法规、规定和措施，旨在推动水资源的科学合理利用和水环境的可持续保护。

水环境保护政策的基础是立法体系的建设。国家通过制定一系列法规和政策文件，对水资源的开发、利用、保护和治理进行明确规定，形成了一套科学完善的法律框架。这包括《水法》《水污染防治法》等法规，通过这些法规的制定和完善，国家对水环境保护政策进行了法治化管理，为水资源的可持续利用和水环境的保护提供了有力的法律支持。

水环境保护政策的核心是加强对水污染的防治。国家通过明确排污标准、加大对排污企业的监管力度、推动清洁生产和治理重点流域等手段，加强了对水污染源的治理力度。国家还加大了对农业面源污染的治理力度，推动农业生产方式的转变，减少农业对水环境的不良影响。

国家水资源管理政策注重整体规划和跨区域协同。通过制定国家水资源规划，确定不同区域的水资源利用指导方针，协调水资源分配和利用，推动跨流域水资源协同管理。这有助于实现水资源的优化配置，确保水资源在全国范围内的均衡利用，提高水资源的综合利用效益。

水环境保护政策还注重加强水体生态系统的保护。国家通过建设水生态工程、恢复湿地等方式，强化对水体生态系统的保护，促进水生态系统的自然修复和生态平衡的重建。这有助于提高水体的自净能力，保护水环境的健康稳定。

国家水资源管理政策还加强了对非法采砂、乱占用水域等违法行为的打击力度。通过加强执法和加大处罚力度，国家在维护水资源和水环境方面形成了一系列严格的制度，以保障水资源的正常利用和水环境的长期保护。

水环境保护政策还注重公众参与和社会监督。通过加强对水资源管理政策的宣传教育，提高公众的水资源保护意识，推动社会组织和公众参与水资源管理，形成全社会共同参与水环境保护的良好局面。

国家水资源管理政策是一个涵盖法律、规划、监管和公众参与的综合性政策体系。通过这一政策体系的建设，国家在水资源可持续利用和水环境保护方面形成了科学的制度安排，为维护水资源的合理利用和水环境的可持续发展提供了坚实的制度基础。

(二) 地方性水资源管理法规

地方性水资源管理法规是为了解决特定地域内水资源的利用、保护和管理而制定的法律法规体系。这些法规基于当地的地理、气候、人口分布、经济结构等具体情况，旨在确保水资源的合理分配、可持续利用以及水环境的保护。

这些地方性法规通常包括了对地方水资源的调查、监测和评估的规定。通过对水资源的实地调查，可以更准确地了解当地水资源的分布、数量和质量。监测系统的建立则有助于实时掌握水资源的动态变化，提供数据支持。评估则是对水资源的利用状况进行科学合理的评估，为管理决策提供依据。

法规还涉及水资源的合理开发和利用。这包括了对不同用途的水资源的分配和管理。例如，对于农业、工业和城市用水的需求，法规可以明确不同部门的用水指标，以确保水资源的公平分配。法规可能规定一些限制性措施，以防止滥用水资源导致的问题，如地下水超采和水体污染。

水资源管理法规还涉及对水环境的保护。这包括对水质的监测和控制，以及对河流、湖泊等水体生态系统的保护。法规可能规定对排放物的排放标准，以防止工业和农业活动导致的水体污染。同时，可能会设定保护区域和保护措施，以维护水体的生态平衡。

在应对水资源短缺和极端气候事件方面，法规还可能规定一些水资源管理的紧急措施。这可能包括提前预警机制、应急水源的调配和灾害风险的评估等。这些紧急措施旨在及时有效地应对水资源管理中的突发情况。

法规还可能规定社会参与的方式和途径。社会参与是水资源管理的重要方面，能够促进公众对水资源管理决策的参与和监督。法规可以规定公众信息的公开途径、社会团体的参与机制等，以确保水资源管理更为公正和透明。

地方性水资源管理法规是为了适应特定地区的水资源管理需求而制定的法律法规。这些法规通常包括对水资源的调查、监测、评估，对水资源的合理利用，对水环境的保护，对紧急情况的处理以及社会参与的规定。这种法规体系有助于实现当地水资源的可持续利用和合理管理。

第二节　水资源信息系统的建设

一、水资源信息系统建设的基础

（一）水资源信息系统的概念与目标

水资源信息系统是一种综合利用先进技术和数据管理手段，以实现对水资源信息全面、系统管理的信息平台。其目标在于构建一个高效、可靠的系统，以便实时监测、动态分析和科学决策水资源管理，确保水资源的可持续利用。

水资源信息系统的概念体现了对水资源全过程的管理与运营的需求。这一系统旨在整合来自各类数据源的信息，包括地表水、地下水、气象、土壤等方面的数据，实现对水资源的全方位监测和评估。通过信息系统，可以实现对水资源的精准把握，更好地理解水资源在时空上的分布、变化规律以及与其他环境要素的相互关系。

水资源信息系统的首要目标是提高水资源数据的精准性和实时性。通过先进的遥感技术、传感器技术以及实地监测手段，系统能够迅速获取各类水资源数据，并确保这些数据的准确性和实时性。这为科学决策提供了可靠的数据支持，帮助决策者更好地了解当前水资源状况，制定合理的管理策略。

另一目标是实现水资源数据的动态分析与综合利用。水资源信息系统不仅收集了大量的水文数据，还具备分析这些数据的能力。通过先进的数据分析算法，系统能够发现潜在的水资源趋势、异常变化，为决策者提供科学依据。同时，系统还可以将水资源数据与其他环境数据进行综合分析，深入挖掘水资源与气候、土壤等之间的内在关联，为跨学科的综合研究提供支持。

水资源信息系统的另一重要目标是建立完善的水资源管理决策支持体系。通过整合多源数据，系统为决策者提供全面、直观的水资源信息展示。这使得决策者能够更全面地了解水资源的状态，及时做出科学决策，有效应对水资源管理中的各种挑战。因此，水资源信息系统的发展旨在建立一个具有高度决策性的信息平台，为水资源管理提供科学支持。

另一个目标是促进水资源信息的共享与传递。水资源涉及多个领域，多个层级，因此信息的共享是确保水资源可持续利用的关键。水资源信息系统应当具备数据共享平台，使得不同部门、组织和利益相关方能够共享水资源信息，形成全社会共同参与的水资源管理机制。信息的传递要及时迅捷，确保决策者能够在关键时刻获取到最新的水资源数据，以便采取及时有效的管理措施。

水资源信息系统的建设还需注重系统的稳定性和可靠性。在信息系统的运营中，要确保系统能够长时间稳定运行，保障数据的安全性和完整性。这不仅需要先进的技术支持，还需要系统的良好设计和有效的管理机制，以确保系统的可持续运营，服务于水资源管理的长远发展

水资源信息系统的概念和目标体现了对水资源全过程科学管理的追求。该系统旨在通过整合各类数据、运用先进技术、实现对水资源的全方位监测、动态分析与综合利用，构建一个高效、可靠的信息平台，为科学决策、资源管理和社会参与提供有力支持。

1. 水资源信息系统的定义

水资源信息系统是一种集成了水文数据、地理信息、遥感技术和计算机技术的系统，旨在实现水资源数据的集中管理、及时更新、科学分析和有效利用。这一系统以数字化和自动化为基础，通过先进的信息技术手段，整合和处理多源、多类水文数据，为水资源管理、规划和决策提供支持。

水资源信息系统的建设涵盖了广泛的领域，其中最重要的一环是数据采集和整合。系统需要收集各类水文数据，包括降水、蒸发、河流流量、水质等多方面的数据，同时整合地形地貌、土壤类型、植被分布等地理信息数据。通过建立完善的数据标准和格式，系统可以实现对多源数据的一体化管理，确保数据的一致性和准确性。

水资源信息系统的核心是空间数据分析和地理信息系统（GIS）技术的应用。通过将水文数据与地理位置信息进行关联，系统可以生成空间分布图、时空变化图等可视化信息，帮助用户更好地理解水资源的分布特征和变化趋势。GIS 技术还可以支持对不同地区、流域的水资源状况进行空间比较和分析，为跨区域水资源管理提供科学依据。

水资源信息系统通过建立数据库，实现对水文数据的长期储存和及时更新。系统可以通过数据仓库和数据挖掘技术，从庞大的数据集中提取有价值的信息。这有助于形成长时间序列的水资源数据，为水文过程的长期演变提供历史数据支持，同时也为预测未来水资源状况提供依据。

除了数据管理和分析，水资源信息系统还通过模型建立和仿真技术，实现对水文过程的模拟。通过建立水文模型，系统可以模拟雨水径流、地下水位、水质变化等多方面的水文过程。这有助于预测未来的水资源状况，指导水资源的规划与管理。

水资源信息系统的建设还需要考虑用户需求。系统应当具有友好的用户界面，提供灵活、定制化的查询和分析功能，满足不同用户的需求。同时，系统还需要具备较强的数据安全性和隐私保护机制，确保敏感信息不被滥用或泄露。

水资源信息系统是一种综合应用信息技术的管理工具，通过数字化和自动化手段，集成多源水文数据，实现对水资源的全面、科学管理。这一系统在提高水资源利用效率、保障水环境安全、支持水资源决策等方面发挥着重要作用，为水资源领域的可持续发展提供了有力的技术支撑。

2. 建设目标

建设目标水资源信息系统是为了更好地管理、监测和利用水资源而制定的战略性目标。水资源信息系统是一个综合的信息平台，它整合了各类水文、气象、地质、环境等多源数据，旨在提供全面而准确的水资源信息，为科学决策和可持续发展提供有力支持。

水资源信息系统的建设目标在于实现水资源数据的全面整合。通过整合来自不同部门、不同领域的水资源相关数据，系统能够提供更为全面的水文信息，包括水量、水质、水生态等多个方面的数据。这有助于全面了解水资源的状况，为科学决策提供更为准确的数据基础。

建设目标是提高水资源数据的时空分辨率。水资源信息系统通过先进的传感器技术和遥感技术，能够实现对水文特征的高分辨率监测，包括实时的水位、流速、降水等数据。这有助于更及时地捕捉水资源的动态变化，提高系统对水文过程的准确把握。

建设目标还包括提升水资源信息的可视化和智能化。水资源信息系统不仅能够通过地图、图表等方式直观呈现水资源数据，还可以通过数据挖掘和人工智能技术进行深度分析。这样的系统能够帮助决策者更好地理解数据背后的趋势和关联，提高决策的科学性和效果性。

建设目标涉及提升水资源信息的共享和传递能力。水资源信息系统应当能够实现多部门、多级别的信息共享，促进政府、科研机构、企业等多方合作。通过建立统一的数据标准和接口，系统能够实现数据的快速传递和共享，避免信息孤岛，提高整个水资源管理体系的协同性和效率。

建设目标还包括提高水资源信息系统的应急响应能力。在面临自然灾害、突发污染事件等紧急情况时，系统能够迅速响应，提供实时的水资源监测数据，帮助决策者迅速做出反应和采取措施，最大限度地减少损失。

最终，水资源信息系统的建设目标在于实现水资源管理的科学化和精细化。通过全面整合、高分辨率监测、可视化和智能化等手段，系统能够为决策者提供更为科学、全面的水资源信息，助力各级政府和相关部门更好地进行水资源管理，实现水资源的可持续利用和保护。

（二）水资源信息系统的组成与架构

水资源信息系统的组成和架构涉及多个方面，包括数据采集、存储、处理、分析和展示等模块，通过协同工作，构建一个完善的系统以实现水资源的综合管理。系统的组成和架构设计需要综合考虑数据的多样性、复杂性和时空变化，以确保系统的稳定性和高效性。

数据采集是水资源信息系统的基础。这包括地表水、地下水、大气水、土壤水等多源数据的采集。各种传感器、遥感技术和监测设备通过实时监测和采集，获得地理空间上的水资源数据。这些数据需要具备高时空分辨率，以反映水资源在不同地区和时间的变化。数据采集模块需要考虑设备的稳定性、准确性和自动化程度，确保数据的质量和可靠性。

数据存储是水资源信息系统的重要组成部分。采集到的大量数据需要被高效地存储和管理。数据库系统是常见的存储手段，通过建立专门的水资源数据库，将各类数据按照时空维度进行组织和存储。数据库的设计需要考虑到数据的结构化和标准化，以便后续的数据处理和分析。数据存储模块还需要考虑数据的备份和恢复机制，以防数据丢失和系统故障。

数据处理模块涉及对采集到的原始数据进行清理、预处理和整合。这一模块的任务是消除数据中的噪声、异常和不一致性，保障数据的准确性和一致性。同时，对于不同数据源之间的格式差异，需要进行数据格式的标准化，以确保数据能够被系统高效地处理和分析。数据处理的算法和方法需要灵活，能够适应不同类型的水资源数据。

数据分析模块是水资源信息系统的核心。通过运用统计分析、空间分析、时间序列分析等方法，对处理后的数据进行深入挖掘和分析。这一模块旨在从数据中发现水资源的变化规律、趋势和异常情况，为科学决策提供支持。数据分析模块的设计需要考虑到不同层次的分析需求，以满足不同用户的需求，从政府决策者到科研人员，都能够从系统中获取有用的信息。

数据展示模块是水资源信息系统的用户接口。通过图表、地图、可视化等方式，将分析后的数据以直观的形式呈现给用户。这一模块旨在使用户能够更容易地理解和使用系统提供的信息。数据展示模块的设计需要注重用户体验，确保界面简洁清晰、易于操作。同时，需要提供多维度的展示方式，以适应不同用户群体的需求。

系统的架构设计是保障水资源信息系统各个模块协同工作的关键。典型的架构包括客户端-服务器架构、分布式架构等。架构的选择需要综合考虑系统的规模、性能需求、安全性等方面因素。合理的架构设计能够提高系统的稳定性、可扩展性和灵活性，使得系统能够适应不断变化的环境和需求。

水资源信息系统的组成和架构设计是为了实现对水资源全过程的综合管理和科学决策。通过数据的采集、存储、处理、分析和展示等环节的协同工作，构建一个高效、可靠的系统，以满足各级决策者、研究人员和公众对水资源信息的全面了解和合理利用的需求。

二、水资源信息系统的应用与优化

（一）水资源信息系统在水资源管理中的应用

1. 水资源调度与分配

水资源调度与分配是水资源管理中的关键环节，涉及对水资源的合理利用和分配。水资源信息系统在这一过程中发挥着不可忽视的作用。该系统通过整合各类水文数据、地理信息和模型分析结果，为水资源的科学调度和合理分配提供了全面、及时的信息支持。

水资源信息系统首先在数据整合方面发挥着关键作用。通过集成来自不同观测点、监测站点的多源水文数据，系统可以形成全面的水文信息数据库。这一数据库包括了降水、河流流量、地下水位、水质等多个方面的数据，为水资源的综合分析提供了数据基础。

在水资源调度中，水文数据的时空分布是关键的参考依据。水资源信息系统通过地理信息系统（GIS）技术，能够将水文数据与地理位置关联起来，生成空间分布图、时空变化图等可视化信息。这有助于决策者更好地理解水资源的分布特征和变化趋势，为制定合理的水资源调度方案提供直观支持。

水资源信息系统的模型分析功能也在水资源调度中发挥着积极作用。通过建立水文模型，系统可以对雨水径流、地下水位、水质变化等进行模拟。这有助于预测未来水资源的状况，为合理的水资源调度提供科学依据。模型分析还能够评估不同调度方案对水资源的影响，帮助决策者做出权衡决策。

水资源调度与分配需要考虑到不同地区、流域的差异性。水资源信息系统通过对不同区域的水文数据进行分析，形成对各地水资源状况的了解。这有助于制定区域差异性的水资源调度策略，满足不同地区的水需求，确保水资源的公平分配。

水资源信息系统还可以用于监测和评估水资源调度方案的实施效果。通过实时监测水文数据的变化，系统可以及时发现调度方案的影响，对其进行调整和优化。这有助于实现水资源调度的动态管理，确保水资源的合理利用。

在水资源分配方面，水资源信息系统的应用同样不可忽视。通过及时更新的水文数据、模型分析结果和地理信息，系统可以为水资源的分配提供科学依据。这一系统可以支持政府、企事业单位等多方主体对水资源的分配决策，确保水资源的有效利用。

水资源信息系统在水资源调度与分配中发挥着至关重要的作用。通过整合各类水文数据、地理信息和模型分析结果，系统为水资源的科学管理提供了强有力的技术支持。这有助于提高水资源的利用效率、保障水环境的安全，为实现水资源可持续发展提供了有效手段。

2. 水环境监测与保护

水环境监测与保护水资源信息系统在水资源管理中具有重要的应用价值。这一系统通过对水环境进行全面监测和数据分析，为决策者提供了有力的支持，有助于科学合理地保护和管理水资源。

水环境监测是系统的核心功能之一，它涵盖了对水质、水量、水生态等多个方面的监测。水资源管理需要全面了解水环境的状态，监测水体中的各种污染物质以及水质的变化趋势。通过实时监测水量信息，系统可以更准确地把握水资源的分布和动态变化，为科学决策提供基础数据。

水资源信息系统的应用还包括对水质的预测和评估。通过对水环境监测数据进行深度分析，系统能够提供水质未来的趋势和变化，有助于及早预测潜在的水质问题。这有助于制定相应的保护和治理策略，减轻水环境压力，确保水资源的可持续利用。

水资源信息系统在水资源管理中的应用还涉及水生态系统的监测和保护。通过对水体生态系统的监测，系统可以评估生态系统的健康状况，包括水生植物、水生动物等。这有助于制定保护和修复水生态系统的策略，促进水资源的生态可持续性。

水资源信息系统在应对水环境突发事件方面发挥着重要作用。例如，对于水质污染事件或者自然灾害引发的水环境问题，系统能够及时监测和提供实时数据，为紧急决策提供支持。这有助于迅速采取应对措施，最小化水资源受损。

水资源管理中的应用还包括对水资源的合理利用。系统通过对水资源利用情况的监测，可以帮助制定用水政策和计划，推动提高水资源利用效率。这有助于在满足各个部门用水需求的同时，确保水资源的平衡利用，避免过度开发和浪费。

水资源信息系统的应用需要与其他信息系统相互配合，实现数据的共享和整合。这包括与气象信息系统、土地利用信息系统等的协同工作，实现多源数据的综合分析，提高水资源管理的科学性和全面性。

水环境监测与保护水资源信息系统在水资源管理中的应用体现在多个方面，包括水环境监测、水质预测、生态系统保护、突发事件响应以及水资源利用等。这一系统有助于为决策者提供全面、实时的水资源信息，推动水资源管理朝着更加科学、精细的方向发展。

（二）水资源信息系统的优化与升级

水资源信息系统的优化与升级是为了适应不断变化的需求和技术发展的要求。这一过程是系统持续发展的必然步骤，通过对系统的不断优化和升级，使其能够更好地适应新的环境、提高性能，保障系统的可靠性和高效性。

系统优化和升级需要充分考虑新兴技术的应用。随着科技的不断进步，新的传感器技术、遥感技术、大数据处理技术等不断涌现。系统需要不断引入这些新技术，以提高数据的获取速度、提升数据的精准度。同时，新的算法和模型也需要被纳入系统，以实现更高效、更精细的数据分析和处理。

系统优化和升级需要考虑数据存储和管理的效率。随着数据量的不断增加，传统的数据库管理系统可能会面临性能瓶颈。因此，系统可以考虑引入分布式数据库、云存储等新技术，以提高数据的存储和管理效率。对于数据的备份、恢复和安全性，也需要进行全方位的优化，确保系统的稳定运行和数据的安全性。

系统的优化和升级还需要关注数据处理和分析的效能。新的算法和模型可以更好地适应不同类型的水资源数据，提高数据的处理速度和准确度。同时，系统可以引入机器学习、人工智能等技术，以实现对数据的智能化分析，发现更深层次的规律和趋势。这有助于提高数据分析的水平，为系统用户提供更有价值的信息。

系统的界面和用户体验也是需要优化的方面。通过引入更直观、友好的用户界面设计，系统可以提高用户的使用便捷性，降低使用门槛。同时，系统可以考虑引入更多的交互式功能，使用户能够更灵活地定制和获取所需的信息，提高系统的用户满意度。

系统的优化和升级还需要关注可持续性的发展。这包括系统的可维护性、可扩展性和可升级性。系统的设计需要考虑到未来的发展需求，保证系统能够灵活应对新的技术、新的数据类型和新的功能需求。系统需要建立有效的更新和升级机制，确保系统能够随时适应环境的变化，保持其持续发展的活力。

系统的优化和升级需要注重与外部环境的紧密配合。水资源信息系统是一个开放的系统，需要与其他系统和数据源进行有效的对接。因此，系统的设计需要充分考虑与其他地理信息系统、气象信息系统、水文模型等系统的集成，以形成一个更为完善的水资源管理体系。这种跨系统的整合有助于提高系统的全面性和综合性，使其更好地服务于水资源管理的实际需求。

水资源信息系统的优化与升级是一个不断迭代的过程，需要充分考虑新技术的应用、数据存储和管理的效率、数据处理和分析的效能、用户体验、系统的可持续性发展以及与外部环境的紧密配合等方面因素。通过不断优化和升级，系统能够更好地适应新的环境和需求，为水资源管理提供更为强大和可靠的支持。

第三节 遥感数据在水资源管理中的决策支持应用

一、遥感数据在水资源管理中的数据获取与处理

（一）遥感技术在水资源管理中的基础应用

水资源管理中的基础应用是遥感技术，它通过卫星、飞机等平台获取地表信息，对水体、土地利用、植被覆盖等进行监测和分析，为水资源管理提供了全新的手段和视角。

遥感技术首先在水体监测方面发挥着关键作用。通过卫星遥感，可以实现对水体的动态监测，包括湖泊、河流、水库等。这有助于及时了解水体的面积、水位、流向等信息，为水资源的调度和分配提供及时准确的数据支持。遥感技术还能检测水体的水质情况，通过反射率和光谱信息判断水体中的污染物含量，为水环境保护提供科学依据。

在土地利用监测方面，遥感技术可以实现对土地覆盖的动态监测。通过获取地表的光谱信息，可以判别不同类型的土地覆盖，包括耕地、林地、城市用地等。这有助于了解不同地区土地利用的状况，为水资源管理提供土地变化对水资源的影响分析。

植被覆盖是水资源管理中一个关键的因素。遥感技术通过监测植被的生长状态、覆盖面积等信息，为水资源保护和生态系统的维护提供数据支持。遥感技术还可以检测植被的健康状况，通过红外光谱反射信息，判断植被是否处于生长旺盛状态，有助于了解植被对水分的需求和土壤水分状况。

遥感技术在水资源管理中还可以用于监测地表温度。通过获取地表温度信息，可以了解地表的热力分布情况，包括土地表面温度、水体表面温度等。这有助于分析水体的蒸发

蒸腾过程，为水资源的水文过程研究提供数据支持，同时也为水资源的合理利用提供温度方面的信息。

遥感技术在水资源管理中的基础应用还包括了监测地表高程。通过卫星激光雷达等遥感技术，可以获取地表的高程信息，绘制数字高程模型。这有助于了解地形地貌特征，为水资源管理中的地形影响分析提供数据基础，同时也为水体的流向、排水网络等提供支持。

遥感技术在水资源管理中的基础应用是多方面的。通过获取地表信息，包括水体、土地利用、植被、地表温度、地表高程等方面的数据，遥感技术为水资源的监测、调度、保护提供了丰富的信息。这种基础应用为水资源管理提供了科学依据，提高了水资源管理的精准性和有效性。

1. 遥感传感器及其原理

遥感传感器是一种用于获取地球表面信息的设备，其原理基于电磁波与物体之间的相互作用。这些传感器在不同波段范围内工作，以探测、记录和分析地球表面的各种特征，如地形、植被、土地覆盖等。

遥感传感器的主要原理之一是电磁波辐射与物体的相互作用。地球表面的物体对不同波段的电磁波有不同的吸收、反射和透射特性。传感器通过发射电磁波，记录其与地表物体的相互作用，从而获得关于地表特征的信息。

可见光传感器是一种常见的遥感传感器，工作在可见光波段。这些传感器对地表的颜色和亮度进行感测，用于获取植被、土地覆盖和城市等信息。红外传感器则工作在红外波段，能够探测到地表物体的热量分布，对于农业、城市规划等领域具有重要应用价值。

微波传感器则工作在微波波段，主要用于穿透云层和大气，对地表的三维结构进行监测。这类传感器常被应用于地形测绘、地质勘探以及冰雪覆盖区域的监测。微波辐射能够穿透一定程度的云层和植被，使其适用于复杂地表覆盖的区域。

高光谱传感器则涵盖更广的波段范围，能够提供地表更为详细的光谱信息。通过对地表的光谱特征进行分析，可以更准确地识别不同类型的植被、土地覆盖和地质构造，对于环境监测和资源管理具有独特优势。

雷达传感器是一种主动传感器，通过发射微波辐射并接收其反射信号。雷达在大气和云层下工作，能够穿透不同类型的地表材料，具有强大的穿透能力。这使得雷达在测量地表高程、水域变化和地表沉降等方面有广泛应用。

遥感传感器的原理基于电磁波与地表物体的相互作用。通过记录电磁波的反射、吸收和透射等信息，遥感传感器能够提供多种地表特征的数据。不同类型的传感器在波段范围、分辨率和应用领域上存在差异，使其能够在地球观测和资源监测等方面发挥重要作用。

2. 遥感数据类型与特征

遥感数据是通过遥感传感器获取的地球表面信息，根据其获取方式、波段范围和空间分辨率等特征，可分为多种类型。这些数据类型各具特征，为地球科学、资源管理和环境监测等领域提供了丰富的信息资源。

可见光遥感数据是通过可见光波段的传感器获取的，其主要特征在于对地表颜色和亮度进行感测。这类数据广泛应用于植被监测、土地覆盖分类和城市规划等领域。可见光遥感数据能够提供高分辨率的彩色影像，帮助识别和分析地表的表面特征。

红外遥感数据工作在红外波段，主要探测地表物体的热量分布。这使其在农业、森林管理和水资源监测等方面具有独特的应用价值。红外数据对于植被健康和土壤湿度等参数的监测具有高度敏感性，有助于提供更为全面的地表信息。

微波遥感数据则通过微波辐射来感测地表特征，具有强大的穿透能力，能够穿透云层和植被，适用于地形测绘、地质探测和冰雪监测等领域。微波数据的特点在于对地表三维结构的高度敏感性，使其在不同地貌和覆被下都能提供有效的信息。

高光谱遥感数据则覆盖更广泛的波段范围，包括可见光、红外和紫外等。这使得高光谱数据能够提供更为丰富的光谱信息，有助于更准确地识别和分类地表物体。高光谱遥感在环境监测、生态学研究和资源勘查等领域具有广泛的应用。

雷达遥感数据是通过雷达系统获取的，它主动发射微波辐射并记录反射信号。雷达具有强大的穿透能力，可用于地形测绘、地表沉降监测和水域变化等方面。雷达数据的独特特征在于其不受日夜、云层遮挡的影响，具有全天候、全天时的监测能力。

遥感数据根据其获取波段、频谱范围和工作原理的不同，分为可见光、红外、微波、高光谱和雷达等多种类型。每一种数据类型都具有独有的特征和应用领域，为科学研究、资源管理和环境监测等提供了多层次、全方位的信息支持。

（二）遥感数据在水体监测中的应用

遥感数据在水体监测中的应用是一项具有广泛而深远影响的关键技术。通过遥感数据的获取和分析，我们能够实现对水体的全面监测，深入了解水体的动态变化、质量状况以及与周边环境的相互关系。这项技术为水资源管理者、科学家和决策者提供了重要的信息支持，为保护和有效利用水体资源提供了科学依据。

遥感数据在水体监测中的一个关键应用是水体边界的准确定位。通过卫星和航空遥感技术获取的高分辨率图像，我们能够清晰地识别湖泊、河流、水库等水体的边界。这为水体面积、容积等关键参数的测算提供了基础，为水资源管理提供了实时、准确的数据。

遥感数据在水体质量监测中发挥了不可或缺的作用。遥感传感器能够检测水体的反射光谱特征，通过这些特征，我们能够评估水体中的悬浮物、溶解物质和藻类等成分。这有助于监测水体的富营养化程度、污染状况，为采取合适的水质管理措施提供了科学支持。

遥感数据在洪涝监测和预测中也发挥了关键的作用。通过对遥感图像进行时序分析，我们能够追踪降雨引起的河流水位变化，识别潜在的洪涝风险区域。这为灾害管理和预警提供了有力工具，帮助减轻洪涝灾害对水资源和人类社会的影响。

遥感数据还为水体生态环境监测提供了重要的支持。通过获取水体表面温度、植被覆盖和湿地分布等信息，我们能够了解水体周边生态系统的状态。这为保护水体生态系统、维护生物多样性提供了数据基础，促进了生态环境的可持续发展。

遥感数据在水体监测中的应用是一项不可或缺的技术。它为水资源管理提供了高效、实时的监测手段，为科学家们更深入地理解水体的动态和复杂性提供了宝贵的数据支持。

这一技术的不断发展将进一步推动水文水资源领域的研究和管理水平的提升，为实现水资源的可持续利用和环境保护提供更多的可能性。

二、遥感数据在水资源管理决策支持中的应用

（一）遥感数据在水文循环监测中的应用

1. 降雨监测

遥感数据在水文循环监测中的应用日益受到重视，其中降雨监测是其关键领域之一。通过遥感技术，我们能够获取丰富的地表信息，深入了解降雨分布、强度和时空变化，为水文学家和水资源管理者提供了重要的数据支持。

降雨监测的有效性主要得益于遥感传感器对不同波段的敏感性。通过对可见光和红外波段的观测，我们能够准确获取地表反射率，从而识别降雨区域。这为监测降雨的时空分布提供了可靠的手段，帮助科学家更好地理解不同地区的降雨特征，为水资源管理提供了重要的参考。

雷达遥感是降雨监测中的一项重要技术。雷达能够穿透云层，实时获取降雨的三维信息。通过对雷达回波信号的分析，我们可以推断降雨的强度、体积和垂直分布，为降雨事件的监测提供了高时空分辨率的数据。这对于防洪和水资源调度等方面具有重要意义，为水文循环的精准监测提供了实用性的工具。

遥感数据还能够支持降雨对土地表面的影响研究。通过监测降雨事件后土地表面的变化，科学家们可以了解降雨对土壤湿度、地表径流和地下水补给的影响。这对于水资源管理者深入了解土地水分利用状况和降雨对水文循环的影响提供了实质性的信息。

降雨监测的遥感数据还为水文模型提供了重要的输入参数。通过获取降雨的时空分布，科学家们能够更准确地模拟和预测地表径流、蒸发和土壤湿度等水文过程。这对于水资源管理的决策制定提供了科学依据，帮助管理者更好地应对气候变化和极端降雨事件。

遥感数据在降雨监测中的应用为水文循环的科学研究和水资源管理提供了重要的支持。通过获取降雨的详细信息，我们能够更全面地了解水文过程的动态变化，为制定科学的水资源管理策略提供了强有力的数据基础。这一技术的不断创新和发展将进一步拓展我们对水文循环的认知，为可持续水资源利用提供更为精准的信息支持。

2. 蒸发监测

蒸发监测遥感数据在水文循环监测中的应用是一项重要而复杂的任务。这一遥感技术通过获取地表的热红外辐射信息，揭示了水体和土地表面的蒸发过程。这对于深入理解水文循环、评估水资源利用以及制定科学的水资源管理策略具有重要意义。

在水文学中，蒸发是水循环过程中的关键环节之一。蒸发监测遥感数据的应用使得科学家能够更准确地测算和理解地表的蒸发量。这对于监测水体蒸发和土壤蒸发具有至关重要的意义，因为它们直接影响了水资源的可利用性。通过遥感技术，我们能够获取大范围的蒸发数据，从而更全面地了解不同地区的水资源状况。

特别是在干旱和半干旱地区，蒸发监测遥感数据为科学家提供了有效的手段来评估土

壤湿度和水体蒸发。这对于及时发现水资源紧缺的迹象、预测旱情的发展趋势以及采取有效的灌溉措施具有重要意义。蒸发监测数据也可用于制定水资源调配方案，帮助农业、工业和城市等不同领域更合理地利用水资源。

蒸发监测遥感数据对于气候研究和变化监测也起到了关键作用。蒸发是气候系统中的一个关键过程，而通过遥感技术，我们能够观测到大气中的水汽输送和降水等变化。这有助于科学家们更好地理解气候变化对水文循环的影响，从而提高对未来气候趋势的预测能力。

在水资源管理方面，蒸发监测遥感数据为决策者提供了重要的信息，帮助他们更科学地制定水资源管理政策。通过了解蒸发过程，决策者能够更好地规划水资源的分配，提高水资源的利用效率，从而实现可持续的水资源管理目标。

总体来说，蒸发监测遥感数据的应用在水文循环监测中扮演着不可或缺的角色。这一技术的不断发展和创新将进一步拓展我们对水资源循环过程的认知，为科学的水资源管理提供更为全面和精准的支持。

（二）遥感数据在水资源评估中的应用

遥感数据在水资源评估中扮演着关键的角色，为水资源管理提供了强大的技术支持。这一技术应用广泛，覆盖了水体分布、土地利用、植被状况以及水文循环等多个方面，为科学家、决策者和水资源管理者提供了丰富而实用的信息，促进了水资源的合理评估和可持续利用。

遥感数据在水资源评估中的一项关键应用是对地表水体的监测。通过卫星和航空遥感技术获取的高分辨率图像，我们能够实时、精准地识别湖泊、河流、水库等水体的分布和变化情况。这为水体面积、容积等参数的计算提供了基础，为水资源管理者提供了及时的水体监测数据。

遥感数据在土地覆盖和土地利用评估中发挥了关键作用。通过遥感图像的解译和分析，我们能够了解土地表面的覆盖情况，包括农田、城市、森林等不同类型的土地利用。这为评估不同土地利用类型对水资源的影响提供了基础，有助于科学地规划土地利用，实现水资源的可持续管理。

遥感数据还在植被监测和评估中发挥了关键作用。植被对水资源的调控和保护起着重要作用，通过遥感数据的获取和分析，我们能够评估植被的覆盖度、生长状况和变化趋势。这为水资源管理者提供了关于植被对水文循环的影响的实用信息，有助于科学地保护生态系统和水资源。

遥感数据在水文循环监测中也具有不可替代的地位。通过遥感技术，我们能够获取地表温度、土壤湿度等关键水文参数，为水文模型的建立和水资源评估提供了准确的输入数据。这有助于更准确地模拟降雨径流过程、估算蒸发蒸腾量，为水资源的量化评估提供了科学依据。

遥感数据在水资源评估中发挥着不可或缺的作用。通过高分辨率、全谱段的遥感图像，我们能够深入了解水资源分布、土地利用状况、植被覆盖等多个方面的信息，为科学的水资源评估和管理提供了强有力的支持。这一技术的不断发展将进一步推动水文水资源领域的研究和管理水平的提升，为实现水资源的可持续利用和合理分配提供更多的科学支持。

第六章　生态环境与水资源

第一节　水资源与生态系统的关系

一、水资源对生态系统的影响

（一）水资源与生态系统的基本关系

水资源与生态系统之间存在着紧密而复杂的关系。生态系统是地球上生物和非生物组成的相互作用的系统，而水资源则是维持生态系统运转的基本要素之一。水资源的供应、质量和分布直接影响着生态系统的结构和功能。在这一关系中，水资源既是生态系统的支持者，同时也受到生态系统的调节和影响。

水资源在生态系统中的首要作用体现在维持生物生存和繁衍的基本需求上。水是生命的重要组成部分，无论是陆地上的植物还是动物，都依赖水来完成生命周期中的各个阶段。植物通过水分的吸收和运输进行光合作用，而动物也需要水来满足生理需求。因此，水资源的可用性直接影响着生态系统中各类生物的生存状况。

水资源在调节气候和温度方面也发挥着重要的角色。水的蒸发和降水过程对地球表面的温度产生影响，通过蒸发冷却和降水暖化的机制，水资源有助于维持地球的气温平衡。这一调节作用对于生态系统的稳定和各种生物的适应至关重要。

生态系统还通过水资源的过滤和净化作用来保持水体的质量。湿地、森林和河流等生态系统组件能够有效地过滤水中的污染物，维持水体的清洁。这一净化功能不仅保护了水资源的可持续利用，同时也为生物提供了清洁的生存环境。

生态系统对水资源的调节也是显著的。森林、湿地和河流等生态系统能够调节水文循环过程，影响降雨和径流的分布和量级。这种调节作用对于防止洪水、维持水体流动的稳定性以及维护水体生态系统的健康都具有关键性的作用。

然而，随着人类活动的不断扩张和生态系统的退化，水资源与生态系统之间的平衡也受到了威胁。水资源的过度开发、污染和生态系统的破坏导致了生态系统的恶化，进而影响了水资源的质量和可持续利用。这种破坏性的相互影响在一定程度上加剧了生态系统的脆弱性，使其更难以适应环境变化。

水资源与生态系统之间形成了复杂而密切的相互关系。水资源作为生命之源，对于维持生态系统的结构和功能至关重要。同时，生态系统通过调节水资源的分布、质量和循环过程，为水资源的可持续利用提供了关键的支持。保持这一关系的平衡是维护地球生态健康和水资源可持续利用的关键所在。

1. 生态系统的定义

生态系统是由各种生物和非生物因素相互作用、共同存在的复杂而协调的系统。它是一个自然的生态单位，包括生物体群落、环境要素以及它们之间相互作用的整体。生态系统的形成与演变是一个漫长的过程，涉及气候、地形、土壤、水体等自然要素的相互作用，以及植物、动物、微生物等生物体群的动态平衡。

在生态系统中，生物体群是至关重要的组成部分。植物、动物和微生物相互依存，形成了复杂的食物链和食物网。这些生物之间通过捕食、共生、竞争等方式相互关联，共同维系着整个生态系统的平衡。不同层次的生物体群在生态系统中扮演着各自独特的角色，构成了多样性和复杂性。

环境要素是生态系统的另一重要组成部分。气候、土壤、水体等自然要素直接影响着生物体群的生存和发展。气温、降水、光照等气候因素塑造了生态系统的生态类型，而土壤的质地、水体的湿度则影响了植物的分布和动物的栖息地选择。这些环境要素与生物体群之间形成了密切的关系，共同构建了生态系统的结构和功能。

生态系统的功能包括能量流动、物质循环和生物多样性的维护。能量通过食物链从底层植物传递到顶层食肉动物，维持着生态系统的动态平衡。物质循环则包括水循环、碳循环、氮循环等，这些循环将自然要素与生物体群之间形成了复杂的相互作用网络。同时，生态系统中的多样性是其自我调节和适应环境变化的基础，不同物种之间相互依赖，共同维护着生态平衡。

生态系统的空间尺度也是多样的，从小至微观的微生物群落，到大至宏观的森林、湿地等。不同尺度的生态系统相互关联，形成了生态系统的层次结构。这种层次结构体现了生态系统内部的复杂性，同时也使得整个地球表面的生态系统形成了一个庞大而复杂的生态网络。

生态系统不仅对维持地球生态平衡具有重要作用，同时也直接关系到人类的生存和发展。人类通过农业、工业等活动直接干预了生态系统，改变了物种组成、能量流动和物质循环。这种人类活动对生态系统造成了一系列的影响，包括生物多样性的丧失、环境污染、气候变化等。因此，保护和恢复生态系统的健康状况成为了当今社会面临的重要任务之一。

生态系统是一个动态平衡的复杂系统，由生物体群、环境要素和它们之间相互作用共同构成。其内部结构和功能多样且相互关联，是地球上生命活动的基础。生态系统的理解和保护对于维持地球生态平衡、保障人类生存和可持续发展具有深远的意义。

2. 水资源在生态系统中的地位

水资源在生态系统中扮演着不可替代的关键角色，其地位不仅仅体现在维持生态平衡方面，更涉及整个生态系统的稳定性、物种多样性和生态功能的正常发挥。水资源是生态系统的血脉，直接影响着土壤、植被、动物等各个组成部分的生存状况，进而影响整个生态系统的健康和可持续性。

水资源是维持植被生长的关键要素。植被对水分的需求是显而易见的，水通过植物根系被吸收并在植物体内进行输送，同时也通过蒸腾作用释放到大气中。植被的生长状况直接与水资源的充足程度有关，水分不足会导致植被的生长受限，影响生态系统的结构和功能。

水资源对土壤稳定性和质量起着关键作用。水分通过渗透和循环作用于土壤，维持着土壤的湿润度。充足的水分有助于维持土壤的结构，减缓水土流失的发生。水分的存在也为土壤微生物提供了适宜的生存环境，维护着土壤的生态平衡。土壤是整个生态系统的基础，水资源的合理利用直接关系到土壤的质量和生态系统的稳定性。

同时，水资源对于维护动植物的生存和繁衍也至关重要。水源是许多动物的栖息地，一些动物依赖于水域生活，水资源的变化会直接影响到它们的生存条件。植物种子的萌发和生长也需要足够的水分支持，而水资源的充足与否将直接影响植物群落的丰富度和多样性。

水资源在维持生态系统的生态平衡方面还具有调节温度的作用。水的高比热容性使其能够储存大量热量，调节周围环境的温度。水体在生态系统中的分布和流动通过吸热和释热的过程，调节了生态系统中不同区域的温度，形成了适宜各类生物生存的生态环境。

水资源还影响着生态系统的地貌和地势。水的侵蚀和沉积作用在地表塑造过程中起着重要作用，形成了河流、湖泊、沼泽等地貌特征。这些地貌特征不仅影响着生物栖息地的形成，还与植被分布、动植物迁徙等生态过程密切相关，进一步彰显了水资源在生态系统中的重要性。

总体来看，水资源在生态系统中的地位无可替代。其直接关系到植被、土壤、动植物等各个组成部分的生存和发展，影响整个生态系统的健康和可持续性。水资源的充足与否直接决定着生态系统的结构和功能，对于维持生态平衡和生态多样性具有不可忽视的重要性。因此，对水资源的科学合理利用和保护成为维护生态系统稳定和促进可持续发展的关键措施。

（二）水资源对生态多样性的影响

水资源对生态多样性产生深远的影响。生态多样性是指在一个特定生态系统中物种的丰富性和多样性，与水资源的分布、质量和变化密切相关。水资源的供应和状态直接塑造了生态系统的结构和功能，进而对生态多样性产生着显著的影响。

水资源的可用性直接影响着生物的生存和繁殖。在水资源丰富的环境中，不同生物能够获得足够的水分，从而维持其生命活动。这对于各类生物的繁衍、生长和演化提供了基本保障，促使生态系统中的物种多样性得以维持。相反，在水资源稀缺的干旱或半干旱地区，生物可能面临水分不足的挑战，导致生态多样性的减少和物种适应性的限制。

水体的质量对于生态多样性也有着直接而重要的影响。水中的污染物质、化学物质和温度等因素都会对水生生物的生存和繁殖产生负面影响。水质恶化可能导致一些特定物种的灭绝，从而降低生态系统中的物种多样性。水体污染还可能引发生态链条中的连锁反应，加剧物种之间的相互关系，对整个生态系统造成长期影响。

生态多样性与水资源的地域分布和水文循环密切相关。不同地区的水资源分布格局和季节性变化会影响生态系统中的生物适应和演化。湿地、河流和湖泊等水域生态系统通常拥有更高的生态多样性，因为水资源的相对丰富为多种生物提供了适宜的栖息地。相反，干旱地区的生态系统可能由于水资源的稀缺而物种多样性较低。

水资源对于生态系统中的迁徙和季节性变化也具有重要的影响。一些物种的迁徙行为受到水资源的引导和影响，它们依赖水源进行生命周期中的关键阶段，如繁殖和觅食。水资源的变化也能够驱动季节性的生态过程，影响植物的生长季节和动物的迁徙周期，从而塑造生态系统的动态平衡。

然而，随着人类对水资源的过度开发和不合理利用，以及水污染等问题的加剧，生态系统中的物种多样性面临严重威胁。水资源的不均衡分配和污染可能导致某些特定生物的灭绝，破坏生态系统中的生物多样性。这种影响可能在地方性和全球范围内引发连锁效应，加速生态系统的不稳定和恶化。

水资源对于生态多样性的影响是复杂而多层次的。水的分布、质量和变化直接塑造了生态系统的结构和功能，决定了不同地区的生态多样性水平。保持水资源的可持续利用和维护水体质量是维护生态系统多样性的重要措施，有助于构建更加健康、平衡的自然生态系统。

二、生态系统对水资源的影响

（一）生态系统对水质的影响

1. 森林生态系统的过滤作用

森林生态系统在水质方面发挥着重要的过滤作用。这一作用主要体现在森林对水体的净化、调控和保护方面。森林覆盖的茂密植被通过多种生物和非生物的交互作用，对降水进行拦截、净化，降低了水中的污染物浓度。森林地表的土壤和植被层通过吸附、降解和过滤等过程，进一步提高了水质的稳定性。这一系列的过滤作用直接影响了森林生态系统的健康状况，同时也对下游水域的水质产生深远的影响。

森林生态系统通过植被的拦截作用，能够有效减缓降水的冲刷力，减少土壤侵蚀，降低泥沙和悬浮物质的输入水体。这有助于保护水体的透明度，维持水中的光照条件，促进水中植物的生长。同时，植被还能够吸收大气中的颗粒物和气溶胶，使得这些污染物不易进入水体，有效地降低了水中的悬浮物浓度。

森林覆盖还对水中溶解性污染物的浓度产生影响。植物根系通过吸收水分，同时吸收和转运土壤中的养分，减少了养分进入水体的通量。这有助于降低水中氮、磷等营养盐的浓度，减缓水体富营养化的过程。同时，植物的生物化学过程也能够将一部分污染物转化为无害的物质，提高水体的自净能力。

森林土壤在水质过滤中起到了重要的媒介作用。土壤颗粒的结构和质地影响了水分渗透的速率和途径。多孔的土壤结构能够增加水的滞留时间，促使水中的溶解性污染物更多地受到土壤吸附和降解的影响。土壤中的有机质、微生物等也参与了水质净化的过程，通过降解有机物和吸附重金属等方式，起到了净化水体的作用。

森林生态系统对水体的温度和气体成分也有一定的调控作用。森林植被通过蒸腾作用能够调节水体温度，维持水体的适宜生态环境。植被的气体交换作用影响了水体中氧气和二氧化碳的浓度，对水中生物的生存和繁殖产生重要的影响。

然而，随着人类活动的不断扩张，森林生态系统的覆盖面积受到了一定的压力。森林砍伐、土地利用变化等行为导致了植被减少，土壤流失加剧，降水冲刷力增大，使得水体的过滤作用受到了破坏。这对水质造成了一定的负面影响，增加了水域生态系统的脆弱性，使得水资源管理面临更加复杂的挑战。

森林生态系统通过植被覆盖、土壤过滤和植被-土壤相互作用等多种途径，对水体的过滤作用起到了至关重要的作用。这一生态过程直接影响了水体的水质状况，为水资源的可持续利用提供了有力的生态基础。保护和恢复森林生态系统，维护其对水质的过滤作用，对于维持地球生态平衡和人类社会的可持续发展具有重要意义。

2. 湿地生态系统的净化作用

湿地生态系统在水质净化方面具有显著而独特的作用。湿地通过其特有的地理、土壤和生态过程，不仅对水体进行物理和化学的过滤，还通过生物参与的生态服务来降解和去除水体中的有害物质。湿地的净化作用直接关系到水质的改善和生态系统的稳定。

湿地通过植物的根系和湿地土壤的吸附作用，能够有效地去除水中的悬浮物、泥沙等颗粒物质。湿地植物的根系不仅可以过滤水中的固体颗粒，还能吸附一些重金属等有害物质，降低水体中的污染程度。这种物理过滤过程有助于提高水体的透明度，减少水中悬浮物对生态系统的不利影响。

湿地还通过生物降解的方式对水中有机物进行处理。湿地中的微生物、细菌和其他生物群体在湿地土壤中发挥重要作用，通过分解和降解有机废物，将其转化为更为稳定和无害的物质。这一生物降解过程不仅减少了水体中的有机污染物，还促进了湿地内生态系统的生物多样性和稳定性。

湿地对氮、磷等营养物质的去除也发挥着关键作用。湿地植物吸收水体中的营养物质，通过植物的生长和代谢过程，将这些养分固定在植物体内。湿地土壤中的微生物群体也参与了氮的硝化、还原过程，有助于减少水体中的营养盐含量，防止过度富营养化的发生。

湿地的净化作用同时还包括了对有害化学物质的排除。湿地中的植物和微生物通过吸收和转化，有效降解了水中的有机化合物、重金属等有害物质。这对于改善水体质量，减轻水污染对生态系统的危害具有重要意义。

总体来看，湿地生态系统的净化作用是综合性的、多层次的。它不仅包括了植物、土壤和微生物等多个生态要素的协同作用，还与湿地地理环境、水文过程等多方面因素密切相关。湿地通过这种综合性的生态服务，为水体提供了全方位的净化和改善，维护了水质的稳定性和生态系统的健康。因此，湿地保护与恢复对于维护水质、保护生态系统具有重要而不可替代的价值。

（二）生态系统对水量的调节

生态系统在地球上的水量调节中扮演着关键的角色。水是生态系统的重要组成部分，而生态系统通过一系列复杂的过程和相互关系，对水的分布、流动和质量进行调节。这种生态系统对水量的调节不仅影响着自身的稳定性和可持续性，同时也对整个地球水循环产生深远的影响。

植物在生态系统中扮演着重要的调节者角色。植物通过根系吸收土壤中的水分，并将其转化为水蒸气通过叶片释放到大气中，这一过程被称为蒸腾。蒸腾过程在植物蒸发蒸腾模式中占据主导地位，通过这一机制，植物将土壤中的水分转移到大气中，起到了一种调节作用。植物蒸腾不仅有助于维持植物的水分平衡，还有助于调节土壤湿度和控制地表径流，影响着水分在生态系统中的分布和循环。

湿地是另一个重要的水量调节者。湿地具有高度的水储存和水净化能力，能够吸收和储存降水，同时通过湿地植被的根系和微生物的作用，对水体中的营养物质进行净化。湿地在干旱时期释放储存的水分，有助于维持周边生态系统的水平衡。湿地还能够缓冲极端降雨事件，减轻洪水的发生，从而调节水资源的分布和利用。

河流和湖泊等水体也在生态系统水量调节中发挥着重要作用。它们作为水循环的媒介，储存了大量的水分，同时通过蒸发、蓄水和径流等过程，影响着地表水和地下水的分布。河流的流动性和湖泊的储水能力使得它们在降水丰富时能够储存水分，而在干旱时期释放水分，为周边地区提供水资源。水体中的生物群落也对水资源的分布和水质的维持产生重要的调节作用。

生态系统通过水文循环的过程，调节着地表和地下水的流动。植物的根系、土壤孔隙和河流河床等地方都起到了水的储存和输送的作用。这种地下水和地表水的交互作用，使得水在生态系统中得以循环和传递，维持着生态系统的水平衡。

生态系统的水量调节对地球水循环具有深刻的影响。地球水循环是一个动态而复杂的过程，生态系统通过其自身的调节机制，参与和影响着这一过程的各个环节。例如，植物通过蒸腾作用影响大气中水蒸气的含量，进而影响云的形成和降水的分布。湿地通过储存和释放水分，调节着水在陆地上的分布。这些生态系统的水量调节过程不仅影响了局部的气候和水文条件，同时也对全球范围内的水资源分布和气候变化产生着重要的影响。

然而，随着人类活动的不断扩张和生态系统的退化，生态系统对水量的调节也受到了威胁。过度的土地开发、湿地的消失和水体的污染等问题导致了生态系统的破坏，进而影响了水资源的稳定性和可持续性。因此，保护和恢复生态系统的水量调节功能，对于维护地球水循环的平衡和生态系统的健康至关重要。

第二节　遥感在湿地保护与恢复中的应用

一、湿地遥感监测与保护

（一）湿地保护的背景与重要性

1. 湿地的定义与特征

湿地是一种独特的生态系统，其定义和特征主要与水的存在和动态特性有关。湿地通常被描述为土地上或土地与水交汇的地区，其水文条件和生物特征呈现出明显的湿润特征。湿地的形成受到气候、地形、植被和水体互动等多种因素的影响，因而呈现出多样的类型和生态功能。

湿地的定义基于其特有的水文条件，即地表水体（如湖泊、河流、沼泽）与陆地之间的过渡区域。这一定义强调了湿地的水体动态性，包括水位的变化、周期性的涨落和水质的多样性。湿地因此被认为是一个过渡带，连接着水体和陆地两个生态系统，同时也因其特殊的水文条件而形成了独特的生态环境。

湿地的特征主要包括其水文特性、土壤特性和植被特性。水文特性是湿地的核心特征之一，表现为水位的季节性变化和水流的动态性。土壤特性在湿地的形成过程中起到关键作用，湿地土壤通常富含有机质，具有较高的含水量。植被特性表现为湿地内生长的特定植物群落，这些植物通常能够适应湿润环境，具有较强的抗逆性。

湿地的生态功能主要包括水资源调节、生物多样性维护、生态系统服务提供等方面。水资源调节是湿地最为显著的功能之一，湿地通过吸收、储存和释放水分，调节了周围地区的水文循环，缓解了洪涝和干旱等极端气象事件的影响。同时，湿地还是重要的生物多样性维护场所，提供了丰富的栖息地，滋养了众多特有的植物和动物物种。湿地还通过过滤和净化水体，提供清洁的水源，维护了水质生态平衡。湿地还对温室气体的吸收和储存发挥了积极的作用，为气候调节提供了贡献。

不同类型的湿地具有各自独特的特征。沼泽是一种常年积水的湿地，水位相对较高，通常具有酸性土壤。沼泽内生长的植被主要包括苔藓、蕨类植物和特殊的湿地树种。沼泽对于水质的过滤和净化作用尤为显著。而河流和湖泊湿地是位于水体边缘的湿地类型，水动力条件和水位波动较为显著，生物多样性丰富。河流湿地在河流水质净化和水流调节方面发挥着重要作用，而湖泊湿地则对湖泊水质和生态平衡有着重要影响。

湿地的生态价值和重要性被认识到在许多方面，然而，由于人类活动的不断扩张，湿地受到了严重的威胁。湿地的过度开发、排水、污染等问题导致湿地面积的减少和生态系统的破坏。这些活动不仅影响湿地自身的生态平衡，也对周围的生态系统和社会经济产生了负面影响。因此，湿地的保护和恢复成为当今生态环境保护的重要课题，旨在维护水资源、保护生物多样性、提升生态系统服务，促进可持续发展。

2. 湿地保护的生态价值

湿地保护是一项至关重要的任务，其生态价值在于维护生态平衡、促进生物多样性、改善水质、调节气候等多个方面。湿地不仅是自然界中独特而复杂的生态系统，也是人类社会与自然之间相互依存的重要组成部分。湿地的保护事关生态环境的稳定与可持续发展，对于地球生态系统的健康和人类福祉具有深远而重要的影响。

湿地保护对于维持生态平衡至关重要。湿地是一个多层次、复杂而敏感的生态系统，它通过水体的吸收、植物的过滤、微生物的分解等过程，调控着生态系统内部的能量流动和物质循环。湿地的存在对防止水体富营养化、维护水体的稳定性有着关键性的作用。湿地保护可以防范因湿地消失而引发的生态系统崩溃，确保整个生态系统内的各种生物之间保持良好的相互关系。

湿地保护对于促进生物多样性的维护起着不可替代的作用。湿地是许多濒危物种、候鸟迁徙的栖息地和通道，是生物多样性的重要驻地。湿地内的丰富的植物和动物群体相互依存，形成了复杂的食物链和生态网络。湿地的独特环境提供了适宜各类生物生存的条件，有助于维持和增加生物多样性，对于保护濒危物种和维护生态平衡至关重要。

湿地保护对于改善水质具有积极的影响。湿地通过其特有的植物、土壤和微生物，能够去除水中的污染物，净化水体。湿地吸附悬浮物质、去除有机废物、降解有害化学物质等过程，为水质提供了天然的过滤和净化机制。湿地保护是有效的水资源管理手段，对于改善水体质量、减缓水污染具有重要的生态功能。

湿地保护还对于调节气候和防治自然灾害发挥着关键作用。湿地的植被通过光合作用吸收二氧化碳，释放氧气，对于气候调节起到了积极的作用。湿地还能吸收和储存大量水分，减缓洪水的发生，并在干旱时期释放水分，提供丰富的地下水资源。湿地对于维持气候平衡和防范自然灾害有着天然的防护作用。

总体来看，湿地保护不仅仅是对湿地本身生态系统的保护，更是对整个生态环境和人类社会的贡献。湿地是地球上生命的摇篮，保护湿地是对地球生态系统的负责，是为了保护我们自身的生存环境。湿地保护是一项系统性、长期性的工程，需要全球共同努力，通过科学的管理和可持续的发展来维护湿地的生态价值，确保湿地能够为我们的子孙后代提供持久而稳定的生态服务。

（二）湿地遥感监测技术

湿地遥感监测技术是一种通过卫星、航空等遥感平台获取湿地信息的方法，具有广泛的应用前景和重要的环境监测价值。这一技术在湿地保护、生态监测和资源管理方面发挥着不可替代的作用。

湿地遥感监测技术的基本原理是利用遥感传感器对地表反射光谱进行观测，通过对反射光谱的分析，提取湿地的空间分布、类型和变化等信息。这种技术能够克服传统监测手段中的时空局限性，实现对大范围湿地的全面监测和动态变化的追踪。

一项重要的湿地遥感监测技术是基于多光谱和高光谱影像的分类方法。通过对湿地区域的遥感影像进行光谱分析，将图像中的不同区域划分为不同的湿地类型，包括沼泽、河口、湖泊等。这种分类方法能够提供湿地类型的详细信息，为湿地资源管理提供准确的基础数据。

遥感监测技术还能够追踪湿地的时空变化。通过对历年遥感影像的比对，科学家可以分析湿地的演变过程，监测湿地面积的扩张或收缩，识别湿地内部的演变趋势。这种时空变化的监测有助于了解湿地的动态性，为制定科学的湿地保护策略提供参考。

湿地遥感监测技术还能够评估湿地的生态健康状况。通过获取湿地植被的光谱信息，科学家可以分析植被的健康状况、生长状态和物种组成。这对于监测湿地内部生态系统的变化、评估湿地植被的生态服务功能具有重要意义。

在湿地资源管理中，遥感监测技术也能够提供水体动态信息。通过卫星或飞行器携带的传感器，可以获取湿地水体的表面温度、水质信息等，为水体管理和湿地保护提供关键数据。这对于湿地内部水文循环的监测和管理提供了实用性的手段。

湿地遥感监测技术的创新包括高分辨率遥感影像的应用。高分辨率影像能够提供更为精细的湿地空间信息，使科学家能够更准确地判别湿地的边界、类型和变化。这有助于深入了解湿地的细节结构，提高监测精度和数据解释能力。

湿地遥感监测技术在湿地资源管理和环境保护中具有重要的地位。通过提供详细的湿地信息，包括类型、变化和生态健康等方面的数据，这一技术为湿地保护、生态监测和可持续资源管理提供了有效的手段。未来随着技术的不断发展，湿地遥感监测技术将更加精细化、全面化，为湿地生态系统的管理和保护提供更强有力的支持。

二、遥感在湿地恢复与可持续发展中的应用

（一）湿地恢复与修复的原则与方法

1. 恢复与修复的定义

恢复和修复在湿地生态系统的背景下，具有相对独特的定义和意义。恢复是指通过自然或人为的干预措施，使已经受到破坏的湿地重新建立其原有的生态平衡和功能。而修复更侧重于对湿地受损部分的具体修补和改善，以达到重新建构湿地结构和功能的目的。这两者的综合应用能够有效提升湿地生态系统的健康状况，保护和维持湿地的重要生态功能。

湿地遥感技术在湿地生态系统的恢复与可持续利用中发挥了重要作用。遥感技术通过获取湿地的空间信息、监测植被覆盖、水质状况等方面的变化，为湿地生态系统的恢复提供了全面而及时的数据支持。湿地遥感的应用涉及湿地监测、生态环境评估、植被变化分析等多个方面，为科学家和管理者提供了强大的工具，有助于制定更加精准和有效的湿地恢复方案。

湿地遥感在监测湿地变化方面发挥了关键的作用。通过卫星或航空平台获取的遥感图像，可以追踪湿地的边界变化、土地利用类型的演变等信息。这有助于科学家了解湿地的演变过程，为制定恢复计划提供基础数据。遥感技术也能够检测湿地受到的威胁，如土地开发、水污染等，及时发现潜在问题，为及早干预和恢复提供依据。

植被监测是湿地遥感的一个重要应用领域。通过遥感技术，可以获取植被的空间分布、生长状态、物种组成等信息。这对于恢复湿地植被、改善生物多样性具有重要意义。科学家可以利用遥感数据了解湿地植被的健康状况，识别植被的类型和变化，为植被的恢复和保护提供科学依据。

水质监测是湿地遥感的另一个重要应用方向。通过遥感获取水体的反射光谱信息，可以评估水体的透明度、营养盐含量、污染程度等指标。这为恢复受污染湿地、改善水质提供了有力的支持。湿地水质的遥感监测能够帮助科学家了解水体状况的动态变化，制定相应的治理方案，并及时评估治理效果。

湿地遥感在恢复和可持续利用中还可以用于生态环境评估。通过遥感数据，科学家可以分析湿地的生态系统结构和功能，评估湿地生态系统的健康程度。这有助于了解湿地生态系统所面临的问题，为制定恢复计划提供科学依据。同时，遥感技术还能够评估湿地的生态系统服务，如水源涵养、生物多样性维护等，为合理利用湿地提供科学支持。

在湿地的修复方面，湿地遥感技术还能够提供详细的地表信息，包括土壤类型、地形变化等。这对于合理规划湿地的修复方案、选择适宜的植被覆盖、进行适当的土地管理等提供了帮助。通过监测修复过程中植被的生长状况、土壤的改善程度等，科学家和管理者

能够调整和优化修复策略，提高修复的效果。

湿地遥感在湿地生态系统的恢复与可持续利用中发挥着不可替代的作用。通过遥感技术，我们能够更全面、及时地了解湿地的变化和问题，为科学的湿地恢复和可持续利用提供有力的支持。这一技术的不断发展和创新将为湿地保护和可持续发展提供更加强大的工具和手段。

2. 湿地恢复的原则

湿地恢复的原则主要包括生态复原、多样性保护、人类参与和可持续发展。生态复原是湿地恢复的核心原则，即还原湿地原有的生态系统结构和功能，重建湿地生态平衡。多样性保护是指保护湿地内各种生物的多样性，使湿地内各类植物、动物能够协同生存，维护湿地内生物链的完整性。人类参与则强调与当地社区的紧密合作，使湿地恢复过程更具可行性和可持续性。可持续发展是湿地恢复的长期目标，强调在湿地利用中平衡生态、社会和经济因素，确保湿地的健康和可持续利用。

湿地遥感在湿地恢复和可持续利用中具有重要的应用价值。遥感技术可以用于监测湿地的空间分布和动态变化。通过卫星和航空遥感图像，我们能够实时获取湿地的空间信息，掌握湿地的面积、分布和变化趋势。这有助于科学家和决策者更全面地了解湿地的现状，为制定恢复计划提供基础数据。

湿地遥感可以用于评估湿地植被状况。植被是湿地生态系统的关键组成部分，通过遥感技术可以获取植被指数、覆盖度等信息，评估湿地植被的健康状况。这有助于科学家了解湿地的生态系统稳定性和生物多样性，并为植被的恢复提供科学依据。

湿地遥感在湿地水质监测中也发挥了关键作用。通过获取水体的光谱信息，可以评估水体的透明度、浊度等水质指标。湿地水质监测是湿地恢复中不可忽视的一环，遥感技术为科学家提供了一种高效、远程的水质监测手段，为湿地水质的改善提供数据支持。

湿地遥感还可以用于监测湿地的土地利用变化。通过时序遥感图像的比对，可以了解湿地的土地利用情况，是否存在人为开发、农业扩张等情况。这有助于科学家和决策者更好地理解湿地的人类活动对生态系统的影响，为科学的湿地管理和可持续利用提供依据。

总体来看，湿地恢复的原则以及湿地遥感在恢复和可持续利用中的应用相辅相成。通过生态复原、多样性保护、人类参与和可持续发展这些原则，我们能够在湿地恢复过程中维护湿地的健康和生态平衡。湿地遥感技术为这一过程提供了高效、远程的数据获取手段，有助于科学地监测湿地的动态变化，评估湿地的生态系统状况，为湿地的合理管理和可持续利用提供了科学依据。湿地恢复和遥感技术的结合为湿地生态系统的健康和可持续利用奠定了坚实的基础。

（二）湿地遥感在恢复规划与设计中的应用

湿地遥感在恢复规划与设计中发挥着至关重要的作用，为湿地生态系统的保护、修复和可持续利用提供了科学依据和有效手段。

湿地遥感能够提供高分辨率的空间信息，揭示湿地的详细结构和特征。通过卫星和航空平台携带的传感器，获取的遥感影像能够反映湿地的地形、植被、水体等关键要素。这种高精度的信息为恢复规划提供了实际基础，使设计者能够充分了解湿地的自然状态，为合理的恢复规划奠定基础。

湿地遥感可用于监测湿地面积和边界的变化。通过对历年的遥感影像进行比对，科学家能够分析湿地的演变过程，识别湿地的扩张、退化或丧失。这有助于了解湿地的动态性，为制定长期的湿地恢复规划提供关键的时空信息，使规划更具科学性和可持续性。

湿地遥感在植被监测方面发挥着重要作用。植被是湿地生态系统的核心组成部分，对其进行监测能够揭示植被的类型、分布和健康状况。这对于设计者理解湿地内植被的多样性、生态服务功能以及植被的演变过程具有重要意义。通过对植被的监测，可以更好地选择适宜的植被种类用于湿地恢复，促进湿地的自然恢复过程。

湿地水体是湿地生态系统中另一个重要的监测对象。湿地遥感技术可以获取水体的空间分布、水体温度和水质信息。这有助于监测湿地内水体的变化、评估水质的健康状况，为规划和设计提供关键的水文信息。通过对水体的监测，设计者可以更好地理解湿地水体的动态变化，为水资源管理和生态系统的恢复提供科学依据。

湿地遥感在土壤监测方面也具备重要的应用价值。土壤是湿地生态系统中的重要组成部分，对其进行监测可以了解土壤类型、质地和含水量等信息。这有助于规划者更好地了解湿地土壤的适宜性，选择合适的土壤修复措施，为湿地的土壤健康提供科学支持。

湿地遥感还可用于监测植被和水体的动态变化对湿地生态系统的影响。通过对湿地内植被和水体的监测，可以深入研究外部因素（如气候变化、人类活动等）对湿地的影响机制，为湿地的可持续管理提供更为深入的认识。

湿地遥感在恢复规划与设计中的应用为科学的湿地管理提供了关键的信息支持。通过获取高精度的湿地信息，设计者能够更好地了解湿地的自然状态、动态变化和生态系统的健康状况，为科学合理的湿地恢复规划和设计提供了基础数据和技术手段。湿地遥感技术的不断创新和发展将进一步推动湿地保护和恢复的可持续发展。

第三节　河流生态与鱼类保护的遥感支持

一、河流生态遥感监测与保护

（一）河流生态系统的重要性与特征

河流生态系统在自然界中具有极为重要的地位，其独有的特征对维持生态平衡和生物多样性、水资源供应、土壤保持等方面产生着深远的影响。河流生态系统是一个多元复杂的系统，由水体、植被、土壤等多个组成部分相互作用而成。这种复杂性决定了河流生态系统的高度敏感性和自我调节能力。

河流生态系统在水资源供应方面发挥着至关重要的作用。河流是水循环的重要组成部分，通过河流系统的输送，水源得以在陆地之间传递。河流还是地表水资源的重要贮存和分配系统，为生物和人类社会提供了丰富的淡水资源。因此，河流的健康与稳定直接关系到地区的水资源供应和水文循环的平衡。

河流生态系统对土壤保持有着积极的影响。河流在运输过程中携带了大量的沉积物，这些沉积物在河流底部沉积形成河床，起到了固定土壤、减缓水流冲刷的作用。河流的生态系统通过植物的根系和水体中的微生物共同维护了土壤的稳定性，减少了土壤侵蚀和河岸崩塌的风险。

河流生态系统对维持水体生态平衡也具有关键性的作用。河流系统中的植物和动物群体互相依存，形成了复杂的食物链和生态网络。这一平衡关系维持了河流中各类生物的数量和种类，为整个水生态系统提供了丰富的生物多样性。

河流生态系统还在地球的气候调节方面发挥了一定的作用。河流通过水蒸发、降水和水文循环等过程，调节了局部气候，对地表温度和湿度产生了影响。河流生态系统中的植物通过光合作用吸收二氧化碳，释放氧气，对全球气候平衡产生了一定的调节作用。

河流生态系统的重要性体现在其对水资源供应、土壤保持、水体生态平衡和气候调节等多个方面的综合影响。河流生态系统的独特特征使其成为生物多样性的重要驻地，维护着地球上丰富而复杂的生态平衡。对于人类社会而言，理解和保护河流生态系统是实现可持续水资源利用和生态环境保护的重要举措，有助于确保河流生态系统的健康和稳定。

1. 河流生态系统的定义

河流生态系统是指由河流及其周围环境组成的一个生态单元，包括河道、河岸、水体、植被和生物等多个组成要素。河流生态系统是复杂而互动的，其形成受到多种地理、气候、地质和人类活动等因素的综合影响。在河流生态系统中，水体是核心要素，而沿岸带的植被、土壤和动植物等组成了一个相互依存的动态平衡系统。

水体是河流生态系统的核心组成部分，其流动性和逐渐变化的水质对整个生态系统的稳定性和多样性产生深远影响。河流水体的运动形成了水流动态，通过滋养河岸带的植被，维持了河流周围生态系统的正常运作。河流水体的水质状况直接影响了其中的生物种群，对于水生植物、鱼类和其他生态要素的分布和繁衍具有重要作用。

河岸带是河流生态系统中具有特殊生态功能的地带，包括河岸、滩涂和岛屿等。这一区域既受到水体的影响，同时也受到陆地的影响，形成了独特的过渡带。河岸带的植被丰富多样，包括乔木、灌木和草本植物，它们在维持河流生态系统的生态平衡、改善水体质量和提供栖息地方面起到了关键作用。河岸带的土壤层对于水体中的养分循环和沉淀有着调节作用。

动植物是河流生态系统中丰富多样的生命体。水生植物如藻类、浮游植物和沉水植物在水体中进行光合作用，为整个生态系统提供能量。而水生动物如鱼类、甲壳类和昆虫等则构成了河流生态链的关键环节，彼此之间相互依存。这些生物与水体、植被和土壤相互作用，形成了复杂的食物网和生态循环，保持了河流生态系统的动态平衡。

河流生态系统的形成和运作不仅与自然因素密切相关，也受到人类活动的重要影响。河流的水流受到了城市化、工业化和农业活动的影响，这可能导致河流水体污染、水位波动和河岸退化等问题。生态系统内的生物群落受到过度捕捞、栖息地丧失和气候变化等多重压力，使得河流生态系统的健康状况受到威胁。

保护和恢复河流生态系统对于维持水体生态平衡、促进生物多样性和保障人类生活有着重要意义。保持河流的自然流动、减少污染源、加强河岸带的保护和修复等措施对于改善河流生态环境至关重要。同时，合理管理河流水资源，推动可持续发展，是保护和优化河流生态系统的关键因素。

河流生态系统是一个复杂的生态单元，由水体、河岸带、植被、动植物等多个要素组成。它在自然条件和人类活动的影响下形成并不断演变，具有多样性和动态平衡性。对河流生态系统的理解和保护是维持生态平衡、促进可持续发展的重要举措。

2. 河流生态系统的特征

河流生态系统具有多样而丰富的特征，这些特征是由河流环境的动态性和复杂性所塑造的。河流生态系统的水动力学特征表现为流速、河床形态和水位的不断变化。这种不断的水动力学过程塑造了河流的形态，包括河道的曲折、深度的变化以及河床的沉积和侵蚀。

河流生态系统中植物群落的特征显著。在河岸带，生长着各种类型的植物，包括河岸植被、水生植物和沿岸森林等。这些植物在河流的水动力学作用下适应了湿润的环境，形成了独特的河岸生态系统。植物不仅提供了河岸的稳定性，还为许多水生动物提供了栖息地和食物来源。

河流的水文特征是河流生态系统的重要组成部分。水文特征包括水温、水质、水位和流速等因素。水温和水质的变化直接影响着水生生物的生存和繁殖。水位和流速的波动则对河床形态和河岸植被的分布产生影响。这些水文特征使得河流生态系统呈现出季节性和年际性的动态变化。

河流生态系统中的生物多样性是其显著特征之一。河流环境提供了丰富的生态位，使得各类水生生物在不同生境中找到了适宜的生存条件。鱼类、甲壳类、水生昆虫等形成了复杂的食物链和食物网。这种生物多样性不仅是河流生态系统的重要生态价值，同时也为人类提供了丰富的渔业资源。

河流生态系统中的物质循环是其独有的特征之一。水动力学过程推动着水体中的物质在河道中的迁移和转化。河流通过植物的光合作用、有机物的分解和沉积等过程，形成了复杂的生态循环网络。这种物质循环不仅支撑着河流生态系统的生命活动，同时也影响着水体的水质和河岸带的土壤养分。

河流的地域性和季节性变化是河流生态系统的显著特征之一。不同地域的河流生态系统呈现出独特的生态类型和生物群落。而随着季节的变化，河流生态系统的水位、水温、植被生长等也发生着显著的变化。这种时空动态性使得河流生态系统呈现出多样性和适应性。

河流生态系统与周边的陆地生态系统相互作用，形成了复杂的生态过程。河流向海输送大量的水和物质，对海洋生态系统产生着影响。同时，河流的源头和河流周边的山地、森林等陆地生态系统也受到河流的反哺。这种相互作用使得河流生态系统与其周边生态系统形成了生态共同体，相互依赖、相互影响。

河流生态系统的特征是多样而复杂的，受到水动力学、植被、水文、生物多样性、物质循环、地域性和季节性变化以及与周边生态系统的相互作用等多方面因素的影响。深入了解这些特征有助于科学理解河流生态系统的结构和功能，为生态保护、资源管理和可持续发展提供科学依据。

（二）河流生态遥感监测技术

河流生态遥感监测技术是一种基于远程感知和传感器技术的手段，用于获取河流生态系统的信息。这一技术的发展使我们能够更全面、远程地了解河流的动态和特征，有助于科学地监测河流生态系统的健康状况、水质变化和植被覆盖等重要信息。

河流生态遥感监测技术主要通过卫星和航空平台获取高分辨率、全谱段的遥感图像。这些图像能够提供河流生态系统的地表信息，包括植被分布、水体状态、土壤类型等。通过对这些信息的解析和分析，我们能够了解河流的整体状况，并对其生态系统的变化进行监测。

河流生态遥感监测技术通过植被指数的计算，实现对植被状况的评估。植被指数是一种通过遥感数据反映植被覆盖程度的指标，包括常用的归一化植被指数（NDVI）等。通过这些指标，我们能够定量地评估河流周边植被的状况，监测植被的生长趋势和分布变化，为河流健康状况的评估提供科学依据。

河流生态遥感监测技术还可用于水质监测。通过遥感数据获取水体的光谱信息，我们能够评估水体的透明度、溶解有机质含量、氮、磷等营养盐含量。这有助于科学家和决策者了解河流水质的时空变化，发现可能存在的水污染问题，为水资源管理提供科学依据。

河流生态遥感监测技术还能够实现对河流地貌和河岸带的监测。通过遥感图像的解译，我们能够了解河流的地貌特征，包括河道的形态、河床的变化等。同时，对河岸带的监测有助于了解河流周边土地的利用状况，对土地利用的影响进行评估。

总体来说，河流生态遥感监测技术为科学家和决策者提供了一种全面、远程的手段，用于获取河流生态系统的关键信息。通过对遥感数据的处理和分析，我们能够实现对河流植被、水质、地貌等多个方面的监测，为河流生态系统的管理和保护提供了强有力的支持。这一技术的不断发展将进一步提升对河流生态系统的监测精度和全面性，为河流保护和可持续管理提供更为科学的数据支持。

二、鱼类保护与河流生态遥感支持

（一）鱼类保护的背景与重要性

鱼类保护具有深刻的背景和重要性，与河流生态遥感密切相关。鱼类作为水域生态系统的关键组成部分，直接影响着水生生物的食物链和生态平衡。鱼类的丰富和多样性反映了水体的健康状况和水质优劣。然而，随着人类活动的不断增加，鱼类面临着生存环境的威胁，这凸显了鱼类保护的紧迫性和重要性。

鱼类对于人类社会的经济和文化具有巨大的价值。许多社群依赖着捕捞和养殖鱼类为生计，形成了重要的渔业产业。同时，鱼类也是人们饮食文化的重要组成部分，为人们提供丰富的蛋白质和营养。因此，鱼类的保护不仅关乎生态平衡，也直接关系到社会经济的可持续发展。

在背景下，河流生态遥感成为鱼类保护和水体管理的关键工具。河流生态遥感通过卫星和航空平台获取的影像数据，能够提供详细的河流生态信息，包括水体温度、水质、植被覆盖等。这种高分辨率的遥感数据有助于科学家和管理者深入了解水体的动态变化，为鱼类保护提供精准的信息基础。

河流生态遥感的重要性体现在对水体质量的监测和评估上。通过遥感技术，可以实时获取水体的温度分布、溶解氧含量、浊度等指标，从而评估水体的健康状况。这对于鱼类的生存和繁殖环境提供了关键的生态学信息，帮助科学家更好地理解鱼类的栖息地需求。

河流生态遥感还能够提供鱼类栖息地的动态变化信息。鱼类通常依赖于特定的水域环境进行繁殖、孵化和生长。通过遥感技术，可以监测河流的地貌、植被分布等因素的变化，为鱼类栖息地的保护和恢复提供重要的数据支持。

河流生态遥感在监测人类活动对鱼类生态系统的影响上具有独特的作用。城市化、工业污染、土地利用变化等人为活动可能导致水体污染、栖息地破坏等问题，影响鱼类的生存和繁殖。通过遥感技术，可以及时监测这些人类活动对水体和鱼类的潜在影响，为制定科学合理的保护措施提供支持。

河流生态遥感还可用于监测河流的流域特征，包括降水分布、地形、土壤类型等因素。这些流域特征与水文循环紧密相连，直接影响鱼类的栖息环境。通过遥感获取的流域信息，有助于科学家全面了解鱼类栖息地的自然条件，为鱼类保护和管理提供基础数据。

鱼类保护的背景在于维护水体生态平衡、促进社会经济可持续发展，而河流生态遥感作为一种先进的监测技术，为鱼类保护提供了强有力的工具。通过获取高分辨率的河流生态信息，科学家和管理者能够更全面地了解水体和鱼类的状态，为有效的保护和管理策略提供科学依据。这种综合应用促进了水体保护和鱼类资源的可持续利用，使得鱼类保护和河流生态遥感相互促进，形成了一种协同发展的局面。

1. 鱼类的生态作用

鱼类是水域生态系统中不可或缺的重要组成部分，其存在和活动对水体和生态系统具有广泛而深刻的生态作用。鱼类的生态作用主要表现在维持生态平衡、影响水体结构、参与养分循环和传播生态服务等方面。

鱼类在水域生态系统中扮演着关键的掠食者角色，通过捕食其他水生生物来调节水生生物群落的结构和数量。鱼类在食物链中处于中上层位置，通过控制其猎物的数量，影响了下游食物链的平衡。这一控制作用有助于维持水生生态系统的动态平衡，防止某些物种过度繁殖，保持物种多样性鱼类的洄游行为对水体结构和动力学有着显著的影响。鱼类的洄游可以改变水体中的溶解氧分布，通过搅动水体，促进气体交换，有利于水体的氧气供应。鱼类的洄游还能够影响河流和湖泊的沉积物输送，对水体底质特性和底栖生物的分布产生影响。这一过程促进了水体的自我净化，维护了水体的健康状态。

鱼类还参与了水体中的养分循环。鱼类通过食物链获取养分，将有机物质转化为生物质，然后通过排泄、死亡等方式将养分释放回水体。这种养分循环过程对水体的富营养化调控起到了重要作用。鱼类的粪便和尿液中含有氮、磷等养分，这些养分可以在水体中循环利用，支持植物的生长，形成食物链的基础。

鱼类在水域生态系统中还发挥着传播生态服务的作用。鱼类在其洄游和觅食过程中，扮演了花粉和种子的载体，促进了水生植物的繁殖和分布。这对于湿地和沿岸生态系统的形成和稳定具有重要意义，也为其他水生生物提供了适宜的生态环境。

鱼类对水域生态系统的影响不仅限于其个体层面，还涉及生境的改变和生态过程的调控。例如，一些鱼类在繁殖季节会选择特定的产卵场所，这对维持物种的繁衍和遗传多样性至关重要。鱼类的行为和生态功能在水域中形成了错综复杂的网络，共同维护着水域生态系统的稳定性。

然而，鱼类所扮演的生态角色也容易受到人类活动的影响。过度捕捞、水体污染、河流改道等因素都可能破坏鱼类的栖息地和生态过程，对水域生态系统造成负面影响。因此，保护鱼类及其生态作用成为维护水域生态平衡和可持续利用水资源的重要任务。

鱼类在水域生态系统中具有丰富的生态作用，包括维持生态平衡、影响水体结构、参与养分循环和传播生态服务等多个方面。了解并合理利用鱼类的生态功能，保护其栖息环境和生境，是维护水域生态平衡、促进生物多样性和可持续利用水资源的重要策略。

2. 鱼类保护的重要性

鱼类保护的重要性在于维护水域生态平衡、保障人类食物安全和促进可持续渔业发展。鱼类作为水域生态系统中的重要组成部分，扮演着不可替代的角色。鱼类在水域食物链中居于重要位置，其生存状况直接影响着水域整体的生态平衡。鱼类作为捕食者和被捕食者，调节着水域中各种生物群体的数量和分布。其生态功能涉及食物网的稳定性和生物多样性的维护，对水域生态系统的健康发展起着关键作用。

鱼类的保护对于保障人类食物安全有着重要的意义。鱼类是人类重要的蛋白质来源之一，为全球数亿人提供着主要的动物性蛋白。许多沿海和内陆社区依赖渔业为生，因此，鱼类的保护与可持续管理是维护人类食物链和满足日益增长的食物需求的关键。保护水域中的鱼类资源，确保其丰富和稳定，对于保障人类的营养需求和社会经济的可持续发展至关重要。

鱼类保护直接关系到渔业的可持续发展。过度捕捞、栖息地破坏和污染等问题威胁着全球许多水域的鱼类资源。如果不采取有效的保护措施，将面临鱼类资源枯竭、渔业崩溃的风险。因此，通过科学管理和可持续渔业实践，确保鱼类资源的合理利用和恢复，对于维持渔业的健康和稳定至关重要。

鱼类保护还直接关系到生态系统服务的提供。鱼类通过控制水生生物的数量和种类，影响着水域的生态系统服务，如水质净化、生态景观的维护等。鱼类在水域中的活动，包括摄食、排泄等，对水域环境起着调节和维持作用。因此，鱼类保护与生态系统的健康和生态服务的提供密切相关。

鱼类保护还涉及文化和社会层面。许多社区和文化习俗与渔业活动紧密相连，鱼类在这些社区中有着重要的文化意义。通过鱼类的保护，我们能够传承和维护丰富多彩的渔业文化，保护沿海和内陆社区的传统生计方式，促进社会的可持续发展。

总的来看，鱼类保护对于维护水域生态平衡、保障人类食物安全、促进可持续渔业发展等方面具有深远的重要性。其涉及生态系统的稳定、人类的营养需求、渔业经济的可持续发展以及文化传承等多个层面。因此，为了实现鱼类资源的可持续利用和水域生态系统的健康发展，必须采取科学合理的保护措施，推动全球范围内的渔业管理和生态保护工作。

（二）河流生态遥感在鱼类栖息地监测中的应用

河流生态遥感在鱼类栖息地监测中的应用呈现出显著的价值和潜力。这一技术通过获取卫星和航空平台携带的传感器所收集的高分辨率影像数据，为科学家和生态学家提供了一种全新的手段，用于深入了解鱼类栖息地的空间分布、动态变化和环境要素。

河流生态遥感在监测鱼类栖息地的水文条件方面具有独特的优势。通过遥感技术，可以获取水体的温度、流速、水深等水文要素的信息。这对于科学家了解鱼类栖息环境中水体的动态变化、季节性的水文循环和水域中的温度梯度等提供了宝贵的数据支持。水文条件对于鱼类的繁殖和生长具有重要影响，因此遥感技术为深入研究鱼类栖息地的水文生态提供了有效的手段。

河流生态遥感能够提供关于栖息地植被的详细信息。水体周围的植被覆盖对于鱼类的栖息地至关重要。通过获取高分辨率的遥感影像，可以准确地反映河岸带和水生植被的分布情况。这对于科学家评估鱼类栖息地的生态结构、植被密度以及植被与水体之间的相互作用提供了有力的支持。

鱼类栖息地的地形特征也是河流生态遥感关注的焦点之一。地形对于水流的影响直接关系到栖息地的形成和演化。遥感技术通过获取河流的地形信息，包括河道深度、河床坡度和河岸的地貌等，为科学家深入了解鱼类栖息地的地形特征提供了便捷和直观的手段。

水体质量是影响鱼类栖息环境的关键因素之一。河流生态遥感可以获取水体质量的关键指标，如水质、溶解氧含量和浊度等。这些指标反映了水体的污染状况和生态系统的健康状况。科学家通过遥感技术获取的水体质量数据，能够准确判断鱼类栖息地的水体状况，为制定水质保护和改善措施提供科学依据。

河流生态遥感还有助于监测鱼类栖息地的土地利用变化。人类活动导致的土地利用变化可能对鱼类栖息环境产生深远的影响。通过遥感技术，可以实时监测河流周边土地的变化，包括城市化、农业扩张和土地开发等。这有助于科学家了解人类活动对鱼类栖息地的潜在影响，提出有效的保护和恢复建议。

河流生态遥感在鱼类栖息地监测中的应用呈现出广泛而深刻的意义。通过获取高分辨率的遥感数据，科学家能够深入了解鱼类栖息地的水文、植被、地形、水体质量和土地利用等多方面的信息。这种全面的监测手段为制定科学的鱼类栖息地保护和管理策略提供了有力的支持，促进了鱼类资源的可持续利用和栖息环境的生态平衡。

第四节　水资源保护与可持续利用的策略

一、水资源保护策略

（一）水资源保护的背景与重要性

水资源保护背后的动机主要源于人类社会对水的广泛需求以及对水体健康和可持续性

的关切。水是维持生命和社会发展的基本要素之一，因此，保护水资源成为一项至关重要的任务。这一任务的重要性不仅体现在满足日常用水需求上，还涉及维护生态平衡、保护生态系统、支持农业生产、促进工业发展等多个层面。

水资源的保护首先受到全球水资源总量有限的制约。地球表面的水约占地球总面积的71%，但其中绝大部分是盐水，只有约2.5%是淡水。而其中又有近70%被冰雪覆盖，只有约1%的淡水可供人类直接利用。这一有限的淡水资源在全球范围内分布不均，有些地区面临水资源短缺的紧迫问题。因此，保护水资源就显得尤为重要，以确保这一稀缺资源的可持续利用。

水资源的保护与社会经济发展密切相关。水是各个行业和领域的基本生产要素，包括农业、工业、能源生产等。农业依赖水灌溉，工业需要大量水进行生产，能源产业也需要水进行发电和生产。因此，水资源的合理利用和保护是维护社会经济运转的基础。水资源的不足或污染会对农业产量、工业生产和人们的生活带来严重影响，甚至引发社会经济危机。

水资源保护也直接涉及生态系统的健康和生物多样性的维护。水体是生态系统中的重要组成部分，支撑着各种生物的生存和繁衍。水资源的过度开发和污染会破坏水生生物的栖息地，导致物种灭绝和生态系统崩溃。这对于维护地球的生态平衡、保护珍稀物种和维持生态系统的功能具有至关重要的意义。

水资源保护的背景还包括全球气候变化的威胁。气候变化导致气温升高、降水模式改变，影响了水循环过程。极端气候事件如干旱、洪涝等频繁发生，使得水资源管理面临更大的不确定性和挑战。因此，保护水资源也成为适应气候变化、减轻自然灾害影响的必要手段。

在全球范围内，水资源的不合理利用和过度开发导致了一系列的问题，包括水污染、地下水超采、湖泊和河流干涸等。水污染是由于排放的工业废水、农业农药和城市污水等直接或间接进入水体，影响水质和水生生物的健康。地下水超采则是指地下水的提取速度超过了地下水的自然补给速度，导致地下水位下降和地下水资源枯竭。湖泊和河流的干涸则是由于过度的水资源利用和气候变化等原因，导致水体水位下降，影响水体的生态平衡。

为应对这些问题，各国纷纷制定了一系列的水资源保护政策和措施。包括加强水资源的监测与调查，制定合理的水资源管理政策，提倡水资源的节约利用和可持续开发。在农业、工业和城市用水方面，采用更加高效的水资源利用技术，减少浪费。在水污染防治方面，采取严格的环保标准，建设和维护污水处理设施，减少污染物的排放。在地下水管理方面，加强对地下水的监管和管理，确保地下水资源的合理开发和利用。在气候变化方面，采取减缓气候变化的措施，推动可再生能源的发展，降低对水资源的负面影响。

水资源保护是一项综合性、紧迫性的任务。在全球范围内，水资源的有限性和不均衡性使得我们必须采取有效的措施，确保水资源的可持续利用和生态系统的健康。水资源的合理管理不仅关系到人类的生存和发展，也是维护地球生态平衡、保护生物多样性和适应气候变化的基础。因此，水资源保护的背景和重要性在当今社会发展中显得尤为重要。

1. 水资源的基本概念

水资源是指地球上可利用的水的总和，包括地表水、地下水、湿地水以及大气中的水汽。地表水主要包括河流、湖泊、水库等，而地下水则储存在土壤和岩石的孔隙中。湿地水是指沼泽、河口等地的水体，而大气中的水汽则以云雾、雨雪等形式存在。

水资源的分布极不均匀，受到地理、气候、地形等多种因素的影响。地球上约97%的水是盐水，其中大部分储存在海洋中，只有约2.5%是淡水。而其中绝大多数淡水又储存在冰川和冰雪中，可用的淡水仅占全球水资源的极小部分。因此，淡水的合理利用和保护对于人类社会的可持续发展至关重要。

水资源是维持生命和支撑生态系统的基本条件之一。水在生物体内扮演着重要的角色，是维持生物生命活动的必需物质。除了人类和动植物的饮用需求，水还为植物的生长提供必要的养分。水资源的稳定和充足直接关系到生态系统的平衡和生物多样性的维护。

水资源也是人类社会和经济活动不可或缺的基础资源。水被广泛用于农业、工业、能源生产、城市供水等领域。农业用水是水资源利用的主要领域之一，灌溉对于农作物的生长和粮食产量有着重要的影响。工业生产则需要大量的水资源，包括制造、冷却等方面。能源生产也依赖水资源，例如水力发电、核电等。城市供水是保障居民日常生活的关键。

然而，水资源的过度开发和污染问题是当前亟待解决的挑战之一。随着人口的增长、经济的发展以及工业化的加速，水资源的需求呈现逐年增加的趋势。一些地区由于过度提取地下水、河流调水、湖泊干涸等原因，导致地下水位下降、河流湖泊枯竭。同时，工业排放、农业面源污染等也导致水质恶化，影响水资源的可持续利用。

水资源管理的核心在于平衡各类需求和保护水环境的矛盾。科学合理的水资源规划和管理是确保水资源可持续利用的关键。这包括对水资源的科学调查、监测、合理开发和保护，通过制定合理的政策和法规来引导社会对水资源的利用，推动水资源的可持续发展。

水资源是地球上不可或缺的基本资源之一，直接关系到自然生态、人类社会和经济的发展。合理利用和保护水资源是维护生态平衡、确保社会可持续发展的重要任务。需要采取综合性的、科学合理的水资源管理措施，以确保水资源的可持续供应，维护地球的生态平衡。

2. 水资源保护的背景

水资源保护的背景涉及人类社会的生存与发展以及生态系统的健康状况。人类长期以来依赖水资源进行生产、生活和各类活动，而随着全球人口的迅速增长和经济的快速发展，对水资源的需求也显著增加。同时，工业、农业和城市化过程中的过度开采、污染和水土流失等问题也对水资源的稳定性产生了严峻挑战。因此，水资源保护成为当今社会不可忽视的重要议题。

水资源作为人类赖以生存的基本要素之一，其保护关系到社会的可持续发展。饮水安全是水资源保护的首要任务之一。随着城市化的不断推进和工业化的发展，水质受到了来自各方面的污染威胁，如工业废水、农业面源污染和城市生活污水等。这些污染源对地下水和地表水的质量造成了直接威胁，不仅影响着居民的健康，也使得水资源的可持续利用面临了巨大挑战。

水资源保护的背景还涉及对水生态系统的关注。河流、湖泊、湿地等水体承载着复杂而丰富的生态系统，为各类生物提供了栖息、繁衍的环境。过度的水资源开发、生态环境破坏和气候变化等因素威胁着水生态系统的稳定性。水生态系统的破坏不仅导致生物多样性的丧失，也会对水体功能产生深远的影响，如水净化、生态平衡等方面。

在全球层面，水资源保护背后还关乎着国际合作与可持续发展目标。许多国家和地区面临水资源短缺、干旱等问题，因此推动国际合作、制定可持续的水资源管理政策成为迫切的需求。联合国可持续发展目标中明确提到了确保可持续的水资源管理和供应，这进一步强调了全球范围内水资源保护的紧迫性和必要性。

地球上许多地区都存在水资源不平衡的情况，即一些地区面临严重的水资源短缺，而另一些地区则因洪水等问题而过剩。这种水资源不平衡导致了社会经济的不均衡发展，也引发了一系列社会问题。因此，水资源保护的背景也包括对水资源的公平分配和合理利用的追求，以促进社会的可持续发展。

气候变化是影响水资源保护背景的重要因素之一。全球气温升高、极端天气事件增多等趋势加剧了水资源的不确定性。降雨量、蒸发速率等因素的变化对水资源的分布和可利用性产生深刻影响。因此，水资源保护的背景中不可忽视气候变化对水循环和水资源利用的影响，需要制定适应性强的水资源管理策略。

在全球范围内，生态环境保护和可持续发展理念的兴起也为水资源保护提供了背景支持。生态环境保护要求实现人与自然的和谐共生，注重生态系统的健康和稳定。水资源作为自然界的一部分，在这一理念下得到了更多的关注，推动了对水资源的合理开发和科学管理的需求。

水资源保护的背景既包括了人类社会对于水资源的巨大需求和对水质量的关切，也涉及对水生态系统、气候变化、国际合作和可持续发展等多方面的全球性考量。在当前社会发展的背景下，水资源保护已经成为一项全球性、紧迫性的任务，需要多方共同努力，制定科学有效的水资源管理政策，以确保水资源的可持续利用和维护人类和自然生态系统的共同利益。

（二）水资源保护的原则与理念

水资源保护的原则和理念是在维护水体健康、可持续利用和生态平衡的基础上形成的一系列指导思想。这些原则和理念旨在确保水资源的合理管理、有效利用，并同时兼顾社会、经济和生态的可持续发展。以下是关于水资源保护的一些核心原则和理念。

综合管理原则水资源保护的核心理念之一是实施综合管理。这意味着将水资源视为一个整体系统来考虑，综合考虑地表水、地下水、湖泊和河流等各种水体的相互关系。在综合管理的框架下，需考虑到水资源的空间和时间变化，制定相应的管理策略，以实现对水资源的全面、协调和可持续的利用。

可持续发展原则水资源保护应当符合可持续发展的理念，即在满足当前需求的基础上，不影响未来世代满足其需求的能力。这需要在水资源管理中平衡社会、经济和生态的利益，避免过度开发和过度利用水资源，确保水资源的长期稳定供应。

水资源公平分配原则水资源是人类共享的重要资源，其合理分配和使用应当遵循公平原则。水资源的分配应当考虑到各个社会群体的需求，确保资源的合理流动和公正利用，防止资源的垄断和不公平分配，保障所有人都能够享有合理的水资源权益。

水质保护原则保护水资源的质量是水资源管理的重要目标。防止水体受到污染、提高水体的自净能力、采用科学有效的水质治理技术，是确保水资源长期健康的重要手段。保障水质的清洁和安全，不仅涉及人类直接用水，也关系到生态系统的稳定和物种的繁衍。

生态保护与恢复原则考虑到水资源的重要性和生态系统的互动关系，水资源保护理念中强调生态保护与恢复。通过保护湿地、维护河流的生态通道、保护水生植物和鱼类的生存环境等手段，促使水资源管理更加关注生态系统的完整性和功能稳定。

气候变化适应原则随着全球气候变化的不断加剧，水资源保护需要更强调对气候变化的适应性。这包括通过制定更为灵活的水资源管理策略，适应降水模式的变化，提高抗旱和防洪的能力，以及推动水资源管理与气候变化应对的协同发展。

科学与技术创新原则水资源保护需要依赖于科学研究和技术创新。通过不断深入研究水资源的变化规律、水体的污染机制等，引入先进的监测技术和水资源管理工具，可以更准确地了解水体状况，制定更科学的管理措施，提高水资源保护的效果。

社会参与原则水资源保护需要实现公众的参与和共治。通过广泛征集社会公众的意见、建立沟通机制，使社会各界更多地参与到水资源保护中，形成合力，共同推动水资源的可持续管理。

法治原则建立健全的法律法规体系，加强对水资源的法治管理。依法规范水资源的开发和利用行为，加大对水污染和滥用水资源行为的监管和处罚，确保法治的有效性和公正性。

水资源保护的原则和理念是在全面考虑社会、经济和生态多方面因素的基础上形成的，旨在实现对水资源的科学、公平、可持续的管理。这些原则为水资源保护提供了指导思想和行动方向，为构建水资源可持续利用和生态平衡的未来打下了坚实基础。

二、水资源可持续利用策略

（一）水资源管理与分配

1. 水资源管理的原则

水资源管理的核心在于实现对水资源的可持续利用和保护，以满足不断增长的人类需求同时保持生态平衡。管理水资源需要遵循一系列原则，以确保资源的公平分配、有效利用以及生态系统的健康。合理规划和分配是水资源管理的基本原则之一。通过科学研究和综合评估，确定各个地区的水资源需求，确保水的分配合理公平。同时，需要充分考虑不同地区的地形、气候和生态环境差异，以制定更加贴近实际的水资源分配计划。

保护水质是水资源管理不可或缺的原则。水质的好坏直接关系到人类的饮用水安全以及生态系统的健康。因此，水资源管理应当采取有效措施来防止水体污染，限制工业、农业和城市活动对水质的不良影响。推动科技创新，开发新型的水污染治理技术，提高水质的整体水平，保障水资源的可持续利用。

生态保护和修复是水资源管理的重要原则。水生态系统是维持水资源平衡的重要组成部分，其健康与否直接影响到水资源的可持续利用。因此，水资源管理应当注重保护和修复水生态系统，保持湿地、河流、湖泊等水域的生态完整性，维护生态系统的多样性和稳定性。

社会参与和合作是水资源管理的关键原则。水资源管理不仅仅是政府和专业机构的责任，更需要广泛的社会参与和合作。通过促进社区的参与，可以更好地了解当地的水资源情况，形成更贴近实际的管理方案。同时，国际间的合作也是重要的，特别是对于流域跨国的河流和湖泊，合作可以促使各国共同协作，推动水资源的可持续管理。

考虑气候变化和环境变动是水资源管理的重要原则之一。气候变化对水资源的影响日益显著，包括降水模式变化、气温上升等。因此，水资源管理需要考虑气候变化的因素，通过科学研究和气象监测，制定相应的调适措施，以适应不断变化的环境条件。

经济可行性和社会效益是水资源管理的重要考量。管理方案需要在确保水资源可持续利用的前提下，考虑到社会和经济的可行性。通过合理的经济激励措施，鼓励节水技术的推广，推动水资源的高效利用。同时，水资源管理还应注重社会效益，保障水资源的公平利用，促进社会的可持续发展。

水资源管理的原则应该包括合理规划与分配、保护水质、生态保护与修复、社会参与与合作、考虑气候变化与环境变动、经济可行性与社会效益等多个方面。这些原则相互交融，共同构建了科学、可持续、公平的水资源管理体系。只有在这些原则的指导下，我们才能更好地保护和利用水资源，确保其可持续性，满足当前和未来世代的需求。

2. 水权制度与水资源分配

水权制度和水资源分配是关乎社会经济可持续发展和生态平衡的核心议题。水权制度作为一种法律和制度框架，规范了对水资源的使用、管理和分配，直接影响着不同利益主体之间的权益关系和水资源的公平分配。

水权制度的建立与社会的发展和人类对水资源的需求息息相关。这一制度的出现旨在解决水资源过度开发和不合理利用的问题，确保水资源得到有效保护和合理分配。通过设立水权制度，社会能够形成一种秩序，明确各方的权利和责任，从而实现水资源的可持续管理。

水权制度的核心是对水资源的所有权和使用权的界定。在不同国家和地区，水权制度可能采取公有制、私有制或混合制度。对于水资源的使用，可能通过水权许可、水权交易等手段来进行有效管理。这种制度旨在保障水资源的合理利用，防止滥用和过度开采，从而维护水体生态系统的稳定性。

水权制度的建立也与不同地区的水资源特点有关。一些干旱地区可能更加注重水权的明确和保护，以应对水资源的稀缺性。而在水资源相对充沛的地区，水权制度的建立可能更强调对水质的保护和生态系统的维护。这种因地制宜的水权制度设计有助于实现对水资源的精细管理。

水资源分配是水权制度的直接体现，涉及各类水利工程、农业、工业和城市用水等方面。水资源的分配需要根据不同地区的需求和水权制度的规定进行合理的安排。在农业方面，水资源分配关系到农田灌溉和作物生长，直接影响着农业生产的丰收与否。而在城市和工业方面，水资源分配则关系到居民的生活和工业生产的正常运转。

水权制度和水资源分配在农业方面具有显著的关联。农业是全球最大的水消耗行业之一，对水资源的需求巨大。通过水权制度，社会可以明确农业用水的权利和义务，制定合理的农业用水政策。同时，水资源分配也需要综合考虑不同农业区的气候、土壤和作物生长需要，以实现农业用水的科学管理。

在城市和工业方面，水资源分配则关系到城市发展和工业生产的可持续性。城市的用水需求主要包括居民生活、工业用水和市政设施等方面。通过水权制度，可以合理划分城市用水的权利和限制，确保城市水资源的稳定供应。在工业方面，不同行业对水资源的需求差异巨大，水权制度需要对不同工业部门的用水进行分类管理，以维护工业生产的正常运转和社会的可持续发展。

水权制度和水资源分配还需要充分考虑生态系统的需要。河流、湖泊和湿地等生态系统对水资源的需求是生态平衡的重要组成部分。通过科学的水权制度和水资源分配，社会可以更好地保护生态系统的完整性，防止生态系统被过度破坏和污染。

水权制度和水资源分配的有效实施需要政府、企业和公民等各方的合作。政府在其中扮演着法规制定和监管的角色，企业和公民则需要遵守水权制度的规定，实现对水资源的科学、合理和可持续利用。只有通过各方的共同努力，才能实现水资源保护的目标，维护社会和生态系统的和谐发展。

（二）水效益与水节约技术

水效益与水节约技术是当前社会在面临水资源压力的背景下，推动可持续水资源管理的关键战略。水效益技术是指通过提高水资源的利用效率，达到更多的产出或服务的目的。水节约技术则着眼于减少水资源的使用量，通过技术手段达到用水量减少而仍然能够满足需求的目标。

在水效益技术方面，一些现代农业技术被广泛应用。例如，通过精确灌溉系统，可以根据植物的需水状况提供适量的水，减少农业用水的浪费。遥感技术在农业领域的应用，可以帮助农民监测土壤湿度和植物生长状况，有助于制定更科学的灌溉方案。改进的播种和种植技术，如保水措施和耐旱作物培育，也有助于提高农业水效益。

在工业领域，水循环利用技术是一种显著的水效益技术。通过收集、净化和再利用工业废水，可以最大限度地减少对自然水源的依赖。工业过程中的水资源可以被多次利用，从而降低了用水成本，也有助于减轻对环境的不良影响。同时，智能水处理技术的应用，如实时监测和控制系统，有助于提高工业用水的效益，减少浪费。

在城市层面，智能水务系统的建设也是水效益技术的一部分。通过引入先进的监测、管理和控制技术，城市可以更加精细地管理自身的用水系统。例如，实时水质监测系统可以提前发现水质异常，及时采取措施，防止水源受到污染。智能水表和远程抄表系统可以实现对用水量的精准监控，有助于制定合理的水价政策和用水计划。

水节约技术主要通过减少用水量来实现，涉及各个领域的创新。在农业领域，精准农业技术的应用有助于减少农业用水。这包括利用先进的传感器、无人机和自动化设备，实现对土壤、植物和气象等信息的高效监测，从而优化灌溉方案，减少水资源的浪费。

在工业领域，采用闭环水系统是一种常见的水节约技术。通过收集、净化和再利用工业废水，实现水资源的循环利用，降低对外部水源的依赖。优化生产流程，提高设备的水资源利用效率，也是实现工业水节约的重要途径。

在城市层面，提倡居民和企业的节水意识也是一项重要的水节约技术。通过推广低水耗家电、改善建筑设计以提高水资源利用效率，城市可以在源头上减少用水需求。同时，建设雨水收集系统、推广灰水回用技术，也是实现城市水资源节约的有效手段。

需要强调的是，水效益和水节约技术的实施需要在制度层面获得支持。合理的水价政策、健全的法律法规和监管制度是推动这些技术的应用和推广的重要保障。加强科研与技术创新，培养专业人才，也是确保这些技术能够持续发挥作用的重要因素。

水效益与水节约技术在当今社会面临水资源压力的背景下显得尤为重要。这些技术的应用不仅有助于提高水资源的利用效率，还能够减轻对水资源的需求压力，推动社会向着更加可持续的水资源管理方向发展。通过综合运用这些技术手段，社会可以在确保水资源供应的同时，保护生态环境，促进经济可持续发展。

第七章　水资源与气候变化

第一节　气候变化对水资源的影响

一、气候变化对水资源的物理影响

（一）气候变化的基本概念

气候变化是指地球气候系统长期性质的变化。这种变化既可以是自然的，也可以是由人类活动引起的。气候变化是一个涵盖广泛、复杂而多层次的概念，主要受到大气、海洋、陆地等多种因素的综合影响。

气候是指某个地区长期天气状况的统计。而气候变化则是指这些长期天气统计的性质、模式和趋势发生显著改变。气候系统的各个组成部分，如大气、海洋、陆地、生物等，相互作用和影响着气候的形成和演变。

自然引起的气候变化是地球气候系统自身内在机制的结果。这包括地球轨道、太阳辐射、火山活动等自然因素的变化。地球轨道的周期性变化会导致季节和气候的变动，太阳辐射的强度波动也直接影响地球气候。火山活动释放的大量气体和颗粒物质，也能对气候产生一定影响。

然而，近几个世纪以来，人类活动引起的气候变化逐渐成为焦点。主要原因包括燃烧化石燃料、森林砍伐、工业排放等，导致大气中温室气体浓度上升。温室气体，如二氧化碳、甲烷和氧化亚氮等，具有吸收和重新辐射地球表面辐射的特性，造成地球表面温度升高，引起全球气候变暖。

气候变化的主要表现之一是全球平均气温的升高。全球各地区的气温变化不均匀，但总体上，近几十年来地球表面温度呈上升趋势。这导致了极端天气事件的增加，如热浪、暴雨、飓风等。同时，冰川和冰盖的融化加剧了海平面上升，对低洼地区和沿海地区的生态环境和社会经济产生了影响。

气候变化还导致了生态系统的变化和生物多样性的丧失。一些动植物栖息地的适应性减弱，随之而来的是物种数量的减少和生态系统的破坏。极端气候事件的增加也对农业生产和粮食安全产生了负面影响，加剧了全球食品供应的不确定性。

除了温度变化，气候变化还表现为降水模式的变化。一些地区可能经历更加频繁和严重的干旱，而其他地区则可能面临更多的降水和洪涝。这对农业、水资源管理和社会经济产生了巨大的挑战。

气候变化是指地球气候系统长期性质的变化，涵盖了自然和人为因素。它导致了全球平均气温升高、极端天气事件增多、海平面上升、生态系统变化等一系列环境问题。认识和应对气候变化的重要性不可忽视，需要采取国际合作、科技创新、可持续发展等多层次的综合措施，以减缓气候变化的速度，适应气候变化的影响，保护地球生态环境和人类社会的可持续发展。

1. 气候与气候变化的定义

气候是指某一地区在长时间内的平均天气状况。它是通过对多年的气象数据进行统计和分析，得出该地区长期气象特征的一种综合表征。气候包括了温度、湿度、降水、风向风速等多种气象要素，形成了一个相对稳定的气象背景，反映了某地区的大气环境状态。

气候变化则指的是气候系统的长期变化趋势，不同于短期内的天气变化。气候变化通常是由多种因素引起的，包括自然因素和人类活动。自然因素主要包括太阳辐射、地球自转和轨道变化等，而人类活动主要涉及工业化、城市化、森林砍伐和化石燃料的燃烧等，这些因素影响了大气和海洋的化学成分，导致气候系统发生长期的变化。

气候和气候变化的定义涉及对气象学、地球科学和环境科学等多个学科领域的深入研究。气候学家通过收集、整理和分析长时间内的气象观测数据，以及运用先进的气象模型，来揭示气候的特点和规律。而对气候变化的研究则更加关注气象系统中的长期趋势和异常变化，旨在理解变化的原因和未来的走势。

在过去的几个世纪中，人类逐渐认识到气候和气候变化对社会、经济和生态系统的重要性。气候对农业产出、水资源分布、疾病传播等有着深远的影响。同时，气候变化也带来了极端天气事件的增多，如暴雨、干旱、飓风等，对社会造成了巨大的影响。

随着科技的不断发展，人们对气候和气候变化的研究变得更加精确和全面。气象卫星、超级计算机模型等先进技术为科学家提供了获取和分析气象数据的有效手段，使得对气候和气候变化的理解更为深刻。这种深入的研究也揭示了人类活动对气候的影响日益加重的事实，引起了全球范围内对气候变化问题的高度关注。

气候变化对地球系统的冲击不仅体现在气象要素的变化上，也影响着生态系统、地球表面温度和海平面等方面。全球变暖、冰川消融、海洋酸化等现象都与气候变化密切相关。这些变化对生物多样性、海洋生态系统、林区面积等产生了深刻影响，进而威胁到地球生态平衡和可持续发展。

气候和气候变化的定义并非是孤立的，而是需要结合多个学科和多个层面的研究成果，以形成对复杂系统的全面认识。这一认识不仅有助于人类更好地适应和缓解气候变化带来的挑战，也为制定环保政策、推动可持续发展提供了科学基础。在对气候和气候变化的深入研究将持续发展，以更好地理解地球系统的运行规律，保护生态环境，确保人类社会的可持续发展。

2. 气候变化的主要原因

气候变化是地球气候系统发生长期变化的过程。气候变化的主要原因涉及自然因素和人类活动两个方面，其中自然因素主要包括太阳活动、地球轨道参数和火山喷发等，而人类活动则主要包括工业化、森林砍伐、化石燃料的燃烧等。

太阳活动是影响气候变化的主要自然因素之一。太阳是地球气候系统的主要能源来源，太阳辐射的强度和太阳黑子活动周期都与地球的气候变化有关。太阳黑子是太阳表面上的一种黑暗区域，其数量和活动水平在 11 年的太阳活动周期内发生变化。太阳黑子活动的增加会导致太阳辐射增加，从而对地球气候产生影响。

地球轨道参数的变化也是导致气候变化的自然因素之一。地球围绕太阳运动的轨道参数，如轨道离心率、轨道倾角和轨道长半径等，会发生周期性的变化。这些变化会影响到地球接收太阳辐射的方式和分布，从而对气候产生长期的影响。这些参数的变化周期长，影响相对较小，但在较长时间尺度上对气候变化有一定的贡献。

火山喷发也是引起气候变化的自然因素之一。火山爆发会释放大量的火山灰、气溶胶和气体，其中二氧化硫等气体能够在大气中形成硫酸气溶胶，这些气溶胶可以散射和吸收太阳辐射，影响地球的辐射平衡。大规模的火山喷发会导致全球气温下降，形成"火山冬"的现象。

除了自然因素外，人类活动也对气候变化产生了显著的影响。工业化是其中一个重要的人类活动因素。工业革命以来，人类的工业活动大量释放温室气体，特别是二氧化碳（CO_2）、甲烷（CH_4）和氧化亚氮（N_2O）。这些温室气体在大气中聚集，形成温室效应，使得地球表面的温度升高。工业化带来的大规模燃烧化石燃料、森林砍伐和土地利用变化等活动，导致温室气体排放的急剧增加。

森林砍伐也是导致气候变化的人类活动之一。森林是地球上最大的陆地生态系统之一，不仅能够吸收大量的二氧化碳，还对气候调节和水循环有着重要的作用。然而，人类为了获取木材、开垦土地和发展农业，大量砍伐森林，导致了大量的碳储存在土地和植被中释放出来，进而增加了大气中的温室气体浓度。

土地利用变化也是人类活动导致的气候变化因素之一。随着城市化和农业扩张，土地的覆盖和利用方式发生了改变，这导致了地表反照率的变化和大气中水蒸气的释放，从而对气候产生了复杂的影响。城市热岛效应和土地利用变化引起的气候异常是人类活动对气候系统影响的重要表现之一。

气候变化是由多种因素相互作用的结果。自然因素和人类活动相辅相成，共同影响着地球气候系统。深刻理解这些因素之间的关系，以科学的态度面对气候变化，是制定有效应对措施的前提。这需要国际社会共同努力，采取切实可行的行动，降低温室气体排放，减缓气候变化的进程，实现可持续发展的目标。

（二）气候变化对降水的影响

气候变化对降水的影响是一个复杂而多层次的问题，涉及大气环流、水汽输送、地表温度等多个因素的相互作用。气候变化对大气环流系统的影响是显著的。气候变化导致了大气环流的变化，包括赤道地区附近的副热带高压带和极地地区的风带的位置和强度的改变。这些变化影响了季风、西风带等大尺度气候系统，从而对降水分布产生了深远影响。

气候变化导致了水汽输送模式的变化。水汽是降水的主要来源，其在大气中的输送受到气候系统的调节。气候变化导致了一些地区水汽输送的增加，而另一些地区可能面临水汽的减少。这种不均匀的水汽输送模式使得降水分布更加不均匀，一些地区可能出现干旱，而另一些地区则可能经历极端降水事件。

地表温度的升高也直接影响了降水的分布和强度。随着全球气温的升高，地表温度的变化会影响到大气中水汽的饱和水平和降水的形成过程。高温能够加速水汽的蒸发，增加大气中的湿度，从而有可能导致强烈的降水事件。然而，这也可能加剧一些地区的干旱情况，因为高温导致土壤水分蒸发加剧，减少了降水的有效利用。

气候变化还与极端天气事件的发生频率和强度密切相关。气温升高可能导致更频繁的极端热浪，同时也增加了极端降水和洪涝事件的可能性。这些极端天气事件对降水的时空分布产生了巨大的影响，对社会、经济和生态系统都带来了巨大的挑战。

总体来说，气候变化对降水的影响是一个全球性的、综合性的问题。它涉及大气环流、水汽输送、地表温度等多个因素的相互作用，导致了降水分布的不均匀和降水事件的变异。这对于农业、水资源管理、自然灾害防范等方面都提出了新的挑战。因此，深入研究气候变化对降水的影响机制，采取有效的适应和减缓措施，对于维护生态平衡和社会可持续发展具有重要的意义。

二、气候变化对水资源管理的社会影响

（一）气候变化对水资源可持续利用的挑战

气候变化对水资源的可持续利用提出了一系列严峻挑战。这一挑战源于气候变化导致的极端天气事件、水循环模式的变化以及水资源分布的不均衡。这些变化直接影响了水资源的供应、质量和可持续管理，对社会经济、生态系统和人类生活产生了深远的影响。

气候变化导致了极端天气事件的增多和强度的加剧，给水资源的管理和利用带来了严峻挑战。例如，暴雨引发的洪涝、长时间干旱导致的水资源匮乏等极端天气事件频繁发生，使得水资源供应变得不稳定。洪涝可能导致河流水位急剧上升，造成洪水灾害；而干旱则会导致河流流量减少，水库水位下降，影响灌溉和城市供水。这些极端天气事件的不确定性和频繁性给水资源的规划和管理带来了极大的不确定性，使得水资源的合理利用变得更加困难。

气候变化引起了水循环模式的变化，影响了水资源的分布和可利用性。全球气温上升导致冰雪融化和蒸发增加，进而影响了河流流域的水量。某些地区可能面临水资源过剩，导致洪水风险增加，而其他地区则可能面临水资源短缺。冰川融化对于山区河流的水量和水温有着重要的影响，使得山地区域的水资源管理面临更大的不确定性。这种水循环模式的变化使得水资源的管理需要更加灵活和适应性强，以适应不断变化的水文条件。

水资源分布的不均衡是气候变化对水资源可持续利用的又一挑战。气候变化不仅影响水循环模式，还加剧了地区之间的水资源分布不平衡。一些地区可能因为气温升高、降雨减少而面临水资源短缺，而另一些地区可能因为极端降雨和洪涝而面临水资源过剩。这种不均衡使得水资源的跨区域分配和利用变得更加复杂。合理调配水资源，确保资源的公平分配，将成为未来社会面临的重要挑战。

气候变化还直接影响了水资源的质量，给水生态系统和人类饮用水安全带来了风险。气温升高导致水温上升，可能引发水体富营养化和藻类大量繁殖，对水生态系统造成威胁。降雨不均衡和气温升高也可能导致水体中有害物质的浓度升高，影响水质。这对于人

类的饮用水源、农田灌溉和工业用水都构成了潜在的威胁，需要加强对水质的监测和管理。

气候变化对水资源的可持续利用提出了多方面的挑战。极端天气事件的频繁发生、水循环模式的变化、水资源分布的不均衡和水质的风险等问题使得水资源管理变得更加复杂和困难。为了应对这一挑战，社会需要加强水资源管理的科学性和适应性，采取综合的水资源保护措施，推动可持续的水资源利用和管理。这不仅需要跨学科的研究合作，也需要国际社会共同努力，以应对气候变化带来的水资源问题，确保人类社会和生态系统的可持续发展。

1. 水资源供需矛盾的加剧

水资源供需矛盾的加剧与气候变化之间存在密切的关系，对水资源可持续利用提出了严峻的挑战。气候变化导致的极端气候事件、降水不均和气温升高等现象，使得水资源的供需矛盾更加尖锐，需要采取创新性的方法来适应和缓解这一挑战。

气候变化引起的极端气候事件对水资源供需矛盾的加剧起到了直接的推动作用。极端天气现象，如持续干旱和暴雨等，导致了水资源的供给和需求出现剧烈波动。长时间的干旱使得水体蓄水减少，影响灌溉和城市供水，而暴雨则可能导致洪涝灾害，造成水资源的浪费和破坏。这种不规律的气候变化使得水资源管理者难以进行准确的长期规划，增加了水资源供需矛盾的难度。

降水不均和气温升高也是气候变化对水资源可持续利用造成挑战的重要方面。气候变化导致降水不均，一些地区可能经历更加频繁和严重的干旱，而另一些地区则可能面临更加强烈的降雨。这使得水资源的分布和供给变得不均衡，一些地区可能长期面临水资源短缺，而另一些地区则可能遭受洪涝灾害。同时，气温升高加速了水体的蒸发，减少了地表水体的存水量，使得水资源更加脆弱和有限。

气候变化对水文循环产生的影响也对水资源的可持续利用提出了挑战。气候变化导致了水文循环的变化，包括降水模式的改变、蒸发蒸腾过程的增加等。这使得原有的水资源管理模式和规划不再适用，需要重新评估水资源的可持续性。水文循环的不稳定性增加了水资源管理的不确定性，使得水资源的规划和分配更加困难。

冰川融化也是气候变化对水资源可持续利用的重要挑战。随着气温升高，全球范围内的冰川和雪峰融化加速，这直接影响了一些地区的淡水资源供应。冰川融化释放的大量淡水对于山地和平原地区的水资源供应产生了重要影响，而这一变化可能导致河流流量的不稳定和水资源的不均衡分布。

在面对这些挑战时，需要采取一系列创新性的策略来提高水资源的可持续利用能力。这包括加强水资源管理的科学性，通过更加灵活的管理和调度，适应气候变化对水资源的影响。同时，推动水资源的多元化利用，鼓励开发新的水源，包括海水淡化、雨水收集等技术手段。加强水资源的节约和高效利用，提倡绿色发展，降低工业和农业的用水成本，是实现水资源可持续利用的关键。

气候变化对水资源可持续利用提出了严峻的挑战。其影响主要体现在水资源供需矛盾的加剧、降水不均、气温升高、水文循环的变化、冰川融化等多个方面。面对这一挑战，需要综合运用创新的科技手段、改进管理模式、推动社会发展，以确保水资源的可持续利用，维护地球生态平衡。

2. 水质问题的恶化

水质问题的恶化和气候变化对水资源可持续利用的挑战是当今世界面临的重大环境问题之一。水质问题的恶化主要表现在水体受到污染、富营养化等方面的变化，而气候变化则通过影响水循环、降水分布等途径对水资源的可持续利用提出了严峻挑战。

水质问题的恶化主要受到人类活动的影响，如工业排放、农业面源污染、城市污水排放等。这些活动导致了水体中有机物、重金属、化学物质等污染物质的积聚，使得水体失去了原有的清洁状态。过度的养分输入，特别是氮、磷等营养物质的过量释放，导致水体富营养化，引发蓝藻水华等问题，对水生态系统造成破坏。

气候变化对水质问题的影响主要通过其对水循环的改变。气候变暖导致了降水模式的不规则变化，可能加剧洪涝和干旱事件的频发。这种不规则的降水分布模式会影响污染物的输送和扩散，增加了污染事件的发生概率。同时，气温的升高可能导致水体温度升高，改变水体中生物的分布和活动，对水生态系统产生影响。

气候变化还通过影响海平面上升和海洋温度等因素，对海洋生态系统造成压力，从而影响海洋水质。海洋是地球上最大的水库，但气候变化导致的海平面上升、海洋酸化等问题使得海洋生态系统面临威胁，对水质问题构成了全球性挑战。

气候变化对水资源可持续利用的挑战主要表现在水循环的不稳定性和水资源分布的不均匀性。气候变暖导致的降水不规则分布增加了洪涝和干旱的频率，使得一些地区在短时间内面临大量的水资源过剩或不足。这对于农业灌溉、城市供水等方面都带来了巨大的压力，影响了水资源的可持续利用。

气候变化还导致了冰雪融化的加剧，特别是在高山区域和极地地区。这加速了河流水量的增加，但同时也带来了一系列问题，包括洪水风险的增加、河水温度的升高、河流水质的波动等。这对河流生态系统和沿岸社区都带来了不利影响。

在面对水质问题的恶化和气候变化的挑战时，国际社会需要采取联合行动。这包括改善废水处理技术、加强水体保护、减缓气候变化的速度、提高水资源管理的适应能力等方面的努力。通过国际合作，共同制定和执行环保政策，推动科技创新，促进可持续发展，才能更好地保护水质、维护水资源的可持续利用，并为后代留下更为清洁、健康的水环境。

（二）气候变化对水灾害的影响

气候变化对水灾害产生了深刻的影响，引发了极端气候事件的增多和强度的增强，对水资源的分布和循环产生了重大改变。这种变化不仅导致了水灾害的频发，还加剧了水灾害对社会、经济和生态系统的影响，成为当前面临的重大挑战。

气候变化导致了降水模式的不规律性，增加了极端降雨和干旱事件的频率。极端降雨引发了洪涝灾害的风险增加，地表水迅速上涨，河流水位超警戒水位，可能造成严重的城市内涝和农田洪涝。气候变化也导致了干旱事件的加剧，使得干旱区域的水资源匮乏更为显著。干旱对农业生产、生态系统和城市供水都造成了严重的影响，加剧了水资源的紧张局势。

气候变化引起了海平面上升，威胁了沿海地区的安全。全球气温升高导致冰雪融化，以及海水温度上升，引发了海平面上升的趋势。这使得沿海地区更容易受到风暴潮、风暴潮和高潮的威胁，加剧了沿海地区的水灾害风险。沿海城市、农田和生态系统都可能受到淹没、侵蚀和盐水入侵的威胁，对人类社会和生态平衡造成了严重的影响。

气候变化对雪暴和冰雹等极端降水事件的影响也显著。在寒冷地区，气温上升导致降雪的频率和强度发生变化，雪暴事件可能加剧。雪暴引发的大范围积雪和结冰可能导致道路交通中断、农田受损和城市设施故障，给生产生活带来巨大困扰。冰雹事件也可能引发农作物损害、房屋破坏等问题，给农业和城市建设带来重大损失。

气候变化对热带气旋的影响也引起了关注。热带气旋是一种强风暴，伴随着强降雨、强风和风暴潮，是引发水灾害的重要因素。气温升高可能导致热带气旋的频率增加和强度加大，加剧了飓风、台风等事件对沿海地区的侵袭。这种极端天气事件可能导致海啸、河口区域的淹没，对沿海城市和农田造成毁灭性的影响。

气候变化对冰川融化的影响也在增加水灾害的风险。全球气温升高导致冰川融化，释放了大量的冰川湖水。如果冰川湖决堤，可能引发山洪暴发，对下游地区造成巨大的水灾害。这种现象在高山地区尤为突出，威胁到山区社区、农田和水源地的安全。

气候变化对水灾害的影响在全球范围内显著增强。极端降雨、海平面上升、雪暴和冰雹、热带气旋以及冰川融化等因素相互作用，形成了更为复杂和多样化的水灾害形式。这不仅对社会、经济和生态系统带来了直接的损失，也对未来的水资源管理和风险防范提出了更为迫切的需求。应对气候变化对水灾害的挑战，需要国际社会采取合作行动，加强气象监测、提高水灾害应对和减灾能力，推动全球气候变化治理，为人类社会和自然生态系统的可持续发展提供更有效的保障。

第二节　遥感数据在气候变化研究中的应用

一、遥感数据在气候变化监测与分析中的应用

（一）气候变化监测的背景与意义

气候变化监测是在全球范围内对气候系统的长期观测和数据记录。这一活动的背景根植于对气候变化日益加剧的关切，以及对其潜在影响的认识。气候变化监测的意义不仅仅在于揭示过去的变化趋势，更在于为科学家、政策制定者和社会提供关键的信息，以制定应对气候变化的战略和决策。

气候变化监测背景的重要组成部分是对过去气象和气候数据的回顾。长期的气象数据记录展示了气候系统的多样性和变化，有助于理解自然气候变化的周期性和趋势。通过对历史气候数据的分析，科学家们能够识别出长时间尺度上的气候模式，例如厄尔尼诺和拉尼娜现象，以及长期的温度和降水趋势。

气候变化监测的意义体现在对当前气候状况的了解。实时和近期的气象和气候数据为

我们提供了关于当下气候状况的详实信息。这包括温度、降水、风速等多个气象要素的监测。这些数据不仅为气象预测提供基础，还有助于我们认识到日常气候的变化和不规律性，为灾害管理、农业规划等提供参考。

气候变化监测在揭示未来气候趋势和预测方面具有重要意义。通过建立气候模型，科学家们能够对未来气候的可能发展趋势进行模拟和预测。这些模型基于历史数据和对影响气候的因素的理解，为我们提供了对不同气候变量（如温度、降水、海平面等）未来变化的预估。这对于制定应对气候变化的政策和准备未来挑战具有重要参考价值。

第四，气候变化监测在科学研究和认知气候系统的演变中发挥着不可替代的作用。通过对气候变化监测数据的分析，科学家们能够深入了解气候系统中各个组成部分之间的相互作用，从而更好地理解变化的根本原因。这有助于提高我们对气候变化机制的认识，为未来的研究提供基础。

气候变化监测对于社会的影响和适应至关重要。对气候变化的监测使我们能够更好地理解其对自然环境和社会经济的影响。这有助于预测气候变化可能引发的灾害，采取适当的措施进行风险管理。同时，监测还为社会提供了应对变化的信息，为制定可持续发展的政策和规划提供科学依据。

气候变化监测的背景和意义凸显了对气候系统长期演变过程的关注以及对未来气候变化的担忧。通过监测不同时间尺度上的气象和气候变化，我们能够更全面、深入地了解气候系统的特征和变化规律，为应对气候变化提供科学依据，促进可持续发展。

1. 气候变化研究的重要性

气候变化的研究对于我们理解和应对地球气候系统的变化具有至关重要的意义。气候变化直接关系到全球生态系统的平衡和稳定。地球气候系统的变化影响着海洋、陆地、大气等多个要素，对生物多样性、生态系统结构和功能等方面都产生深远影响。深入研究气候变化的机制和趋势，有助于更好地预测和理解生态系统的响应，为生态环境的保护和可持续利用提供科学依据。

气候变化对人类社会和经济系统也带来了巨大的挑战。气候变暖导致的极端天气事件频发，如热浪、暴雨、飓风等，对农业、城市基础设施、水资源等方面造成了影响。通过深入研究气候变化的规律，我们可以更好地了解各地区面临的气候风险，为制定适应性政策和灾害风险管理提供科学支持。

遥感数据在气候变化研究中扮演着重要的角色。遥感技术能够提供全球范围内高分辨率、多时相、多波段的地球观测数据，为科学家们提供了强大的工具来监测和分析气候变化的各个方面。

遥感数据可用于监测全球温度变化。卫星观测可以提供大范围、高时空分辨率的地表温度数据，帮助科学家们追踪全球气温的波动和趋势。通过对不同地区的温度变化进行监测，可以更全面地了解气候系统的整体变化情况。

遥感技术能够用于监测海洋温度和海平面上升。卫星遥感数据可以提供全球海温分布的信息，帮助科学家们研究海洋温度的变化趋势。同时，通过测量海平面高度，可以监测海平面上升的速度和幅度，为海洋与气候系统的相互关系提供重要数据。

遥感数据还可用于监测极地冰雪的变化。通过卫星观测，科学家们可以获取极地冰盖、冰川和海冰的面积、厚度等数据，帮助我们了解极地地区的冰雪融化速度和变化趋势。这对于预测全球海平面上升、洪水风险以及生态系统的变化都具有重要意义。

遥感技术还可用于监测陆地植被的变化。通过卫星遥感数据，科学家们可以获取全球范围内的植被覆盖、生长状况等信息，帮助我们了解气候变化对植被生态系统的影响。这对于研究碳循环、生态平衡以及影响农业产量的因素都具有重要价值。

气候变化研究的重要性在于为我们提供了认识和应对全球气候系统变化的科学基础。而遥感数据的应用则为气候变化监测和分析提供了全球范围内丰富而详细的信息，为科学家们深入研究气候变化的机制、趋势和影响提供了有力的支持。通过综合运用遥感技术和其他观测手段，我们可以更全面、更精准地理解和应对全球气候变化带来的复杂挑战。

2. 遥感数据在气候监测中的作用

遥感数据在气候监测中具有不可替代的作用。通过遥感技术获取的多源、多时相的地球观测数据，可以提供全球范围内的气候变化信息，为科学家、政策制定者和社会提供了重要的数据支持。以下将探讨遥感数据在气候变化监测与分析中的关键应用。

遥感数据在气候监测中的作用体现在对地表温度的监测与分析。通过卫星传感器获取的地表温度数据，能够提供全球范围内的温度分布情况。这种数据的时空分辨率高，覆盖范围广，使得科学家能够追踪地表温度的时空变化，揭示气候变化的趋势。通过对地表温度的监测，可以识别出地球不同地区的气温异常，从而更好地理解和应对气候变化对温度的影响。

遥感数据在监测气象要素中发挥了关键作用。卫星搭载的多光谱传感器可以获取大气中水汽含量、云量、气溶胶浓度等关键气象要素的信息。这些数据对于了解大气运动、云量变化和气候系统的变化至关重要。通过对气象要素的监测，科学家可以分析气候变化对气象系统的影响，为预测极端天气事件和制定应对措施提供科学依据。

遥感数据在监测海洋表面温度的变化中也发挥了重要作用。通过卫星观测海洋表面温度，科学家能够掌握全球海洋温度的分布情况。海洋表面温度的变化直接关系到气候系统的运行，对气候变化有着深远的影响。通过监测海洋表面温度的变化，可以更好地理解海洋热含量的分布，揭示海洋对气候变化的响应机制。

遥感数据在监测地表植被覆盖和植被生态系统的健康状况方面也发挥了关键作用。通过卫星搭载的植被指数等传感器获取的数据，可以实现对全球范围内植被生长状况的监测。植被的生长状况直接反映了气候条件的变化，对于评估气候变化对生态系统的影响至关重要。通过对植被覆盖和健康状况的监测，可以深入了解植被对气候变化的响应，从而更好地预测和评估生态系统的适应能力。

遥感数据在监测冰川、冰雪覆盖和海冰等极地要素的变化方面也发挥了重要作用。通过卫星获取的极地区域的地表特征信息，科学家能够了解冰川的融化速度、海冰的分布变化等情况。这对于评估气候变化对极地地区的影响以及全球海平面上升的潜在威胁具有重要意义。

遥感数据在气候变化监测与分析中具有广泛而深刻的应用。通过卫星观测获取的多维、多时相的数据，为科学家提供了全球范围内的全面观测，为深入理解气候系统的变化、制定应对气候变化的政策提供了科学依据。遥感技术的不断发展和数据的不断更新，将为未来更加精准、全面地监测气候变化提供更有力的支持。

（二）遥感数据在温度监测中的应用

遥感数据在温度监测中的应用是一项关键的科技手段，为气候变化监测与分析提供了重要的信息。通过卫星、飞机等遥感平台获取的数据，我们能够全面、高效地监测地表温度变化，深入理解气候系统的演变。

遥感数据在温度监测中的应用体现在其高时空分辨率上。卫星传感器能够提供全球范围内的地表温度数据，并以较短的时间间隔进行观测。这使得科学家能够追踪温度变化的细节，捕捉到局部和全球尺度上的变化趋势。通过对高分辨率的遥感数据的分析，我们能够更准确地判断地表温度的时空分布，发现热岛效应、气候异常等现象。

遥感数据在温度监测中的应用有助于研究气候系统中的温度变化与其他环境因素的关联。通过整合遥感数据和其他气象、地理等多源数据，科学家们可以进行更深入的研究，探讨温度变化与植被覆盖、土地利用等因素之间的关系。这有助于更全面地理解气候系统的复杂性，为制定气候变化应对策略提供更为精准的科学依据。

遥感数据在气候变化监测与分析中的应用体现在其多波段观测能力上。不同波段的遥感数据能够提供地表温度、大气温度等多个参数的信息。通过遥感技术获取的多光谱、高光谱数据，科学家们能够在温度监测的同时，获取更多有关地表、大气的物理特性信息。这种多参数的综合观测有助于更全面地了解气候变化的复杂过程。

遥感数据在温度监测中的应用也涉及对极端气候事件的监测。通过监测地表温度的时间序列数据，我们能够识别出一些异常事件，如极端高温、异常低温等。这对于及时发现气候系统中的变异和突变现象，为防范和减缓极端气候事件的影响提供了实时数据支持。

遥感数据在温度监测中的应用为气候模型验证提供了关键的信息。通过对遥感获取的地表温度数据与气候模型模拟结果的对比，科学家能够验证模型的准确性，提高模型对未来气候变化的预测精度。这种数据验证与模型优化的相互作用，为气候变化研究提供了更为可靠和准确的科学基础。

遥感数据在温度监测中的应用以其高时空分辨率、多波段观测、多参数综合等特点，为气候变化监测与分析提供了丰富的信息。通过这些遥感数据，我们能够更全面地认识地球表面温度的动态变化，深入了解气候系统中的复杂关系，为科学家、政策制定者提供了重要的依据，有助于更好地理解和应对气候变化的挑战。

二、遥感数据在气候变化影响评估与适应性管理中的应用

（一）遥感数据在气候变化影响评估与适应性管理中的应用

气候变化对全球环境带来的深刻影响迫使我们采取更有效的方法来评估这些变化并实施适应性管理。遥感数据作为一种强大的工具，为气候变化影响评估和适应性管理提供了全球性、实时性和多维度的信息。其应用在以下几个方面发挥着关键作用。

遥感数据在监测气候变化的影响方面发挥着至关重要的作用。通过卫星遥感技术，我们能够实时观测全球范围内的气象和气候变化，包括温度升高、极端天气事件频发、海平面上升等。这种实时监测的数据可以为科学家提供有关气候变化趋势的准确信息，为政府、企业和公众提供决策支持。

遥感数据在评估气候变化对自然资源的影响时具有独特优势。例如，通过监测陆地植被的覆盖面积、变化趋势以及水体的变化，我们可以了解气候变化对生态系统的影响，预测植被的生长状况和水资源的供应情况。这对于农业、水资源管理和生态环境保护都提供了有力的数据支持。

遥感数据在城市规划和基础设施管理中的应用也至关重要。随着气候变化导致极端天气事件的增加，城市面临的风险不断上升。通过遥感技术，我们可以监测城市的热岛效应、水体覆盖、土地利用等信息，为城市规划提供科学依据，减缓气候变化对城市基础设施的冲击，提高城市的适应性。

遥感数据还在海洋领域发挥着关键作用。通过卫星遥感，我们能够实时监测海洋温度、海洋酸化、海平面上升等参数，为海洋生态系统和渔业资源的管理提供准确的数据基础。这对于保护海洋生态平衡、预防海洋灾害以及合理利用海洋资源具有重要意义。

遥感数据还可用于评估极端天气事件对农业和食品安全的影响。通过监测作物生长状况、土壤湿度等信息，可以提前预警干旱、洪涝等灾害事件，为农业生产和食品供应提供科学依据。

遥感数据在气候变化影响评估和适应性管理中的应用是多方面的、全球性的。通过实时监测气候变化的影响，评估其对自然资源、城市、海洋和农业等方面的影响，遥感技术为制定科学的适应性管理策略提供了重要支持。其全球性的观测和多维度的信息使其成为深入理解气候变化影响的不可或缺的工具，为全球社会在适应气候变化的过程中提供准确、实用的数据支持。

1. 地表温度升高的影响评估

地表温度升高是气候变化的一个重要方面，其对生态系统、水资源、农业和人类社会产生了广泛而深刻的影响。遥感数据在气候变化影响评估与适应性管理中扮演着关键的角色，提供了全球范围内地表温度变化的全面观测，为科学家、政策制定者和社会提供了必要的数据支持。

遥感数据在监测城市热岛效应中的应用是至关重要的。城市热岛效应是由于城市化过程中大量的人类活动、建筑物和道路等热源导致城市地区相对于周围乡村地区温度升高的现象。卫星搭载的热红外传感器能够获取高时空分辨率的地表温度数据，揭示城市热岛效应的强度和空间分布。这对于城市规划和气候适应性管理提供了重要信息，有助于减缓城市热岛效应带来的负面影响，提高城市的气候适应性。

遥感数据在监测农田地表温度的变化中也发挥了关键作用。农业是地表温度升高影响最为显著的领域之一，直接关系到粮食产量和农田生态系统的健康。通过卫星获取的地表温度数据，可以揭示农田地表温度的时空分布，帮助农业决策者更好地了解气候变化对农业生产的影响。这种信息不仅有助于制定农业适应性策略，还能够提供农作物生长模型的参数，提高农业生产的效益。

遥感数据在监测生态系统的热应激和植被健康状况中也具有独特优势。植被对地表温度的响应是生态系统对气候变化适应性的关键指标之一。通过卫星搭载的植被指数等传感器获取的数据，可以实现全球范围内生态系统的热应激监测。这有助于科学家更好地理解植被对气候变化的响应机制，预测植被的生长状况，为生态系统的保护和管理提供科学依据。

遥感数据在监测冰川和高山地区的融化过程中也发挥了关键作用。全球气温上升导致冰川融化，通过卫星搭载的传感器获取的数据能够追踪冰川的面积变化和融化速度。这对于评估山地水资源的可持续性、预测洪水和制定水资源管理策略具有重要意义。通过监测高山地区的地表温度变化，可以更好地了解气候变化对这些脆弱地区的影响，推动适应性管理措施的实施。

遥感数据在监测海洋表面温度变化中也发挥了关键作用。海洋表面温度的升高直接影响海洋生态系统、鱼类分布和海洋气候系统。通过卫星获取的海洋表面温度数据，可以揭示全球海域的温度分布情况，有助于科学家更好地理解海洋对气候变化的响应，为海洋资源的合理利用和保护提供科学依据。

遥感数据在气候变化影响评估与适应性管理中的应用十分广泛。通过对地表温度升高的监测，科学家和决策者能够更好地了解气候变化对不同领域的影响，为制定有效的适应性管理措施提供科学依据。这为社会、经济和生态系统的可持续发展提供了重要支持，有助于更好地应对气候变化带来的挑战。

2. 降水模式变化的影响评估

降水模式的变化是气候系统中重要的一环，其影响评估对于了解气候变化的全貌以及制定适应性管理措施至关重要。在这一过程中，遥感数据发挥了关键作用，为气候变化影响评估和适应性管理提供了丰富的信息。

遥感数据在降水模式变化影响评估中的应用突显在其对降水量时空分布的全面监测上。卫星遥感能够提供高时空分辨率的降水监测数据，覆盖全球范围，使得我们能够深入了解降水的时空分布特征。通过这些数据，科学家能够捕捉到降水模式的变化趋势，发现降水量的增加、减少、分布格局的变异等现象，为降水模式变化的影响评估提供了直观的观测依据。

遥感数据在气候变化影响评估中的应用体现在对降水极端事件的监测上。降水极端事件，如暴雨、干旱等，对生态环境和社会经济产生巨大的影响。通过卫星和其他遥感平台获取的数据，我们能够更及时地监测到这些极端事件的发生和演变。这有助于科学家们更准确地评估降水模式变化对极端气象事件发生概率和强度的影响，为制定应对措施提供科学依据。

遥感数据在气候变化影响评估与适应性管理中的应用体现在对土地利用和植被覆盖变化的监测上。降水模式的变化会直接影响土地的水分状况，进而影响植被生长和土地利用。通过遥感技术，我们能够获取植被指数、土壤湿度等关键参数，从而了解植被覆盖和土地利用的变化情况。这为评估降水模式变化对生态系统和农业的影响提供了直观的数据支持，为适应性管理提供了信息基础。

遥感数据在气候变化影响评估中的应用还体现在对水资源变化的监测上。降水是地球水循环的关键环节，其模式变化直接影响水资源的可利用性。通过遥感数据获取水体面积、河流流量等信息，科学家们能够更全面地了解水资源的变化情况。这不仅为评估气候变化对水资源供需的影响提供了数据支持，同时也为水资源管理者制定更有效的管理策略提供了依据。

遥感数据在气候变化影响评估与适应性管理中的应用还涉及城市化对降水模式的影响。随着城市化的加速，城市热岛效应等因素可能导致城市内部的降水模式发生变化。通过遥感数据，我们能够观测到城市区域的温度、土地利用变化等情况，从而深入了解城市化对局部降水模式的影响。这为城市规划和管理提供了数据支持，有助于减缓城市化对水资源和生态环境的不利影响。

遥感数据在气候变化影响评估与适应性管理中的应用丰富而多样。通过全球、高时空分辨率的监测，遥感技术为科学家们提供了深入了解降水模式变化及其影响的工具。这些数据不仅为科学研究提供了基础，也为决策者制定可行的适应性管理措施提供了科学依据。

（二）气候变化适应性管理

气候变化适应性管理是一项复杂而紧迫的任务，而遥感数据在这一领域的应用为我们提供了强有力的工具来理解和应对气候变化的影响。遥感数据通过提供多维度、全球范围的信息，为气候变化适应性管理提供了全新的视角。

遥感数据在土地利用规划方面的应用是至关重要的。通过卫星遥感，我们能够监测土地覆盖和土地利用的变化，了解城市扩张、农业发展、森林变化等对自然资源的影响。这种信息为政府和规划者提供了有关气候变化适应性管理的基础数据，有助于优化土地利用结构，提高生态系统的适应性。

遥感数据在水资源管理中的应用为适应气候变化提供了有力支持。通过监测水体的变化、降水情况、土壤湿度等，我们能够更好地了解气候变化对水资源的影响。这有助于制定更加科学的水资源管理策略，提高水资源的可持续利用，降低干旱和洪涝事件对社会和生态系统的冲击。

在农业领域，遥感数据的应用同样至关重要。通过监测作物生长状况、土地利用、温度变化等信息，我们能够更好地了解气候变化对农业的影响。这有助于农民和政府制定适应性管理策略，提高农业生产的抗风险能力，确保食品安全。

遥感数据在城市规划和基础设施建设中的应用为城市适应气候变化提供了有益信息。通过监测城市热岛效应、绿地覆盖、海平面上升等，我们能够更好地了解气候变化对城市的影响。这为城市规划者提供了科学依据，有助于制定更加适应性的城市规划，减缓城市面临的气候风险。

遥感数据在海洋领域的应用同样具有重要意义。通过监测海洋温度、海洋酸化、海洋生态系统的变化等，我们能够更好地了解气候变化对海洋的影响。这有助于海洋资源的可持续管理，减缓气候变化对海洋生态系统的冲击。

遥感数据在自然灾害预警和响应方面的应用也为气候变化适应性管理提供了实质性帮助。通过监测极端天气事件、地质灾害等，我们能够提前预警自然灾害的发生，有助于采取紧急救援措施，减轻气候变化带来的灾害风险。

遥感数据在气候变化适应性管理中发挥着不可替代的作用。其全球性的观测和多维度的信息为我们提供了深入了解气候变化影响的手段，为政府、企业和社会提供了科学依据，有助于制定更加有效的适应性管理策略，提高社会和生态系统对气候变化的适应能力。

第三节　水资源适应性管理与气候预测

一、水资源适应性管理

（一）水资源适应性管理的背景与必要性

水资源适应性管理是对日益变化的气候和环境条件做出有效响应的一种战略性管理方式。其背景和必要性根植于全球范围内水资源面临的巨大压力和不确定性。

全球气候变化是水资源适应性管理的主要背景之一。气候变化导致了极端天气事件的频发和气温、降水等气象要素的变化，直接影响水资源的分布和可利用性。一些地区面临更频繁和更强烈的干旱，导致水资源短缺；极端降雨事件可能引发洪涝，对水资源管理提出了新的挑战。因此，面对气候变化，水资源适应性管理成为确保水资源供应和保护水资源生态系统的迫切需要。

人口增长和城市化加速使得对水资源的需求不断增加。随着城市化进程的推进，工业、农业和居民用水的需求急剧上升，对水资源提出了更高的要求。在这种情况下，传统的水资源管理模式已经难以满足快速增长的需求，因此需要一种更加灵活和适应性强的管理方式，以保障水资源的可持续供应。

土地利用变化和生态系统的退化对水资源的影响日益凸显。大规模的城市化和农业发展改变了自然水文过程，导致土地表面径流增加和地下水补给减少。生态系统的退化则使得水资源生态系统无法提供足够的服务，例如水源涵养、水质净化等。为了保持水资源生态系统的健康，需要实施适应性管理措施，以减缓生态系统的退化并提高其对气候变化的适应能力。

国际的水资源不均衡和跨境水资源管理问题也加大了适应性管理的必要性。一些地区因地理位置、气候等原因面临水资源短缺，而其他地区则相对富裕。跨境水资源管理涉及国家间的协作和合作，需要制定合理的政策和管理措施，以确保水资源的公平分配和可持续利用。适应性管理可以为解决这些国际性的水资源挑战提供战略性的支持。

综合考虑，水资源适应性管理的背景和必要性主要源于气候变化、人口增长、城市化、土地利用变化、生态系统退化和国际水资源不均衡等多方面的压力。面对这些挑战，传统的水资源管理方式已经显得不够灵活和有效。适应性管理通过更加综合、灵活的方式，可以更好地应对水资源面临的多样化和复杂化的问题。因此，水资源适应性管理不仅是一种迫切需要，也是未来水资源可持续管理的重要方向。

1. 全球气候变化对水资源的影响

全球气候变化对水资源的影响已成为当前全球环境领域的一个重要课题。气候变化引发了温度升高、极端气候事件频发等问题，进而对水资源的分布、可利用性以及水文循环等方面产生深远的影响。在这一背景下，水资源适应性管理成为刻不容缓的任务。

全球气候变化导致了地球温度的升高，影响了水资源的分布和蒸发蒸腾过程。气温上升使得冰雪融化速度加快，进而影响了一些地区的淡水补给。同时，气温升高也导致水体蒸发速率的增加，减少了地表水体的存水量。这使得水资源在空间和时间上发生变化，对水资源的管理提出更高的要求。

全球气候变化引发了极端气候事件的频繁发生，如持续干旱、强降雨等。这些极端气候事件对水资源的影响显著。干旱使得水源减少，水库、河流水位降低，影响农业灌溉和城市供水。而强降雨则可能导致洪涝，使得水资源的分布不均，加大了水灾风险。这种极端气候事件的发生不仅对水资源的可利用性产生直接的影响，同时也对水资源管理提出更高的适应性需求。

全球气候变化对水文循环产生了重要的影响。气候变化导致降水模式的改变，使得一些地区可能经历更加频繁和严重的干旱，而另一些地区则可能面临更加强烈的降雨。这使得水资源的分布和供给变得不均衡，一些地区可能长期面临水资源短缺，而另一些地区则可能遭受洪涝灾害。这对水资源管理提出更高的灵活性和科学性要求。

全球气候变化对冰川和雪峰的影响也是水资源管理面临的挑战之一。随着气温升高，全球范围内的冰川和雪峰融化加速，直接影响了一些地区的淡水资源供应。冰川的减少对于山地和平原地区的水资源供应产生了直接而严重的影响，使得河流流量不稳定，水资源管理更为困难。

全球气候变化对水资源的影响主要表现在温度升高、极端气候事件频发、降水模式的变化以及冰川融化等多个方面。这使得水资源的分布、可利用性和管理面临着严峻的挑战。因此，水资源适应性管理变得尤为迫切和必要。适应性管理需要借助科技手段，通过建立先进的水资源监测系统，实时获取水资源的状态和变化信息。同时，需要加强国际合作，共同制定水资源管理的标准和政策，实现跨区域、跨国家的水资源优化配置。适应性管理还需要充分发挥社会力量的作用，推动水资源的合理利用和保护，促进可持续的水资源管理方式的推广。只有通过综合而有力的适应性管理，我们才能更好地面对全球气候变化带来的水资源挑战，确保水资源的可持续利用。

2. 水资源适应性管理的定义

水资源适应性管理是一种应对变化和不确定性的战略性方法，旨在确保水资源的可持续利用和保护。这一管理理念的核心在于对气候变化、人口增长、环境变化等多种影响因素的高度敏感，并通过科学的、系统性的手段来调整和提高水资源系统的弹性，以适应不断变化的环境和社会背景。

水资源适应性管理强调对气候变化的深刻理解。这包括对降水模式、温度变化、极端天气事件频率和强度等方面的准确监测和分析。通过对气候系统的深入研究，水资源管理者能够更好地预测未来可能出现的干旱、洪涝等极端气候事件，从而更有针对性地制定适应性管理策略。

水资源适应性管理注重对人类活动的影响的全面认识。随着人口的增长、城市化的加速和工业化的推进，水资源的需求不断增加，同时水质面临更大的压力。适应性管理需要深入了解不同行业、城市和农村对水资源的使用情况，以便在不同需求之间找到平衡，并为各个领域提供可持续的水资源支持。

水资源适应性管理注重对生态系统的保护。生态系统对水资源的质量和供应有着直接影响，而人类的活动常常对生态系统造成破坏。适应性管理需要关注湿地、河流、湖泊等生态系统的健康状况，保护生态系统的完整性，以确保其在水资源循环中发挥良好的调节和保护作用。

水资源适应性管理需要在制定政策和措施时充分考虑社会经济因素。这包括了解不同社会群体的需求、资源分配的公平性、以及水资源管理对社会稳定和经济发展的影响。适应性管理的目标是实现社会的可持续发展，因此需要在决策中平衡不同利益，并确保水资源的合理利用。

在实施水资源适应性管理时，技术创新和科学研究是不可或缺的。新兴的技术，如远程 sensing、大数据分析、智能水务系统等，能够提供更准确、实时的水资源信息，为适应性管理提供更精细的数据支持。同时，科学研究能够深入探讨水循环、地下水补给、生态系统的互动等复杂问题，为适应性管理提供更深刻的理论基础。

水资源适应性管理需要强调国际合作。水资源往往跨越国界，而气候变化和环境变化也是全球性的问题。只有通过国际合作，才能更好地应对全球范围内的水资源挑战。这包括共享数据、共同研究气候模型、推动全球水资源治理等方面的合作，以实现更加可持续和适应性的水资源管理。

水资源适应性管理是一项全面、系统的工程，它要求我们全面了解气候、人类活动、生态系统的互动，通过科学手段提高水资源系统的弹性，确保水资源的可持续利用和保护。这需要全社会的参与，政府、企业、科研机构和公众都有责任为实现水资源适应性管理的目标共同努力。

（二）水资源适应性管理的原则与策略

水资源适应性管理的核心在于制定科学合理、可操作的原则与策略，以应对气候变化、人类活动和其他环境变化对水资源系统的影响。以下是关于水资源适应性管理的原则与策略的深入探讨。

首要原则是全面性。水资源适应性管理应该全面考虑气候变化、人类活动和生态系统的影响。这需要深入了解不同因素之间的相互关系，以及它们对水资源的综合影响。管理策略应该是综合性的，包括气候适应、社会适应、生态适应等多个层面，确保水资源系统能够在多方面应对不确定性。

第二原则是可持续性。水资源适应性管理需要以可持续发展为目标，确保当前的水资源利用不影响未来的供应。管理策略应该以维持水资源的生态平衡和社会经济平衡为出发点，确保水资源的长期可利用性。

其次是灵活性。考虑到环境和社会变化的不确定性，水资源适应性管理需要具有一定的灵活性。策略应该能够根据变化的情况进行调整和优化，确保水资源系统能够适应不断变化的环境条件。这可能包括调整水资源利用的方式、改进管理政策以及提高适应性的技术手段。

第四原则是多元化。水资源适应性管理需要采用多元化的手段来解决问题。这包括多元化的水资源利用方式、多元化的管理政策和多元化的技术手段。通过多元化的方式，可以降低对单一因素的依赖性，提高水资源系统对多样性压力的适应性。

另一个重要原则是公平性。水资源适应性管理应该考虑到社会的公平和公正。这包括对不同社会群体的需求和权益进行平衡考虑，确保水资源的利用不会对弱势群体造成过度影响。公平性也涉及资源的分配和利益的协调，确保整个社会都能够从水资源适应性管理中受益。

最后是参与性。水资源适应性管理需要广泛的社会参与，包括政府、企业、科研机构和公众。通过多方参与，可以汇聚更多的智慧和资源，制定更为全面和可行的管理策略。参与性也有助于增强社会对管理决策的认同和接受度。

在具体的策略上，一项关键的策略是建立健全的水资源监测体系。这需要通过现代技术手段，如遥感技术、传感器网络等，实时监测水资源的量和质，为管理者提供准确的数据基础。制定并实施水资源管理政策和法规也是重要的策略。这包括对水资源的合理分配、排放的控制、生态系统的保护等方面的政策措施，以保障水资源的可持续利用。技术创新和研究也是关键策略，通过引入新技术、新理念，提高水资源的利用效率和管理水平。

水资源适应性管理需要在全面性、可持续性、灵活性、多元化、公平性和参与性等原则的指导下，通过建立监测体系、制定政策法规、推动技术创新等多方面的策略来应对气候变化、人类活动和其他环境变化对水资源系统的影响。这样的管理体系才能够更好地保障水资源的可持续利用，提高水资源系统对外部压力的适应性。

二、气候预测与水资源管理

（一）气候预测的基本原理与方法

气候预测是基于对大气、海洋和陆地系统的动力学和热力学过程的理解，通过数值模型模拟系统演变，提前预测气候变化趋势和极端气象事件的科学方法。其基本原理和方法体现了对自然界复杂性的深刻认识。

气候预测的基本原理在于对大气和海洋的观测数据的分析与解释。通过对气温、气压、风速、湿度、海温等气象和海洋观测数据的收集，科学家能够获取地球系统的当前状态。这些观测数据构成了气候预测的起点，为模型建立提供了真实可靠的初始条件。通过对这些数据进行分析，科学家可以了解当前大气和海洋的状态，并推断气候系统的运行规律。

气候预测的基本原理包括了对大气和海洋物理过程的数学建模。数值模型是气候预测的核心工具之一，通过对大气和海洋的物理方程进行数值求解，模拟大气和海洋系统的演变。这些模型考虑了大气运动、辐射传输、湿气输送、海洋流动等多种因素，以及它们之间的相互作用。这样的模型能够在计算机中重现真实系统的行为，从而为未来一段时间内气象和气候的变化提供预测基础。

气候预测方法中，动力—统计耦合是一种重要的手段。动力学模型主要关注系统内部的物理过程，而统计模型则通过对历史观测数据的统计分析，寻找变量之间的关系。动力—统计耦合将两者结合，既考虑了系统的动力学演变，又充分利用了统计关系。这种耦合方法能够更好地克服模型不确定性和数据不足的问题，提高气候预测的准确性。

气候预测还依赖于对季节气候预测和长期气候预测的不同方法。季节气候预测通常采用大气–海洋耦合模式，通过对太平洋和大西洋海温的监测与模拟，预测未来数月内的气候趋势。而长期气候预测则主要依赖于全球气候系统模型，通过模拟数十年甚至上百年的气候变化，对未来几十年的气候趋势进行推测。

观测系统的不断发展也为气候预测提供了更为精确的输入。现代气象卫星、雷达、浮标等高精度观测设备的广泛应用，提供了大量高质量的观测数据。这使得气候模型的初值设定更为准确，从而提高了气候预测的可信度。

气候预测的基本原理和方法通过观测、数学建模、动力—统计耦合和不同时间尺度的预测手段相互结合，以全面理解地球系统的复杂性。气候预测的发展不仅推动了气象科学的进步，也为社会、经济和生态系统提供了重要的信息，帮助人们更好地应对气候变化的影响。

1. 大气环流模式

大气环流模式气候预测的基本原理和方法主要涉及数学建模、物理参数化和计算机模拟等多个领域。这种气候预测方法依赖于对大气系统动力学和热力学过程的深刻理解，通过数值模拟来模拟气候系统在时间和空间上的演变。以下是关于大气环流模式气候预测基本原理和方法的详细论述。

大气环流模式的基本原理建立在对大气动力学的深入理解上。大气环流模式利用质量、动量和能量守恒方程等物理定律来描述大气中气体的运动和相互作用。这些方程被转化为数学形式，并通过差分方法离散化，从而形成了数学模型。这些模型考虑了地球自转、大气的层次结构、气体的热力学性质等因素，为模拟气候系统的动力学行为提供了理论基础。

大气环流模式中采用了物理参数化的方法。由于气候系统的尺度和复杂性，无法直接模拟所有细小尺度的过程。因此，一些小尺度的物理过程，如云的形成、辐射传输等，被整合进参数化方案中。这些参数化方案是通过实验观测和理论模型得出的，使得大气环流模式能够更好地模拟真实的气候系统行为。

大气环流模式中运用了数值计算技术。通过将大气动力学和热力学方程转化为数学形式，使用计算机进行模拟和求解，从而实现对气候系统的数值模拟。这涉及将地球的表面划分为格点，并在每个格点上计算气体的状态和运动。数值计算技术的引入使得大气环流模式能够处理大规模的数据和复杂的数学运算，提高了气候预测的精度和可靠性。

大气环流模式中还考虑了初值和边界条件的重要性。气候系统是一个复杂的非线性系统，对初值敏感，即初始状态的微小差异可能会导致数值模拟结果的显著差异。因此，为了提高气候预测的准确性，需要在数值模拟开始时提供准确的初始状态。同时，边界条件的设定也影响模拟结果，因此需要仔细考虑大气模式和其他地球系统组件之间的相互作用。

大气环流模式的气候预测基于对大气动力学和热力学过程的深刻理解，利用数学建模、物理参数化和数值计算等方法，对气候系统进行复杂而全面的模拟。这种模拟方法为我们提供了一种理解气候变化、进行长期气候预测的重要手段，为应对气候变化提供了科学依据。

2. 数值天气预报与气候模式

数值天气预报和气候模式气候预测是两种不同的气象科学方法，它们分别应用于短期和长期天气预测。这两种方法基于不同的原理和方法进行气象信息的推测和模拟。

数值天气预报依赖于数学模型和计算机模拟，其基本原理是利用大气和海洋的数学方程式来模拟和预测未来一段时间内的天气变化。这种模型基于大气物理学和动力学的原理，通过将大气划分为小区域，并在每个区域内解决一组方程，以模拟大气中的运动和能量交换。模型还考虑到地表和大气层中的各种因素，如温度、湿度、气压等。计算机根据初始条件和模型方程，运行数值模拟来预测未来数小时或数天内的天气情况。这种预报方法的准确性受到模型的复杂性、初始观测数据的质量以及计算资源的限制等因素的影响。

相比之下，气候模式气候预测是基于长时间尺度的气象变化进行的。气候模式使用的原理是基于气象系统长时间内的统计学规律。这种模型关注气象系统中的长期趋势，如季风、年际气候变化等。模型的输入包括历史气象观测数据和各种气象影响因素，例如太阳辐射、海温、大气成分等。气候模式利用这些输入信息，通过复杂的统计分析和模拟方法，来预测未来几个月到几十年内的气候变化。这种方法的挑战在于模拟气候系统中的复杂相互作用，包括大气、海洋、陆地和冰雪覆盖等多个要素。

数值天气预报和气候模式气候预测之间的主要区别在于时间尺度和预测目标。数值天气预报侧重于短时间内的气象变化，其预测范围通常为数小时到数天。气候模式气候预测则更注重长时间尺度，其预测范围可以覆盖几个月到几十年。因此，数值天气预报更关注瞬时的、具体的天气状况，而气候模式更关注气候系统的长期演变趋势。

这两种方法的有效性取决于模型的精度、输入数据的准确性以及科学家对气象系统和气象变化的理解。随着计算机技术和观测技术的不断进步，数值天气预报和气候模式气候预测都取得了显著的进展，为提高气象预测的准确性和可靠性提供了更好的工具和方法。

（二）长期气候预测与水资源规划

长期气候预测对水资源规划具有深远的影响。水资源是社会发展和生态平衡的关键组成部分，而气候的变化直接影响水资源的分布和可利用性。因此，长期气候预测为水资源规划提供了重要的参考和指导，使其更为科学、灵活和适应未来气候条件的需求。

长期气候预测为水资源规划提供了更为准确的水文信息。通过对未来数十年甚至上百年的气候变化趋势进行模拟和预测，可以获得对未来降水、蒸发、温度等水文要素的估计。这些信息为水资源规划者提供了更为全面和长远的数据支持，有助于制定更为合理的水资源利用计划和管理策略。

长期气候预测有助于评估水资源的可持续性。通过模拟未来气候条件下的水文循环和水资源变化，可以更好地了解水资源的供需状况。这有助于规划者更全面地考虑未来水资源的可用性，预测可能出现的水资源短缺情况，从而制定相应的调控和管理措施，确保水资源的可持续利用。

长期气候预测对于水灾害风险的评估也具有重要意义。随着气候变化，极端降雨、洪涝等水灾事件可能发生的频率和强度也会发生变化。通过长期气候预测，可以更好地了解未来水灾害的潜在风险，并在水资源规划中考虑这些风险因素。这有助于规划者采取有效的防洪和减灾措施，减少水灾害对水资源系统的不利影响。

长期气候预测为水资源规划提供了对生态系统影响的深入洞察。气候变化对生态系统的影响直接关系到水资源的生态可持续性。通过预测未来气候条件下生态系统的变化，规划者可以更好地理解水资源与生态系统之间的关系，制定可持续发展的水资源管理方案，促进水资源和生态系统的协调发展。

长期气候预测还能为水资源规划提供对气候变化适应性的指导。在气候变化的背景下，水资源规划需要更具弹性，能够适应未来的不确定性和变化。通过长期气候预测，规划者可以更好地预见未来气候条件下水资源系统可能面临的挑战，有针对性地调整规划策略，提高水资源系统对气候变化的适应性。

长期气候预测为水资源规划提供了更为全面、长远的信息支持，使规划更具科学性和可持续性。在不断变化的气候条件下，充分利用长期气候预测的结果，可帮助规划者更好地应对未来的挑战，确保水资源的可持续供应，同时促进社会、经济和生态系统的协调发展。

第四节　气候变化与水资源管理政策

一、气候变化对水资源的影响

（一）全球气候变化的背景

全球气候变化是近几十年来科学界和社会关注的焦点之一，其背景包括自然和人为因素的复杂相互作用。自然因素是导致全球气候变化的重要原因之一。地球的气候一直在经历长期的自然变化，这些变化包括但不限于太阳辐射的变化、地球轨道的周期性变动以及火山活动等。这些自然因素在地质时间尺度上对气候产生了显著的影响，形成了气候系统的自然变化规律。

人为因素也在全球气候变化中发挥了越来越重要的作用。工业化、城市化和能源消耗的增加导致大气中温室气体的排放大幅增加，其中二氧化碳、甲烷、氮氧化物等温室气体是主要的排放物。这些温室气体能够吸收和重新辐射地球表面的红外辐射，形成温室效应，导致地球表面温度升高。工业革命以来，人类活动的不断发展已经改变了大气成分，对全球气候产生了显著的影响。

陆地利用变化是全球气候变化的另一重要驱动因素。随着城市化、农业发展和森林砍伐等人类活动的不断进行，地表覆盖发生了显著的改变。这种改变不仅影响了地表的能量平衡，也影响了水分的蒸发和地表温度。例如，城市热岛效应导致城市地区的温度升高，改变了局部气候。森林砍伐和土地开垦等活动也对地球的生态系统和气候产生了深远的影响。

全球气候变化还与海洋的变化密切相关。海洋对气候变化有着重要的调节作用，通过吸收和释放热量，影响着全球气温和降水模式。海洋中的温度和盐度的变化也会导致海平面上升，威胁沿海地区。大气和海洋之间的相互作用形成了复杂的气候系统，其中包括厄尔尼诺–拉尼娜事件等现象，对全球气候产生了重要影响。

全球气候变化的背景中，科学研究和观测的进步也发挥了关键作用。现代气象学、气候学和地球科学的发展使得我们能够更深入地理解气候系统的复杂性，通过先进的气象卫星、观测站点和模拟模型，获得了大量的气候数据。这些数据为我们提供了对气候变化趋势、模式和影响的深入认识，为制定全球气候变化应对策略提供了科学基础。

全球气候变化的背景是一个复杂的系统，包括自然和人为因素的多方面影响。地球气候系统的自然变化、人类活动导致的温室气体排放、陆地利用变化以及海洋的作用，共同塑造了当今全球气候的格局。科学的发展和观测技术的进步为我们提供了更全面、深刻的认识，为制定应对全球气候变化的战略提供了有力的支持。

1. 温室气体排放与全球气温升高

温室气体排放是导致全球气温升高的主要原因之一。温室气体，如二氧化碳（CO_2）、甲烷（CH_4）、氧化亚氮（N_2O）等，通过人类活动，如燃烧化石燃料、森林砍伐和工业过程，被释放到大气中。这些气体形成了一个类似温室的效应，吸收和重新辐射地球表面的长波辐射，导致地球温度升高。温室气体排放的增加是气候变化的主要推动力之一，对水资源产生了深远的影响。

气候变化导致了降水模式的变化。随着全球气温升高，大气中的水蒸气含量增加，引发了降水模式的变化。一些地区可能经历更频繁和更强烈的降雨，导致洪涝和泥石流等水灾。而其他地区可能经历更加严重的干旱，水资源短缺问题日益凸显。这种变化对农业、城市供水和生态系统的水资源需求都带来了巨大的挑战。

气候变化对水体温度和水质产生了直接的影响。气温升高导致湖泊、河流和海洋的水温上升，改变了水体生态系统的结构和功能。温暖的水体条件可能导致藻类爆发、氧气含量下降，从而影响水生生物的生存。气候变化还可能改变降水模式，进而影响水体的输入和输出，对水质产生复杂的影响，如营养盐的流失、水体酸化等。

冰雪融化是气候变化对水资源的另一个重要影响。全球气温升高导致极地和高山地区的冰川融化，以及北极和南极的海冰减少。这些变化导致了海平面上升，威胁沿海地区的淡水资源和生态系统。融化的冰川和雪水对下游河流的径流量产生直接影响，从而影响了河流流域的水资源分配和管理。

气候变化也影响了地下水资源的分布和可利用性。全球变暖可能导致蒸发增加，土壤湿度下降，从而减少地下水的补给。这对于依赖地下水的农业、城市供水系统和生态系统都构成了威胁。气候变化引起的极端气候事件，如长时间的干旱，更加剧了地下水资源的紧张局势。

海平面上升对沿海地区的水资源管理构成了巨大的挑战。全球气温升高导致冰川融化和海水膨胀，进而引起海平面上升。这对于低洼沿海地区，尤其是岛屿国家，可能导致淡水资源的盐水入侵，破坏沿海生态系统，影响社会和经济的可持续发展。

温室气体排放导致的全球气温升高是气候变化的主要推动因素之一，对水资源产生了广泛而深远的影响。这一影响体现在降水模式的变化、水体温度和水质的变化、冰雪融化对河流和海洋的影响、地下水资源的可利用性减少，以及海平面上升对沿海地区的影响。有效应对这些挑战需要全球合作，采取综合的水资源管理策略，促进可持续发展，减缓气候变化的影响。

2. 极端天气事件的增多

气候变化带来的极端天气事件的增多对水资源产生了深远而复杂的影响。这些极端天气事件包括但不限于极端降雨、干旱、洪水和飓风等，不仅改变了水资源的时空分布，也对水资源的可持续利用和生态平衡提出了新的挑战。

气候变化导致的极端降雨事件对水资源的影响不可忽视。气温升高引发了大气水汽含量的增加，加剧了极端降雨的发生频率和强度。大规模的降雨不仅可能导致洪涝灾害，还可能影响土壤的渗透性，增加地表径流，降低水资源的有效补给。极端降雨事件的增多意味着水资源的分布变得更加不均匀，需要更加精细的管理和调控措施来适应这种新的气候条件。

干旱是另一种常见的极端天气事件，其频率和严重程度也受到气候变化的影响。气温升高和降雨不均匀分布使得一些地区更容易受到干旱的影响。长期干旱不仅直接影响水资源的可用性，还可能导致地下水位下降、湖泊和河流水位下降，进而影响水体的生态平衡。干旱还会对农业和生态系统产生严重的影响，威胁着整个社会的可持续发展。

气候变化引起的极端天气事件还可能导致洪水的发生。极端降雨、融雪和飓风等因素都可能导致河流水位急剧上升，引发洪水。洪水不仅对人类社会造成直接威胁，还可能导致土壤侵蚀、水土流失，对水资源的可持续利用造成潜在的长期影响。因此，规划和实施有效的防洪和减灾措施成为保护水资源和社会稳定的重要手段。

海平面上升是气候变化带来的另一个极端天气事件的结果，直接威胁沿海地区的水资源。海平面上升不仅导致盐水渗入淡水水源，影响供水质量，还会增加沿海地区的洪涝风险。沿海地区的淡水资源受到双重威胁，需要更加紧急和有效的管理措施来维持水资源的可持续利用。

气候变化引起的生态系统变化也对水资源产生了影响。极端天气事件可能破坏生态系统的平衡，影响湿地、森林和其他生态系统对水资源的调节作用。这对水资源的生态可持续性和水质保护提出了新的挑战，要求采取综合的生态保护和恢复措施，以维护水资源的健康状态。

气候变化带来的极端天气事件的增多直接影响了水资源的分布、可用性和生态平衡。规划和管理者需要在适应新的气候条件的同时，采取有效的应对措施，保障水资源的可持续供应，确保社会、经济和生态系统的稳定发展。

（二）气候变化对水资源的直接影响

气候变化对水资源的直接影响体现在降水量、蒸发蒸腾、水文循环等方面的变化。全球气温的升高导致了水循环的加速。随着气温升高，水分蒸发速率增加，形成了更强烈的水汽。这导致了大气中水汽含量的增加，从而引发了更频繁和更强烈的降水事件。这一变化使得降水模式发生了显著的变化，一些地区可能面临更加持续的暴雨，而另一些地区则可能遭受更加频繁的干旱。

气候变化导致了降水量的不均匀分布。一些地区可能经历降水减少的情况，形成干旱区域。干旱的发生使得土壤水分减少，水资源供应不足，对农业和生态系统带来了直接的压力。同时，其他地区可能经历降水增加的情况，导致洪涝等灾害频发。这种不均匀的降水分布使得水资源在空间上产生了巨大的变化，对不同地区的水资源管理提出了新的挑战。

气候变化对雪冰的影响也直接影响了水资源的供应。随着全球气温的升高，雪线上升，雪冰覆盖的面积和体积减少。这导致了雪水资源的减少，尤其是在一些山区和寒冷地区。雪水融化是一些地区主要的水源，对农业、城市供水等起到至关重要的作用。然而，由于气候变化导致的雪冰减少，这些地区可能面临着水资源不足的威胁。

气候变化还直接影响了水体温度的变化。全球气温升高导致水体温度上升，这对水生生物和水体生态系统产生了直接的影响。一些鱼类和水生生物对水温敏感，水温升高可能导致它们的栖息地减少，生态系统的平衡被打破。这不仅对渔业产生了直接影响，也影响了水域生态系统的健康和功能。

气候变化直接影响了地下水资源。随着气温的升高和降水模式的变化，土壤中的含水量和地下水位可能发生变化。气候变化导致的更频繁的干旱事件使得土壤水分蒸发增加，地下水补给减少，对地下水资源的可持续利用构成了威胁。这对于一些依赖地下水的地区，尤其是干旱地区，可能导致水资源的枯竭和供水问题。

气候变化对水资源的直接影响主要体现在降水模式、降水量、雪冰融化、水体温度和地下水等多个方面。这些变化使得水资源的分布、可利用性和稳定性发生了明显的变化，对不同地区的水资源管理和生态系统产生了直接的影响。因此，理解和应对气候变化对水资源的直接影响，是确保水资源可持续利用的重要课题。

二、水资源管理政策应对气候变化的挑战

（一）水资源管理政策的调整与创新

水资源管理政策的调整与创新是为了适应不断变化的环境和社会需求，确保水资源的可持续利用。这一调整和创新的过程需要从多个方面入手，以构建更为灵活、高效的水资源管理体系。

政策调整需要基于科学研究和数据支持。通过加强水文水资源调查和监测，政策制定者能够更全面地了解水资源的分布、质量和利用情况。科学研究可以提供对水循环、气象

因素、人类活动等影响因素的深刻理解，为政策调整提供科学依据。

政策调整需要关注社会经济变化。随着城市化的加速、人口的增长以及经济结构的调整，对水资源的需求也在不断变化。政策制定者需要认真研究和理解不同行业、城市和农村对水资源的需求差异，以便制定更符合实际情况的管理政策。

政策调整需要强调生态系统保护。生态系统对于水资源的保护和维持具有重要作用。政策制定者需要制定并实施生态保护政策，包括湿地保护、水域生态系统保护等，以确保生态系统的健康状态，维护水资源的生态平衡。

政策创新需要推动水资源的多元化利用。传统上，水资源主要用于农业灌溉和城市供水，但随着新兴产业和技术的发展，水资源的利用方式也在不断变化。政策制定者需要鼓励和引导新技术的应用，推动水资源在不同领域的多元化利用，以提高水资源的利用效率。

政策调整需要注重公平和社会参与。水资源是公共资源，其利用和管理应该考虑到社会各个阶层的需求。政策制定者需要制定公平的水资源分配政策，确保水资源的合理利用，并通过社会参与的方式，让公众更好地参与水资源管理的决策过程。

另一个重要的方向是政策调整需要强调国际合作。水资源问题往往跨越国界，而且不同地区的水资源状况存在着相互关联的影响。政策制定者需要促进国际合作，共享经验、技术和资源，共同应对全球范围内的水资源挑战。这包括制定跨国流域的水资源管理政策、共同应对气候变化等。

政策调整需要关注技术创新。新技术的应用可以提高水资源的监测和管理效率。政策制定者需要鼓励并支持科技创新，推动新技术在水资源领域的应用，包括遥感技术、大数据分析、智能水务系统等，以提高水资源的监测和管理水平。

水资源管理政策的调整与创新是一个综合性、系统性的过程。需要基于科学研究和数据支持，关注社会经济变化，强调生态系统保护，推动水资源的多元化利用，注重公平和社会参与，强调国际合作，关注技术创新。通过这些努力，可以构建更为灵活、高效的水资源管理体系，确保水资源的可持续利用和保护。

1. 强化水资源调度与分配

水资源调度与分配是确保水资源合理利用的核心环节。强化水资源调度和分配需要政策的调整与创新，以适应不断变化的社会需求、经济发展和气候条件。

政策的调整需要更加灵活的水权制度。传统的水权制度可能过于僵化，无法有效适应水资源变化和不断发展的社会需求。因此，需要建立更加灵活、有弹性的水权制度，以便更好地满足不同用户和行业的需求。这包括在水权交易和转让方面提供更大的自主权，使水资源能够在不同用途之间更灵活地流动，以适应变化的社会和经济环境。

创新水资源价格机制是政策调整的重要方向之一。通过创新水资源价格机制，可以更好地反映水资源的稀缺性和价值，推动用户更加理性地利用水资源。引入差别定价机制，根据用水性质、地区、季节等因素进行合理定价，可以激发用户对节水技术的应用和水资源的高效利用。同时，还可以通过奖励机制鼓励水资源的合理分配和节约使用，推动社会形成对水资源的可持续管理观念。

政策调整需要关注水资源调度的全局性和跨界性。水资源不受地域限制，而现有的管理政策往往过于局部化。因此，需要加强不同地区、行业之间的合作与协调，形成全局性的水资源调度和分配策略。这包括建立跨区域水资源调度机制、共享水资源信息平台，以实现水资源的更公平、高效分配。

在水资源调度方面，政策创新还应强调生态保护。传统的水资源管理往往将水资源仅仅看作是人类的经济资源，忽视了水对生态系统的重要性。新的政策应强调生态优先原则，保护水体生态系统，确保水资源的可持续利用。这可能包括建立生态用水权制度、制定严格的水质标准以及推动湿地恢复等措施，以促进水资源与生态系统的协同发展。

政策调整还需要强调社会参与与民主决策。水资源调度和分配决策应该更广泛地纳入公众参与，倾听各方意见，形成多元共治的机制。通过设立水资源决策参与平台、组织公众听证会等方式，可以增加公众对水资源管理决策的满意度，减少潜在的社会抵制，从而更好地推动水资源管理的可持续发展。

政策调整还需注重技术创新。新的水资源管理政策应该更加注重科技的应用，提高水资源调度和分配的效率。这包括引入先进的水资源监测技术、数据分析技术，以更准确地了解水资源的时空分布和变化趋势。同时，也需要推动水资源科技创新，提高水资源的开发利用效率，降低水资源的浪费。

强化水资源调度与分配需要政策的调整与创新。通过更加灵活的水权制度、创新的水资源价格机制、全局性和跨界性的调度策略、生态优先原则、社会参与与民主决策、以及技术创新等多方面的政策调整与创新，才能更好地应对不断变化的社会、经济和气候环境，确保水资源的合理利用和可持续发展。

2. 创新水资源管理机制

水资源管理是一个与人类生存和社会经济发展密切相关的重要领域。在面对日益严峻的水资源挑战和变化的社会背景下，创新水资源管理机制以及调整水资源管理政策变得尤为紧迫。这一创新的过程涉及多个方面，包括法律制度、技术手段、社会参与等多个层面。

创新水资源管理机制需要建立健全的法律和政策框架。在当前社会背景下，水资源面临着日益增加的需求和日益减少的供给，因此，需要通过制定合理的法规和政策，确保水资源的可持续利用。这包括对水资源的权属、利用、保护等方面的法律规范，以及对违规行为的处罚机制。通过法律的约束和引导，可以推动社会各方形成共识，共同参与水资源的保护和管理。

技术手段的创新对于水资源管理至关重要。随着科技的进步，各种先进的技术手段可以被应用于水资源的监测、分析和管理。例如，远程传感器、遥感技术、大数据分析等技术可以提供实时的水资源信息，帮助决策者更好地了解水资源的分布、变化和利用情况。先进的水处理技术也可以提高水资源的再生利用率，减少浪费。通过技术手段的创新，可以更加高效、科学地进行水资源管理。

社会参与的机制也是创新水资源管理的重要组成部分。传统上，水资源管理往往由政府主导，而在新的机制中，应该强调社会各界的广泛参与。这包括企业、社区、学术机构、非政府组织等的参与，形成多元化、协同化的管理体系。社会参与不仅能够引入更多的资源和智慧，还可以促使决策者更好地考虑到各方利益，提高水资源管理的公正性和透明度。

建立市场机制也是水资源管理的创新方向之一。通过建立水资源市场，实现水资源的交易和配置，可以更加灵活地应对不同地区和行业之间的水资源分配问题。市场机制可以通过价格信号引导水资源的合理利用，激发各方的创新和竞争，提高水资源的利用效率。通过市场机制，可以实现水资源的优化配置，让资源真正流向需求最大的地方，推动水资源管理向市场化、智能化方向发展

国际合作也是创新水资源管理机制的关键。水资源问题往往跨越国界，需要国际合作来共同应对。通过建立国际合作机制，可以共享经验、技术和资源，共同应对全球性的水资源挑战。同时，国际合作也能够减少水资源的竞争和冲突，通过共同努力实现全球水资源的可持续利用。

创新水资源管理机制和调整水资源管理政策是当前时代对水资源挑战的迫切需求。这需要从法律制度、技术手段、社会参与、市场机制和国际合作等多个层面进行全面创新，形成一个科学、合理、灵活、协同的水资源管理新机制，以应对不断变化的社会和环境条件。只有通过创新，我们才能更好地保护和管理宝贵的水资源，实现可持续的水资源利用。

（二）生态保护与水资源管理

生态保护和水资源管理之间存在着密切的关系，二者相互影响、相辅相成。生态保护是指通过保护自然生态系统、维护生物多样性，以实现可持续发展的过程。水资源管理则涉及对水的收集、分配、利用和保护，以满足人类和生态系统的需求。这两者的协同发展对于维护地球的生态平衡和水资源的可持续利用至关重要。

生态保护对水资源的管理具有积极的影响。自然生态系统具有调节水循环、净化水质的功能。例如，湿地是天然的水过滤器，能够去除水中的污染物质，保持水质清洁。森林则有助于保持水土的稳定，减缓雨水径流速度，防止洪灾的发生。通过保护生态系统，可以减少水资源受到污染和损害的可能性，为人类和其他生物提供更为健康和可靠的水源。

水资源管理对生态保护也具有直接的影响。合理的水资源管理有助于维持生态系统的稳定。例如，适度的水资源供给有助于湿地和河流的维持，保持其生态功能。对于水资源的科学管理可以避免过度采取，防止水资源的过度消耗对生态系统造成负面影响。通过科学而合理的水资源规划和管理，可以最大程度地满足社会的需求，同时减少对自然生态系统的不良干扰。

气候变化对水资源和生态系统产生深远的影响。生态系统的变化会影响水资源的分布和可利用性，而水资源的管理也在一定程度上能够调节和缓解气候变化对生态系统的压力。例如，通过恢复湿地、改善植被覆盖，可以增加碳的吸收和存储，有助于缓解温室气体的排放，对气候变化产生积极影响。

生态保护和水资源管理需要跨足国界的合作。生态系统往往跨越不同国家，而水资源的流动也涉及多国之间的合作。在全球范围内，联合各国共同保护跨国流域的生态系统，

推动水资源的可持续利用，是维护地球生态平衡的关键。

人类活动对生态系统和水资源产生的直接和间接的影响，需要通过政策和法规来规范和引导。建立健全的法律框架，加强对水资源的监测和管理，对于预防水资源过度开采、水污染等问题至关重要。这也需要政府、企业和社会公众的共同参与，形成全社会的责任共担机制。

教育和宣传是促进生态保护和水资源管理的重要手段。通过广泛的教育宣传，提高公众对于生态环境和水资源的认识，引导人们形成绿色低碳的生活方式，从而减缓对生态系统和水资源的不良影响。培养社会各界对于环境保护和水资源管理的责任感，形成可持续发展的理念。

生态保护和水资源管理是相辅相成的关系。通过科学合理的水资源管理，可以保护和维持生态系统的健康状态；而有效的生态保护则有助于提高水资源的质量和可持续利用性。这需要全球共同努力，加强国际合作，通过政策调整和创新，促进社会各界的参与，实现生态环境和水资源的可持续发展。

第八章　水资源与社会经济发展

第一节　水资源与可持续发展目标

一、水资源的可持续发展目标

（一）可持续发展目标背景与意义

水资源可持续发展是全球面临的一项迫切任务，其背景源于人类社会对水资源的不断需求增长以及自然环境面临的巨大压力。随着全球人口的迅猛增长和工业化的加速发展，对水资源的需求呈现出指数级的增长趋势。然而，气候变化、土地利用变化和污染等多方面因素对水资源的可用性产生了深远的影响。这种严峻的形势迫使我们审视水资源可持续发展的重要性，并制定相应的目标以应对这一挑战

水资源的可持续发展不仅仅是为了满足当前社会对水的需求，更是为了确保未来世代能够继续享有足够、清洁的水资源。水资源的不可持续利用可能导致生态系统的崩溃，影响生物多样性，进而威胁人类的生存和发展。因此，水资源的可持续发展不仅仅是一项环保任务，更是关系到人类整体生存繁衍的根本问题。

水资源的可持续发展也直接关系到社会的稳定和可持续发展。水是人类社会生产和生活的基础，是农业、工业和城市发展的支撑。缺乏足够的水资源将制约社会的发展，并可能导致社会不平等加剧。因此，水资源可持续发展成为实现社会公平、促进经济繁荣的关键因素之一。

水资源的可持续发展还关系到全球范围内的合作与和平。由于水资源的跨界性和稀缺性，各国之间可能因为水资源分配而产生争端。通过制定可持续发展目标，促使各国共同努力，实现水资源的公平合理分配，有助于减少国际水资源争端，促进全球合作与和平。

水资源可持续发展目标的制定不仅仅是为了解决当前社会面临的水资源压力，更是为了确保未来世代能够继续享有足够、清洁的水资源。这不仅是一项环保任务，更是社会公平、经济繁荣和全球和平的关键因素。水资源的可持续发展目标不仅关系到我们自身的生存和发展，更关系到整个地球生态系统的健康与平衡。因此，我们需要通过国际合作和切实可行的措施，共同努力实现水资源可持续发展的目标，为人类社会的可持续发展创造更为可靠的基础。

1. 可持续发展目标的起源

可持续发展目标的起源可以追溯到 20 世纪初的联合国成立时期。当时，国际社会逐渐认识到，全球资源的有限性和人类活动对环境的影响正在导致日益严重的问题。水资

源，作为生命和社会经济发展的关键要素，受到了特别的关注。

20 世纪 50 年代和 60 年代，随着人口的快速增长和工业化的迅猛发展，世界范围内的水资源管理问题变得日益突出。水资源的滥用、过度开采和污染威胁着人们的健康和生计。此时，国际社会开始关注水资源的可持续利用，寻求解决方案以确保未来世代的水安全。

联合国于 1972 年召开的斯德哥尔摩会议成为了可持续发展思想的重要里程碑。会议强调了环境保护和可持续发展的紧迫性，提出了全球环境治理的理念。这一时期，水资源被认为是实现可持续发展的核心要素之一。

随着时间的推移，国际社会逐渐认识到水资源管理的全球性挑战，以及这一挑战对社会、经济和生态系统的深远影响。在 1992 年的地球峰会上，联合国提出了"21 世纪的议程"——亚特兰大议程，其中涉及促进水资源的可持续管理和保护。

亚特兰大议程为日后的可持续发展目标奠定了基础。在 2000 年的千年发展目标中，首次明确提出了改善水资源管理和确保水资源可及性的目标。这标志着国际社会正式将水资源问题纳入全球发展议程。

随着时间的推移，千年发展目标的实施取得了一些成果，但也暴露出一些不足之处。为了更全面地应对水资源挑战，联合国在 2015 年通过了可持续发展目标，其中包括确保可持续利用和管理水资源的目标。这一目标不仅强调了水资源的供应和可及性，还关注了水质量、生态系统的保护和社会参与。

可持续发展目标的起源可以追溯到对全球资源有限性和环境问题的认识。水资源的重要性在可持续发展理念中得到充分体现，早期的国际会议和协议为后来的可持续发展目标的制定提供了基础。水资源作为可持续发展的核心元素之一，反映了国际社会对维护生态平衡和促进社会经济可持续发展的共同承诺。

2. 水资源在可持续发展中的地位

水资源是地球上最为宝贵的自然资源之一，对于人类的生存和发展至关重要。在可持续发展的进程中，水资源的地位愈发凸显。水源的充沛与否直接影响着农业、工业、城市发展等多个方面，因此，保护和合理利用水资源成为一项至关重要的任务

水资源在农业中扮演着不可替代的角色。农业是人类社会的基石，而农业的发展则直接依赖于水源的充沛。水资源的合理利用能够保证农业生产的稳定和提高，从而确保人们有足够的食物供应。水还是农业灌溉、养殖等方面的不可或缺的资源，因此，保护水源、合理配置水资源是农业可持续发展的基础。

水资源在工业生产中也具有不可替代的作用。工业是现代社会经济的重要组成部分，而工业生产则离不开大量的水资源。水在工业中用于生产、冷却、清洗等多个环节，对于一些水密集型产业来说，水资源的充足与否直接影响其生产效率和可持续发展能力。因此，科学合理地利用水资源，提高水资源利用效率，对于工业的可持续发展至关重要。

除了农业和工业，城市发展也对水资源有着极大的需求。随着城市化进程的加速，城市对水资源的需求呈逐年增加的趋势。城市的人口增长、工业发展以及生活水平提高，都对城市的供水、排水系统提出了更高的要求。因此，合理规划城市用水结构，提高城市水

资源利用的效率，对于城市可持续发展具有重要的意义。

水资源的可持续利用还涉及生态系统的保护。水生态系统是地球上众多生态系统之一，与陆地生态系统一样，对于维持生态平衡、保护生物多样性具有不可替代的作用。水资源的过度开发和污染不仅会破坏水生态系统，还会对地球环境产生严重的影响。因此，保护水生态系统，维护水资源的生态平衡，是实现可持续发展的重要环节。

水资源在可持续发展中的地位不可忽视。它直接关系到农业、工业、城市等多个方面的可持续发展，同时也与生态系统的健康密切相关。因此，我们需要采取有效的措施，保护水资源、科学利用水资源，以确保人类社会能够在可持续的发展轨道上稳步前行。

（二）水资源相关的可持续发展目标

水资源是人类社会的重要组成部分，其可持续发展直接关系到我们的生存和发展。水资源的可持续发展目标旨在实现社会、经济和环境的平衡，确保水资源的合理利用和保护。

在面对日益增长的水资源需求的同时，我们需要采取有效措施，确保水资源的稳定供应。这包括提高水资源利用效率，推动科技创新，减少水资源浪费。通过建立智能水管理系统，我们能够更加精准地监测、分析和调控水资源的利用，实现水资源的可持续利用。

水质污染是当前水资源面临的一大挑战，对生态系统和人类健康产生负面影响。为了实现水资源的可持续发展，我们需要采取措施减少污染源的排放，加强水质监测与治理。建立健全的法律法规体系，强化污染者的责任，推动生产、生活和环境的协同发展，以维护水资源的质量和可持续性。

生态系统的保护是实现水资源可持续发展目标的关键。通过保护水源地、湿地和森林等自然生态系统，我们能够维护水循环系统的稳定性，减少自然灾害对水资源的影响。同时，生态保护还有助于维护水中的生物多样性，确保水生态系统的健康。

在推动水资源可持续发展的过程中，社会公平和包容是至关重要的。我们需要考虑到不同地区和群体的水资源需求，促进资源的公平分配和利用。通过推动教育和培训，提升水资源管理的普及程度，使更多人能够参与到水资源可持续发展的进程中，实现社会的整体可持续发展。

国际合作是解决全球水资源挑战的关键。通过建立跨国合作机制，共享经验和资源，我们能够更加有效地应对跨界水资源问题。国际社会应共同努力，推动全球水资源可持续发展目标的实现，共同维护地球的生态平衡。

水资源的可持续发展目标是一个综合性的任务，需要全社会的共同努力。通过科技创新、法律法规建设、生态系统保护、社会公平和国际合作等多方面的努力，我们能够实现水资源的可持续发展，为人类社会的可持续发展奠定坚实基础。

二、实现水资源可持续发展的策略与实践

（一）水资源管理的创新策略

1. 智能水网建设

智能水网建设是实现水资源可持续发展的关键策略之一。通过充分利用先进的信息技

术，实现水资源的智能监测、管理和调配，可以提高水资源的利用效率，减少浪费，保护水质，从而推动社会经济的可持续发展。在实践中，智能水网建设需要充分考虑地方特色，结合先进技术和科学管理，为确保水资源的可持续利用提供全面解决方案。

智能水网建设应注重建立高效的水资源监测系统。通过引入先进的传感器和遥感技术，实时监测水质、水量和水温等关键指标，形成全面的水资源信息网络。这有助于及时掌握水资源状况，提高对水资源的科学管理水平，为制定合理的水资源利用政策提供数据支持。

推动智能水网建设需要注重智能化的水资源管理系统。借助人工智能、大数据和云计算等技术，实现水资源的动态调度和优化配置，确保水资源的高效利用。这样的智能管理系统可以适应不同地区的水资源特点，提高水资源配置的灵活性和适应性，从而更好地应对气候变化和人口增长等挑战。

智能水网建设还需要加强对水污染的监测和治理。通过建立智能监测网络，及时发现水质异常情况，迅速采取治理措施，防止水质恶化。结合物联网技术，实现对污染源的实时监测和定位，提高污染治理的精准性和效果。

在实践中，智能水网建设需要与城市规划、环保政策等相互配合，形成综合的水资源管理体系。同时，应该注重培养专业人才，提高对智能水网技术的应用水平。政府、企业和社会应加强协同合作，形成多方参与的水资源管理机制，实现全社会对水资源的共同管理。

智能水网建设是实现水资源可持续发展的战略举措。通过建立高效的监测系统、智能管理系统和污染治理体系，可以更好地应对水资源管理面临的挑战，为推动社会经济可持续发展提供坚实的基础。在实践中，需要注重技术创新、人才培养和跨界合作，形成全面、科学、可持续的智能水网建设路径。

2. 生态工程与水资源修复

生态工程在水资源修复中扮演着关键角色，成为实现水资源可持续发展的战略之一。生态工程的核心理念是通过调整和优化生态系统的结构和功能，达到修复水资源的目的。在实际实践中，通过采用多样化的生态工程手段，可以有效地改善水环境质量，促进水资源的可持续利用。

一种重要的生态工程手段是湿地恢复与保护。湿地作为重要的水源涵养区，具有过滤水质、防洪抗旱等功能。通过恢复和保护湿地，可以提高水资源的保持和净化能力，为水环境的健康发展提供有力支持。湿地的生态系统还能够培育多样的生物群落，有助于维护水域生态平衡。

植被恢复是另一种重要的生态工程手段。通过合理的植被布局，可以减缓水流速度，防止水土流失，降低水域中的泥沙含量。植被的根系能够固定土壤，防止水土流失，减少水体的污染。同时，植被的生长过程中，对氮、磷等污染物具有吸收和净化的作用，有助于改善水质环境。

人工湖泊的建设也是生态工程的一项重要实践。通过合理规划和建设人工湖泊，可以储存雨水、改善地下水位，提高水资源的利用效率。人工湖泊还可以作为生态景观，提供休闲娱乐空间，促进人与自然的和谐共生。在建设人工湖泊的同时，需要注重生态平衡，防止人为因素对水体生态系统的负面影响。

土地利用的生态合理化也是实现水资源可持续发展的关键。通过科学合理地规划和管理土地利用，可以减少土地开发对水资源的消耗，防止水土流失。合理的土地利用还能够保护水源涵养区，维持水域生态系统的完整性。因此，土地利用的生态合理化是水资源可持续发展的战略之一。

生态工程是实现水资源可持续发展的有效途径。通过湿地恢复与保护、植被恢复、人工湖泊建设以及土地利用的生态合理化，可以有效地修复水资源，提高水环境质量，推动水资源的可持续利用。这些生态工程手段不仅有助于改善水资源的生态状况，还能够促进人与自然的和谐发展，实现水资源可持续发展的战略目标。

（二）跨界水资源合作与国际交流

水资源的跨界性质使得国际合作和交流成为解决全球水问题的关键。水是人类共同的财富，不受国界限制。因此，各国之间的跨界水资源合作不仅关系到各国自身的水资源安全，也关系到全球生态系统的平衡。在这个背景下，国际交流成为促进合作的桥梁，通过分享经验和资源，各国能够共同应对水资源挑战。

跨界水资源合作是国际社会应对水资源问题的必然选择。水资源的不均衡分布导致一些国家面临水资源短缺的困境，而另一些国家却拥有丰富的水资源。通过跨界合作，可以实现资源的互补，促进共同发展。同时，水资源的污染和治理也是一个跨界性问题，需要各国共同努力，制定标准和政策，实现水质的共同提升。

国际交流在跨界水资源合作中具有重要作用。通过国际交流，各国能够更好地了解对方的水资源状况、管理经验和技术水平。这有助于建立信任，促进合作。同时，国际交流还能够激发创新，通过吸收不同国家的经验和技术，提高各国在水资源管理和利用方面的水平。

跨界水资源合作也需要建立有效的机制。国际合作需要有明确的法律框架和规则，以确保各国的权益得到保障。建立合作机制还有助于协调各国的行动，共同应对紧急情况和突发事件。有效的机制能够提高国际合作的效率，推动问题的解决。

同时，国际合作也需要充分尊重各国的主权和利益。在跨界水资源合作中，各国的水资源利用和管理存在差异，因此需要在尊重各国主权的基础上，通过平等协商达成合作共识。这有助于建立长期稳定的国际水资源合作关系。

国际交流的推动还需要加强国际组织的角色。国际组织能够提供专业的技术支持、信息共享平台和协调机制，促进各国的合作。通过国际组织的引导，各国能够更好地协同行动，共同应对水资源挑战。

跨界水资源合作与国际交流是实现全球水资源可持续发展的关键。通过合作，各国能够共同应对水资源的挑战，实现资源的互补和共享。国际交流则能够促进各国之间的了解与信任，推动合作机制的建立。在国际组织的支持下，各国能够共同努力，实现全球水资源的可持续利用。

第二节　水资源与农业生产

一、水资源与农业生产关系分析

（一）水资源在农业中的重要性

1. 农业对水资源需求的背景

农业是人类社会的基石之一，对水资源的需求在农业的发展历史中一直占据着核心地位。农业对水资源的需求背后，既有人类生存与发展的基本需求，也受到农业生产方式、技术水平和环境变化等多方面因素的影响。

农业的起源可追溯至人类社会的初期。最初，人们通过采集和狩猎获取食物，对水资源的需求主要是用于饮水和满足生活基本需求。然而，随着农业的演进，人类开始实施耕种和畜牧，将水引入农田，这标志着农业对水资源的需求进入了新的阶段。

农业的水需求不仅仅是满足作物的生长需要，同时也包括农业灌溉的需求。随着农业生产规模的扩大，人们逐渐认识到，通过有效的灌溉系统，可以提高农田的产量，确保农业生产的稳定性。因此，灌溉系统的建设成为农业对水资源需求背后的一个重要动因。

农业对水资源的需求也与农业生产方式和技术水平的提升密不可分。随着农业机械化、化肥农药的广泛应用，以及基因工程技术的发展，农业生产效率得到了显著提升。然而，这些技术的广泛应用也带来了对水资源的进一步需求，例如在灌溉、生产过程中对水的大量消耗。

在全球范围内，气候变化和环境恶化也对农业的水资源需求产生了深远影响。极端天气事件的增加，干旱和洪涝等灾害的频发，使农业更加依赖对水资源的灵活运用。农业生产者不得不面对气候不确定性，调整种植结构，采用更加灵活的水资源管理策略。

农业对水资源的需求深刻地影响着人类社会的发展。从最早期的生存需要到现代农业生产的复杂需求，水资源在农业中的地位愈加凸显。农业对水资源需求的变化受到农业生产方式、技术进步、气候变化等多方面因素的共同作用，其在农业系统中的关键性地位需要通过科学、可持续的水资源管理来维护。

2. 水资源在农业生产中的关键作用

水资源在农业生产中的关键作用不可忽视。农业是人类社会的支柱产业，而水资源则是农业生产的基石。水的供给直接影响着作物的生长发育，农田的灌溉是农业中最为直接和重要的水资源利用方式之一。农业生产的成败往往取决于水资源的充沛与否。

在农业中，水起到了供养植物的关键作用。水是植物生命的基本需求，通过植物根系吸收水分，植物能够进行光合作用、生长和繁殖。因此，水资源的充足与否直接影响着农作物的产量和质量。农业生产中合理的灌溉系统能够确保植物得到足够的水分，提高作物的抗旱能力，从而增加农田的产量。

水资源在调控农田温度方面也发挥着重要作用。通过灌溉和水分蒸发，水能够调节农田的温度，降低地表温度，减缓土壤的干燥速度。这对于一些喜凉、不耐高温的作物生长尤为重要，有助于提高农业生产的适应性和稳定性。

农田水资源的保持和利用也对土壤质量有着深远的影响。良好的水资源管理可以避免土壤的过度干旱或过度湿润，有助于维持土壤的适度湿润状态，促进土壤微生物的生活和繁殖。水分的充足使得土壤中的养分更容易被作物吸收，提高土壤肥力，从而改善农田的耕地质量。

农业水资源的科学管理也直接影响着农业的可持续发展。水资源的过度开采和浪费会导致农田土壤质量下降，水源枯竭，从而威胁到农业的长期发展。因此，农业水资源的保护、合理分配和高效利用是实现农业可持续发展的重要保障。

在水资源匮乏的地区，农业生产中需要采取节水技术，如滴灌、雨水收集等，以最大限度地利用有限的水资源。而在水资源相对丰富的地区，也需要避免过度使用，以免引发水资源浪费和环境问题。因此，科学的水资源管理对于实现农业的可持续发展至关重要。

水资源在农业生产中扮演着关键的作用，直接影响着农业生产的效益和可持续性。通过科学合理的灌溉、温度调控、土壤保持和水资源管理，可以提高农业生产的稳定性、适应性和可持续性，为人类社会的粮食安全和农业发展提供强有力的支持。

（二）农业灌溉与水资源关系

农业灌溉是一项直接关系到农业生产和粮食安全的关键活动。在农业灌溉中，水资源扮演着不可或缺的角色。农业生产对水资源的需求量巨大，而有效的灌溉系统不仅能够提高农作物产量，还直接关系到水资源的合理利用。

农业灌溉与水资源的关系是相互依存的。农业需要大量的水来满足作物的生长需求，而灌溉是一种直接将水引入农田的手段。通过灌溉，农业可以实现对水资源的更加精准的调配，确保农作物在关键时期得到足够的水分，从而提高农田的产量和效益。

然而，农业灌溉同时也对水资源造成了一定的影响。一些传统的灌溉方式存在浪费水资源的问题，如表面灌溉和泛洪灌溉，这些方式容易导致水分的过度蒸发和流失。因此，农业灌溉的方式和技术的选择对水资源的合理利用至关重要。科技创新和现代灌溉技术的应用可以有效减少水资源的浪费，提高灌溉的效率。

农业灌溉还与土壤水分管理密切相关。合理的灌溉系统可以确保土壤中有足够的水分供给植物吸收，避免因缺水或过湿而导致的农田退化。通过科学的水分管理，农业灌溉有助于保持土壤的肥力，维护农田的生态平衡。

然而，不合理的农业灌溉也可能引发水资源的问题。过量的灌溉可能导致地下水位下降，进而影响地下水的可持续利用。过度灌溉还可能导致土壤盐碱化，影响土地的可持续利用。因此，在农业灌溉中，需要根据具体地区的水资源状况和农业需求，制定科学的灌溉方案，以实现农业生产和水资源的协同发展。

除了数量上的关系，农业灌溉还与水质密切相关。一些传统灌溉方式可能引入农药、化肥等农业用品，导致水体污染。因此，在农业灌溉中，需要采取措施减少农业活动对水质的影响，保障灌溉水的清洁。

农业灌溉与水资源之间存在着紧密的关系。灌溉是农业生产不可或缺的环节，直接关系到粮食产量和农田生态系统的健康。然而，不合理的灌溉方式可能导致水资源的浪费和水环境的污染。因此，在农业灌溉中，需要科学合理地配置水资源，采用先进的灌溉技术，以实现农业生产和水资源的可持续发展。

二、可持续农业与水资源保护

（一）可持续农业的基本理念

1. 农业生态系统与水资源

农业生态系统是一个复杂而密切相互关联的生态系统，其形成受到地理环境、气候、土壤和生物多样性等多方面因素的影响。在这个系统中，水资源扮演着至关重要的角色，不仅是作物生长的基本需求，同时也是维持整个农业生态系统平衡的关键因素。基于这一认识，水资源可持续农业成为现代农业发展的基本理念之一。

水资源可持续农业的基本理念体现在对农业生态系统的综合考虑上。这不仅包括对水的高效利用，也涉及对土壤、植被、气候和农业生产过程的协调管理。在水资源可持续农业中，人们追求的不仅是农田中水分的充足供应，更是通过科学的生态管理，保持生态系统的稳定性和耐受性。

水资源可持续农业的基本理念强调了水的高效利用。这包括改善灌溉系统，减少水的浪费和损失。通过引入先进的灌溉技术、实施滴灌和雨水收集等措施，可以在减少水资源使用的同时，提高农田的水分利用效率，实现水的可持续利用。

水资源可持续农业强调了整个农业生态系统的平衡。这包括对土壤和植被的保护，以减少水土流失和水质污染。通过采用自然农法、保持农田植被覆盖、推广有机农业等方式，可以改善土壤质量，降低农田对水资源的负面影响。

水资源可持续农业还强调了对气候变化的适应。通过选择适应性强、抗旱抗灾的作物品种，调整农业生产时序，农业生态系统可以更好地应对极端气候事件，减轻对水资源的依赖性。

在水资源可持续农业的实践中，科学决策和技术创新扮演着关键角色。通过综合运用遥感技术、大数据分析以及基因改良等先进技术手段，可以更好地理解农业生态系统的运行机制，提高农业系统对水资源的利用效率，减少对环境的负面影响。

水资源可持续农业的基本理念是通过综合管理农业生态系统，实现对水资源的科学、合理、高效利用。这涉及对灌溉系统、土壤和植被的协调管理，以及对气候变化的适应性措施。在实践中，水资源可持续农业需要政府、农业从业者和科研机构的共同努力，形成全社会对农业生态系统的关注和保护，推动现代农业向更加可持续的方向发展。

2. 生态农业实践

生态农业实践在可持续农业和水资源保护方面发挥着至关重要的作用。生态农业强调与自然和谐共生，通过模拟自然生态系统的原理，推动农业向着更为环保、资源可持续利用的方向发展。在这一实践中，水资源的保护和利用成为关键环节，为农业的可持续性发展提供了坚实的基础。

生态农业注重土壤健康和生态系统的平衡。通过采用有机农业、自然耕作等方法，生态农业有助于保护土壤结构，减少土壤侵蚀，降低农田水源污染的风险。保持土壤的湿润度和有机物含量，不仅有助于提高土壤肥力，也有利于降低农业对水资源的过度需求。

生态农业强调生态多样性，通过多样性的农作物种植、轮作和间作，有助于维护农田生态系统的平衡。不同作物的生长周期和需水量不同，因此能够更加有效地利用水资源。同时，多样性的植被有助于减缓水流速度，降低农田水源流失的风险，进一步保护水资源。

水资源的保护也在生态农业中得到了具体实践。采用雨水收集、灌溉水源循环利用等水资源管理方法，可以有效地减少对地下水和河流的过度抽取，保持水体的生态平衡。引入湿地农田、人工湿地等生态工程手段，有助于净化农田附近的水体，提高水体的水质。

生态农业对农业农药的使用进行限制，采用更为环保的生物农药和生态控制害虫的方法。这有助于减少农药对水体的污染，保护水资源的质量。通过引入益虫，提高农田生态系统的稳定性，减少对化学农药的依赖，对水资源的可持续保护产生积极作用。

生态农业的实践还包括生态养殖，通过建立循环农业系统，减少养殖业对水资源的过度消耗。采用合理的水产养殖方式，如湿地养殖、循环水养殖等，可以减少废水的排放，维护水体的生态平衡。

生态农业实践在可持续农业和水资源保护中扮演着积极的角色。通过保护土壤、维持生态平衡、限制农业对水资源的过度利用，生态农业为农业的可持续性发展提供了创新的路径。这一实践不仅有助于提高农业的生产效益，还能够保护和改善水资源的质量，为人类社会的可持续发展提供了可持续农业模式的范例。

（二）智能农业与水资源高效利用

智能农业的崛起为水资源的高效利用提供了新的途径。传统农业中，农民常常根据经验和季节来进行灌溉，导致水资源的浪费和不均衡利用。而智能农业通过引入先进的技术，实现对水资源的智能监测、管理和利用，提高了农田灌溉的效率，实现了农业与水资源的更加协同发展。

在智能农业中，传感器技术被广泛应用。通过在农田中布置各类传感器，可以实时监测土壤湿度、气象条件等相关数据。这种实时监测的方式使得灌溉可以更加精准地根据作物的需水量进行调整，避免了传统经验主导的灌溉方式中常见的过度浇水或缺水问题，从而提高了水资源的利用效率。

农业无人机也是智能农业中的一项重要技术。通过搭载各类传感器和摄像设备，农业无人机能够对农田进行高效的巡查和监测。这有助于及时发现灌溉系统中的问题，提前预警病虫害，从而减少不必要的用水量，实现农业生产和水资源的更加可持续的协同发展。

农业物联网技术也在智能农业中发挥了重要作用。通过将各类农业设备、传感器和信息系统连接在一起，实现实时数据的共享和协同操作。这种高度联网的方式使得农业生产的各个环节更加智能化，能够根据实际情况进行智能决策，包括对灌溉水量的合理分配，从而提高了水资源的利用效率。

除了技术层面，智能农业还借助数据分析和人工智能等先进技术来优化决策。通过大数据分析，可以深入了解农田的特征和需水量，为灌溉提供科学依据。人工智能算法能够根据历史数据和实时监测结果，预测未来的气象变化，从而更加精准地制定灌溉计划，避免因气象变化而引发的灌溉不当。

智能农业的发展还促进了农田水资源的多元化利用。通过合理配置水资源，结合雨水收集、地下水、水库等多种水源，实现对农田水资源的综合管理。这有助于提高水资源的利用效率，减轻对单一水源的依赖，实现水资源的多渠道补给，从而为农业提供更为稳定和可持续的水源。

总体来说，智能农业为农田灌溉和水资源的高效利用提供了全新的路径。通过技术的创新，数据的分析以及智能决策的引入，智能农业实现了农业与水资源的更加协同发展，为农业可持续发展提供了有力支持。智能农业的推广和应用将有助于实现农业的绿色发展，提高农业生产的经济效益和生态效益，实现农业与水资源的可持续发展。

第三节　水资源与城市规划与建设

一、水资源在城市规划中的角色

（一）城市规划与水资源的关系

1. 水资源在城市可持续发展中的地位

城市可持续发展中，水资源的地位至关重要。水资源不仅是城市居民日常生活的基本需求，更是支撑城市经济、社会和生态系统平衡运行的关键要素。城市在追求可持续发展的过程中，必须以科学的眼光看待水资源，实现对水的有效管理、合理利用和生态保护。

水资源在城市可持续发展中的地位体现在多个方面。作为城市居民的日常生活需求，水资源直接关系到城市社会的稳定和居民的生存。水的供应不仅仅是城市基础设施的一个组成部分，更是关系到千家万户的生活用水和卫生需求。因此，确保城市居民有足够的清洁饮用水是城市可持续发展的首要任务之一。

水资源在城市经济运行中扮演着不可替代的角色。从工业生产到商业服务，水都是不可或缺的生产要素。许多行业需要大量水资源来进行生产和运营，因此，保障稳定的水供应对于维护城市经济的可持续发展至关重要。科学的水资源管理可以促进水的合理利用，提高水资源利用效率，从而推动城市经济的绿色发展。

水资源在城市生态系统中也扮演着关键的角色。城市的生态系统包括了湿地、河流、湖泊等多种水体，这些水体对于维护城市生态平衡和生物多样性具有重要作用。水资源的合理管理和保护有助于维持城市生态系统的健康，提高城市对自然环境的适应性，降低城市面临的自然灾害风险。

水资源的可持续利用还与城市的城市规划和土地利用紧密相关。合理规划城市空间，保留自然水体和湿地，有助于维持水循环，减缓城市地表径流，降低洪水风险。科学的城市水资源规划还能够促进水资源的再生利用，减少对自然水源的依赖。

水资源在城市可持续发展中的地位是不可忽视的。它既是居民日常生活的基本需求，又是支撑城市经济、社会和生态系统平衡运行的关键要素。科学的水资源管理，既要保障城市居民的日常生活需求，又要推动城市经济的可持续发展，同时要保护城市生态系统的健康。只有在这样全面而综合的考虑下，城市才能实现水资源的可持续利用，推动城市走向更加健康、绿色和可持续的未来。

2. 水资源规划的必要性

城市规划与水资源的关系密不可分，水资源规划在城市规划中显得尤为必要。城市的发展离不开对水资源的有效管理和规划，因为水资源是维系城市正常运转和居民生活的基础。水资源规划的必要性主要体现在以下几个方面。

水资源是城市可持续发展的基石。城市是人类社会的重要组成部分，其可持续发展直接依赖于水资源的稳定供应。合理规划水资源的利用，确保城市拥有足够的清洁水源，不仅能够满足居民的日常生活需求，也为工业生产、农业发展提供充足的水源保障，从而推动城市的经济、社会和环境可持续发展。

水资源规划关乎城市的水环境质量。随着城市化进程的加速，水体受到各种污染的威胁，如工业废水、生活污水、农业排放等。通过水资源规划，可以科学合理地配置水资源利用结构，减少污染源的排放，采取有效的水质保护措施，保障城市水环境的清洁和健康。

水资源规划也与城市防灾减灾息息相关。城市常常面临自然灾害的威胁，如洪涝、干旱等。通过科学规划水资源的利用，可以更好地防范和减缓灾害的发生。例如，建设防洪工程、合理配置水库水源等措施可以有效地降低城市水灾的风险，提高城市的抗灾能力。

水资源规划还直接关系到城市的生态平衡。合理配置水源，保护湿地、水体生态系统，有助于维护城市的生态平衡。生态系统的健康不仅影响城市空气质量、植被覆盖等方面，还对城市的气候调节、风景优美等方面产生积极作用。

水资源规划也需要考虑未来城市人口增长的挑战。城市人口的增加将带来对水资源的更大需求，因此需要通过规划合理配置水源，引导城市发展方向，以满足未来城市的水资源需求。同时，推动科技创新，提高水资源的利用效率，是确保未来城市可持续发展的关键。

水资源规划在城市规划中的必要性凸显无疑。通过科学合理地规划水资源的利用、保护水环境、防范灾害等措施，可以为城市提供稳定、清洁的水源，维护城市的生态平衡，促进城市可持续发展。水资源规划应当成为城市规划中的重要组成部分，为城市的繁荣、稳定和可持续发展奠定坚实基础。

（二）水资源规划的基本原则

水资源规划是城市可持续发展的基石，涉及城市的生态环境、经济活动和居民生活。在城市水资源规划中，有一系列基本原则需要被认真考虑和遵循，以确保水资源的合理利用、生态平衡和城市的可持续发展。

水资源规划应当以科学为基础。科学的数据和研究成果能够为规划提供准确的基础信息，从而确保规划的科学性和可行性。通过科学的手段，可以更好地理解城市的水资源现状和未来发展趋势，为规划提供科学依据，使其更加贴近实际情况。

水资源规划应当坚持生态优先原则。生态系统是水资源的重要组成部分，直接关系到水的质量和可持续利用。规划应当注重保护和恢复水体生态系统，确保城市水资源的生态平衡。通过划定水源保护区、建设湿地和绿地，可以有效维护水体生态系统的稳定性。

同时，规划应当注重社会公平原则。水资源的利用和分配应当公平合理，不应该让任何一个社会群体受到不公平对待。特别是在水资源紧张的城市，需要采取措施确保供水的公平分配，不让某些社区或居民因水资源不足而受到不公平待遇。

水资源规划还应当融入灵活性原则。城市发展是一个动态过程，水资源规划需要具有一定的灵活性，能够适应城市发展的不同阶段和变化。灵活性的规划能够更好地应对未来的不确定性，为城市的可持续发展提供更为长期的保障。

水资源规划还需要考虑生态系统服务原则。生态系统为城市提供了许多重要的服务，如水源保护、水质净化等。规划应当充分认识到生态系统服务的重要性，通过规划措施，保护和加强生态系统服务功能，确保城市能够享受到来自自然的多重好处。

水资源规划应当实行综合治理原则。水资源的问题通常是多方面的，包括供水、排水、水质等多个方面。规划应当采取综合治理的方式，将各个方面的问题纳入考虑，制定全面的水资源规划，使得各个环节相互配合，形成协同效应。

规划应当注重参与性原则。城市水资源规划需要广泛参与社会各方的意见，包括政府、企业、居民等。通过广泛征集意见，规划可以更好地反映社会需求，增加规划的可行性和接受度，从而更好地为城市提供水资源保障。

城市水资源规划需要遵循一系列基本原则，以科学、生态、公平、灵活、服务、综合治理和参与性为指导，确保规划的科学性、可持续性和社会适应性。这些原则将为城市水资源的合理利用和城市的可持续发展提供坚实的基础。

二、城市建设与水资源可持续利用

（一）城市用水管理与节水技术

1. 城市用水管理体制

城市用水管理体制的建立和运行对于保障城市居民日常生活、促进经济发展、维护生态平衡具有至关重要的作用。这一体制的构建涉及政府、企业、社会组织和居民等多方面的协同合作，旨在实现城市用水的高效利用、公平分配以及可持续发展。

在城市用水管理体制中，政府扮演着关键的角色。政府通过制定用水政策、法规和标准，引导城市用水行为，确保用水的合理利用和公平分配。政府还负责监测城市水资源状况，采取措施应对水资源的变化，以及协调不同部门的合作，形成全面的城市用水管理战略。

企业作为城市用水的主要使用者，也在城市用水管理中承担着重要责任。企业需要建立高效的用水管理系统，通过科技手段提高用水的利用效率，减少生产活动对水资源的影响。同时，企业还需要遵守相关法规和标准，积极参与城市用水管理体制，与政府、社会组织共同推动城市用水的可持续发展。

社会组织在城市用水管理体制中发挥了桥梁和监督的作用。通过组织公益活动、提供相关信息和服务，社会组织促使居民和企业更加关注用水问题，推动他们更加理性地使用水资源。社会组织还可以通过对政府和企业的监督，确保城市用水管理体制的透明度和公正性。

居民作为城市用水的最终使用者，对城市用水管理体制有着直接的影响。居民需要加强水资源的节约意识，通过改变生活习惯、选择水资源友好型产品，积极参与到城市用水管理中来。政府和社会组织也需要通过宣传教育，提高居民对水资源保护的认识，促使他们更加理性地使用水资源。

城市用水管理体制的建设和运行需要全社会的协同合作。政府、企业、社会组织和居民应共同参与到城市用水管理的各个环节中，形成多元化的治理结构。同时，城市用水管理体制也需要不断创新，适应城市化进程和水资源变化的需求。通过引入科技手段、建立智能用水系统，可以提高城市用水的管理效率，更好地应对城市用水面临的挑战。

城市用水管理体制的建立和运行是保障城市水资源可持续利用的关键。这一体制涉及政府、企业、社会组织和居民的协同合作，旨在实现用水的高效利用、公平分配以及可持续发展。通过全社会的共同努力，城市用水管理体制将更好地推动城市向着水资源更加健康、高效和可持续的未来迈进。

2. 节水技术在城市建设中的应用

城市建设中，节水技术的应用至关重要。随着城市化进程的加速和人口的增加，水资源供应面临巨大的压力。因此，在城市建设中采用有效的节水技术，不仅有助于合理利用有限的水资源，还能够推动城市可持续发展。

一种重要的节水技术是高效的灌溉系统。传统的灌溉方式往往存在水源浪费和效率低下的问题。引入先进的滴灌、喷灌等高效灌溉系统，能够减少水分蒸发和土壤表面径流，提高灌溉水的利用效率。这种节水技术不仅有助于农业生产，还可以在城市公园、绿化带等地方推广，降低城市绿地的水资源需求。

雨水收集和利用是另一种有效的节水技术。通过建设雨水收集系统，可以将雨水储存起来用于灌溉、冲洗、甚至供给城市公共用水系统。这样的做法既能够减轻城市雨水排放对水体的冲击，又能够在极端天气条件下提供备用的水源，为城市水资源的可持续利用提供了有益的支持。

在城市建设中，采用节水型建筑和设施也是非常关键的。通过使用低流量的水龙头、节水型马桶、高效节水的冷却系统等，可以显著减少建筑和设施对水资源的需求。采用雨水过滤系统，对城市污水进行处理再利用，不仅可以减轻对自来水的需求，还有助于减少污水排放对环境的影响。

城市绿化也是节水技术的一个重要方面。合理设计城市绿地，选择适应干旱条件的植物，利用覆盖植被来减缓土壤水分蒸发，有助于提高城市绿化的水资源利用效率。采用科学的绿化管理措施，如地下滴灌、合理施肥等，可以减少水分的浪费，保持城市绿地的生态平衡。

工业和生产领域也可以采用节水技术。通过更新设备、优化工艺流程，减少生产中的废水排放，提高水的回收利用率，可以显著降低工业对水资源的需求。同时，采用水资源监测和管理系统，实时监控水的使用情况，有助于发现和纠正水资源使用中的问题，提高水资源的利用效率。

节水技术在城市建设中具有广泛而深远的应用前景。通过采用高效的灌溉系统、雨水收集利用、节水型建筑和设施、合理绿化管理以及工业生产中的节水措施，可以实现对城市水资源的科学合理利用。这些节水技术的应用不仅有助于缓解水资源短缺压力，还能够推动城市的可持续发展，促使城市在有限的水资源下取得更好的社会、经济和环境效益。

（二）水环境保护与城市建设

城市建设与水环境保护、水资源可持续利用之间存在着密切的关联。城市的迅猛发展对水环境产生了直接和间接的影响，而水资源的可持续利用则直接影响城市的稳定发展。因此，在城市建设中，必须实现水环境保护与水资源可持续利用的有机融合，以实现城市生态环境的协调发展。

城市建设与水环境保护之间存在着千丝万缕的联系。城市的扩张和建设常常导致水体的填埋、河道的调整以及水域的污染。城市的快速发展往往伴随着大量的建筑活动，这些活动可能直接导致土壤的流失和水体的污染。同时，城市建设所需的水资源大量开采，进一步影响了水环境的自然平衡。因此，在城市建设过程中，必须采取措施减缓对水环境的冲击，保护水体的生态系统。

水环境保护与城市建设的有机融合还需要注重规划设计。城市规划应当充分考虑水环境的保护需求，避免在城市建设中对水体进行不必要的破坏。科学合理的城市规划能够将城市的发展与水环境的保护有效结合，通过合理的用地布局和绿地规划，保留和修复水体生态系统，确保城市的水环境得到有效保护。

城市建设还需要关注水环境的净化和治理。在城市建设的同时，对于已经受到污染的水体，应当采取科学有效的手段进行治理。通过建设水处理设施、湿地和绿色防护带，可以减缓城市活动对水环境的冲击，提高水体的自净能力。这有助于改善城市水环境质量，保障水体的生态健康。

同时，城市建设与水环境保护的有机融合需要加强环保意识的普及。居民、企业和政府都应当共同努力，提高对水环境保护的认识，减少不当排放，降低对水资源的消耗。通过科普和教育，可以引导公众更加理性地对待水资源，促使大家更加主动地参与到水环境保护中来。

城市建设与水资源可持续利用的关系也是密不可分的。城市的持续发展需要大量的水资源支持，而城市的发展活动又直接影响着水资源的质量和可持续性。因此，在城市建设中，必须实现水资源的合理利用，以确保城市的稳定发展。

城市建设对水资源的需求主要体现在供水、用水和废水处理等方面。城市需求的不断增长使得水资源日益成为城市发展的瓶颈。在城市建设中，应当优先考虑建设高效的供水系统，提高供水的效率。同时，通过科技手段，实现废水的回收和再利用，减少对新鲜水资源的依赖。这有助于实现水资源的可持续利用，为城市提供更为稳定的水源。

城市建设还需要考虑水资源的可再生性。在城市建设的过程中，应当尽量选择那些不会过度消耗水资源的产业和技术。通过提倡绿色、低耗的城市建设方式，减少对水资源的压力。这不仅有助于城市的可持续发展，也有利于水资源的长期利用。

城市建设与水资源可持续利用的有机融合还需要注重土地利用的规划。科学合理的土地规划能够降低城市用水的需求，减轻水资源的压力。通过合理规划城市用地，保留和恢复湿地、水源地，可以有效地提高水资源的利用效率，确保城市的用水需求与水资源的可持续性相协调。

城市建设、水环境保护和水资源可持续利用之间存在着复杂而密切的关系。在城市建设中，必须实现这三者的有机融合，通过科学的规划设计、治理手段和社会参与，实现城市生态环境与水资源的协调发展。只有在这样的有机融合下，城市才能真正实现可持续发展，保障水环境的健康和水资源的稳定利用。

第四节　水资源与工业生产与用水

一、水资源在工业生产中的关键作用

（一）工业生产对水资源的需求

1. 工业用水的规模与趋势

工业用水规模庞大，其发展趋势受到多方面因素的影响。随着全球工业化的加速，工业用水规模不断扩大。工业是经济的重要组成部分，各类制造业对水资源的需求日益增长。特别是在发展中国家，工业化进程加速，对水资源的需求呈现出明显的上升趋势。

工业用水规模的增长与产业结构的调整密切相关。随着科技的进步和经济的发展，高科技、高附加值产业的兴起，使得一些工业过程对水资源的要求更为严格。相比之下，一些传统的重工业对水的依赖度相对较高，因此，产业结构的调整对工业用水规模产生了影响。

同时，环境法规和标准的制定也在一定程度上塑造了工业用水规模的发展趋势。为了应对水资源的日益紧缺和环境污染问题，各国纷纷出台了一系列水资源管理政策和法规，对工业用水的准入标准和排放要求进行了规范。这使得工业企业在用水方面受到更为严格的约束，推动了工业用水规模的可持续发展。

水资源的可持续利用和管理也成为影响工业用水规模的重要因素。随着社会对水资源问题的关注不断增加，工业界面临更大的舆论压力，必须更加注重用水的环保和可持续性。这导致一些工业企业积极引入节水技术，实施水资源循环用，以减少对水资源的依赖，提高用水的效率。

全球气候变化也在一定程度上影响着工业用水规模的趋势。气候变化导致一些地区出现极端气候事件，如干旱和洪涝，这对工业用水带来了挑战。一些工业企业不得不面对用水困难的情况，这促使它们更加注重水资源管理和适应气候变化的能力。

总体来看，工业用水规模呈上升趋势，但在这一趋势的背后，受到了产业结构调整、环境法规的制定、水资源管理和全球气候变化等多方面的影响。工业用水的未来发展将需要更多的创新和协同努力，以实现更加高效、可持续的用水管理。

2. 工业用水的多样性

工业用水的多样性体现在其广泛的应用领域和复杂的用水过程中。工业是现代社会的重要组成部分,不同行业、不同工艺对水的需求存在显著的差异,这多样性涵盖了用水的类型、水质的要求以及水处理的方式等方面。

不同行业的工业用水需求存在显著差异。例如,制造业、化工业、电力行业、纺织业等各个领域的工业用水具有独特的特点。制造业通常需要大量的冷却水用于冷却设备,而化工业则对高质量的纯水要求较高,用于生产中的反应和洗涤。电力行业主要用水用于发电设备的冷却和蒸汽产生,而纺织业则需要水用于染色、印花和整理等多个环节。这种多样性要求我们根据不同行业的特点,采用差异化的水资源管理和处理策略。

工业用水的多样性还表现在水质的要求上。不同工业过程对水质有不同的要求,因此需要采用相应的水处理方法。一些工业过程对水的纯度要求极高,如电子产业中对超纯水的需求;而有些工业则对水质的某些成分有特定要求,如食品加工业对水中的微生物和有机物的限制。因此,工业用水的多样性需要采用适应不同水质要求的水处理技术,以满足不同行业和工艺的需求。

工业用水的多样性还反映在水的循环利用和再生利用方面。随着水资源日益紧缺,提高水资源利用效率成为迫切需求。一些工业过程可以通过循环利用水来减少对新鲜水资源的依赖,例如,通过工业废水处理再利用在制造业中的应用,可以将废水进行处理后再用于工业生产中。这种循环和再生利用的方式不仅减轻了对水资源的压力,还有助于减少对环境的影响。

工业用水的多样性还涉及水的供应链和分布。不同地区的水资源分布不均,一些地区可能面临水资源短缺的挑战,而另一些地区则可能拥有相对充足的水源。因此,不同工业企业需要根据其所处地理位置,合理规划水资源的供应链。一些企业可能需要从远距离的地区引水,而另一些则可以依托本地水资源。这涉及水的输送、储存和分布等环节,需要有系统性的水资源规划。

工业用水的多样性是由于不同行业、不同工艺的差异,水质要求的多样性,水的循环和再生利用以及地理分布的不均匀性等多方面因素的影响。为了更好地满足工业用水的需求,我们需要采取差异化的水资源管理策略,推动水资源的可持续利用,促进工业的发展和社会的可持续性。

(二)工业用水管理与可持续发展

工业用水管理与可持续发展之间存在紧密的关系。工业用水是生产活动中不可或缺的要素,然而,不合理的用水方式可能导致水资源浪费、环境污染等问题,进而影响可持续发展。因此,实施科学合理的工业用水管理对于实现可持续发展至关重要。

工业用水管理的核心在于提高用水效率。工业生产过程中,许多水资源被用于冷却、清洗、加工等环节。通过引入先进的节水技术和设备,可以在保障生产需要的同时减少用水量。定期进行设备检查和维护,防止漏水和设备损耗,也是提高用水效率的重要手段。

工业用水管理还需要注重水质保护。工业活动中可能产生废水,如果不经过有效的处理,将对周围环境和水体造成严重的污染。因此,建立健全的废水处理系统,对排放的废水进行科学合理的处理，确保排放水质符合环保标准，是保护水质的重要步骤。

工业用水管理应当结合循环经济的理念。通过循环利用水资源，例如回收废水用于再生产过程，可以降低对新鲜水资源的需求。建立封闭系统，减少水的流失和排放，实现水资源的最大程度循环利用，有助于实现工业的可持续发展。

工业用水管理与能源效益密切相关。一些工业生产过程中需要大量能源，而用水又与能源相互关联。因此，在工业用水管理中，要综合考虑水和能源的联动。通过技术创新，采用节能技术，降低生产过程中的用水和能源消耗，可以实现资源的双重节约，促进工业的可持续发展。

工业用水管理还需要充分考虑地区水资源状况。由于水资源的地域性差异，不同地区的工业用水管理策略应当因地制宜。一些地区可能面临水资源短缺，因此需要更为严格的用水管理措施，而一些水资源充足的地区则可以更为灵活地制定用水政策。

在工业用水管理中，社会参与也是至关重要的一环。通过建立公众参与机制，使得企业和社会公众能够更好地沟通，共同制定和监督用水管理政策。社会参与不仅有助于提高用水管理的透明度，还可以促使企业更加重视环保责任，实现可持续发展目标。

工业用水管理需要考虑水资源的综合管理。不仅要关注工业用水本身，还要考虑到水资源与其他自然资源的关系。综合考虑水资源、土地资源、能源等的协同利用，可以更好地实现可持续发展的目标。

工业用水管理是实现可持续发展的重要一环。通过提高用水效率、保护水质、循环利用水资源、考虑地区差异、关注能源效益、充分社会参与以及综合资源管理，可以实现工业用水与可持续发展的有机融合。这将为工业的长期发展提供了坚实基础，同时也有助于维护水资源的生态平衡。

二、工业用水与水资源的可持续利用

（一）工业用水与水资源管理体系

1. 工业用水管理制度

工业用水管理制度是实现水资源高效利用和环境可持续发展的关键环节。这一制度的建立和执行涉及多个层面，包括政府监管、企业自律、技术创新等方面。科学合理的工业用水管理制度旨在在维护工业正常运转的同时，最大程度地减少对水资源的消耗和环境的影响。

政府在工业用水管理中发挥着引导和监管的作用。政府应该通过制定相关法规、政策和标准，规范工业用水行为，推动企业建立健全的用水管理制度。同时，政府还需要对工业企业的用水情况进行监测和评估，加强对违规行为的处罚力度，以确保工业用水的合规性和环保性。

企业在建设和执行工业用水管理制度中承担着直接的责任。企业应该建立完善的水资源管理体系，包括用水计划、监测体系、紧急应对措施等方面。企业需要在生产流程中引入节水技术和循环水利用系统，减少对新鲜水的需求。企业还应该加强员工培训，提高用水意识，使每个员工都能够参与到用水管理中来。

技术创新在工业用水管理中发挥着重要的推动作用。通过引入先进的水处理技术、智能监测系统、循环水利用装置等先进技术手段，可以提高工业用水的利用效率，减少水资源的浪费。技术创新还能够帮助企业更好地适应不同水质和用水需求，提高用水的灵活性和适应性。

社会参与是工业用水管理制度的另一个重要方面。社会组织、非政府组织和居民等应该参与到用水管理的监督和评估中。通过社会的参与，可以增加用水管理的透明度，推动企业更加负责任地执行用水制度，降低对环境的负面影响。

工业用水管理制度的建立和执行需要形成一种多方合作的模式。政府、企业、技术创新者和社会组织之间需要形成紧密的合作网络，通过共同的努力推动工业用水管理制度的不断完善和提高。只有在多方共同参与的情况下，才能够形成有效的用水管理机制，实现水资源的高效利用和环境的可持续发展。

工业用水管理制度的建立和执行是一项复杂而长期的任务。通过政府引导、企业自律、技术创新和社会参与等多方面的协同作用，才能够形成科学、合理、有效的工业用水管理制度。这一制度的不断完善将有助于推动工业生产向更为可持续和环保的方向发展。

2. 智能水网在工业用水中的应用

智能水网在工业用水中的应用具有深远的影响。这一创新性的技术将传统的工业用水方式转变为高效、智能的水资源管理体系，从而实现水资源的可持续利用和智能化管理。

智能水网通过传感器和数据采集技术，实现对工业用水过程的实时监测和数据分析。这种实时监测不仅包括水质和水量的监控，还涉及生产过程中的用水效率等方面。通过获取准确的数据，企业可以深入了解用水情况，及时发现和解决用水中的问题，提高用水的效率和可持续性。

智能水网借助先进的人工智能技术，实现对工业用水过程的智能化管理。通过建立智能预测模型，可以对未来用水需求进行准确预测，并制定相应的水资源调配计划。人工智能还能够优化水资源利用方案，提高用水系统的整体效益，降低用水成本，实现资源的最优配置。

智能水网还可以实现工业用水的自动化控制。通过智能控制系统，企业可以实现对生产过程中用水设备的远程监控和控制。这不仅提高了用水的精准度，还减少了人为的操作失误，从而保障了用水过程的稳定性和可靠性。自动控制还有助于实时响应用水需求的变化，提高企业对水资源的灵活利用能力。

智能水网在工业用水中的应用还体现在水资源的循环利用方面。通过智能水网系统，企业可以对废水进行实时监测和处理，将废水中的有用成分提取出来，进行再生利用。这种循环利用不仅减轻了对新鲜水的依赖，还减少了废水对环境的污染，实现了水资源的可持续循环利用。

智能水网还可以与其他智能系统进行整合，实现生产过程中不同资源的协同管理。例如，与能源管理系统结合，通过优化用水和能源的协同运行，提高整体资源利用效率。这种综合的智能管理有助于构建更为智慧、高效的生产系统，实现资源的综合利用和优化配置。

总体来看，智能水网在工业用水中的应用使得水资源管理变得更为智能、高效和可持续。通过实时监测、智能管理、自动控制和循环利用等手段，企业能够更好地适应用水需求的变化，提高水资源利用效率，降低成本，推动工业用水向着更为智慧和可持续的方向发展。这一创新性技术为实现工业领域的绿色、低碳、可持续发展提供了新的途径。

（二）工业生产中的循环水利用

在工业生产中，循环水利用作为一种可持续发展的理念逐渐引起了广泛的关注。循环水利用是指在工业过程中对水资源进行高效利用和回收再利用，以最大限度地减少对自然水源的依赖。这一理念的实施不仅有助于解决水资源短缺问题，还有利于降低生产成本、减少环境污染，对工业生产的可持续性起到积极的推动作用。

循环水利用的核心在于实现水资源的闭环循环，最大限度地减少对新鲜水的需求。工业生产过程中，许多水源最初被用于冷却、清洗和生产过程中的溶剂等用途。在传统的工业模式中，这些水源被使用一次后往往被排放，造成了对自然水源的浪费和污染。而通过循环水利用，这些用过的水可以经过处理后再次用于生产过程，形成一个封闭的水资源循环系统。

循环水利用在工业生产中的实施涉及多个层面。必须建立高效的水资源处理和回收技术。通过先进的水处理技术，能够将生产废水中的有害物质去除，使其满足再次用于工业生产的标准。这不仅要求技术的创新，也需要对工业生产过程的水质要求进行全面的了解。

循环水利用还需要在工业生产流程中引入节水和回收设计。通过改进设备和工艺，减少生产过程中对水的需求，最大限度地提高水资源的利用效率。同时，可以设计和引入一些水回收装置，将部分用水回收并再次利用于相同的生产环节。

企业在实施循环水利用时还需要加强管理和监测。建立科学的水资源管理体系，对循环水利用过程进行监测和评估，及时发现问题并采取有效的措施进行修正。这要求企业在技术和管理层面都进行全面的提升。

在循环水利用的推动下，工业生产过程中逐渐形成了绿色工业的理念。通过合理的水资源利用，企业在降低生产成本的同时，还能够降低对环境的负面影响。这符合现代社会对可持续发展的追求，使得工业生产逐渐朝着更为环保、经济、社会可持续的方向发展。

循环水利用在工业生产中的实施对于解决水资源短缺、降低环境负担、提高生产效益具有积极的意义。通过引入先进的水处理技术、改进工业生产流程和加强管理监测，企业可以实现水资源的高效利用，为工业生产的可持续性发展提供了新的路径。循环水利用不仅是一种经济效益的实现，更是对环境责任和社会可持续发展的践行。

第九章 遥感在地表水资源测绘中的应用

第一节 河流与湖泊的遥感监测

一、河流与湖泊遥感监测技术

（一）河流与湖泊遥感监测的背景与意义

1. 遥感技术在水资源监测中的应用历史

遥感技术在水资源监测中的应用具有深远的历史渊源。随着科技的进步和社会需求的不断增长，遥感技术逐渐成为了水资源监测的重要工具。这一技术的演进可以追溯到数十年前，它在水资源领域的应用历史充满了创新和不断突破的探索。

20 世纪初，最早的遥感技术主要依赖于航空摄影。航空摄影通过飞机搭载相机，获取大范围的影像数据，为水资源的监测提供了全新的视角。这项技术的应用，尽管局限于成本高昂和数据获取难度大等问题，但为水资源监测领域打开了大门。

随着空间技术的发展，20 世纪 60 年代，人类迈入了太空时代。卫星遥感技术应运而生，成为水资源监测的新兴工具。1972 年，美国的 LANDSAT 卫星成功发射，标志着卫星遥感正式应用于水资源监测。LANDSAT 卫星通过获取多光谱影像，使研究人员能够更全面、细致地观察地表特征，为水资源的定量监测提供了更多的信息。

随着卫星技术的飞速发展，遥感技术逐渐由单一的光学遥感发展为多源多波段的综合遥感体系。雷达遥感、红外遥感等新型技术的引入，使得水资源监测的精度和全面性得到了显著提升。特别是合成孔径雷达（SAR）技术，可以在云层覆盖下进行观测，弥补了光学遥感在云天气下的不足，为水资源监测提供了更为全天候的手段。

进入 21 世纪，遥感技术在水资源监测中的应用进入了一个新的阶段。高分辨率遥感技术的发展，使得对细小水体和水资源分布的监测更加精准。卫星、无人机等多源数据的整合，使得水资源监测具备更高的时空分辨率，可以更准确地把握水资源的变化情况。

同时，遥感技术在水资源监测中的应用也逐渐拓展到了水质监测领域。通过遥感获取的多光谱和高光谱数据，可以识别水体中的悬浮物、蓝藻、水质参数等，为水质监测提供了全新的方法。这对于水资源管理者来说，意味着可以更及时、精准地了解水体的水质状况，从而采取相应的措施进行治理。

遥感技术的应用还推动了水资源模型的发展。通过整合遥感数据，结合地理信息系统（GIS）等技术，研究人员能够建立更为精确的水资源模型，模拟水体变化、地下水位变化等情况。这为水资源的长期规划和可持续管理提供了更为科学的依据。

随着深度学习等人工智能技术的兴起，遥感技术在水资源监测中的自动化和智能化水平也不断提升。利用深度学习算法，可以从遥感数据中自动提取水体信息、进行水体分类等，大大提高了遥感数据的处理效率和准确性。

总体来看，遥感技术在水资源监测中的应用经历了多个阶段，从航空摄影到卫星遥感，再到如今的高分辨率遥感和人工智能技术的融合。这一过程中，不断的技术创新和方法改进，使得遥感技术在水资源监测中发挥了越来越重要的作用，为水资源管理和可持续发展提供了强有力的支持。随着技术的不断发展和应用领域的扩大，遥感技术在水资源监测中的角色将进一步得到加强，为全球水资源的合理利用和可持续管理提供更为全面的信息支持。

2. 河流与湖泊遥感监测的科学意义

河流与湖泊的遥感监测对于科学研究和资源管理具有重要的科学意义。遥感技术通过获取地表的高质量数据，能够实现对河流与湖泊的全面、实时监测，为环境保护、水资源管理和生态研究提供了有力的支持。

在科学研究方面，河流与湖泊的遥感监测能够帮助科学家深入了解水体的动态变化、水质的时空分布以及相关的生态系统特征。通过卫星遥感技术获取的高分辨率数据，可以用于监测河流的流速、河岸的侵蚀和沉积情况，以及湖泊的水温、透明度等参数。这些数据对于水文学、生态学和地理信息科学等领域的研究提供了宝贵的信息，有助于深入了解自然水体的运动规律和生态系统的变化趋势。

河流与湖泊的遥感监测在水资源管理中具有重要的应用价值。通过对水体的监测，可以及时发现水体污染、漫灌、水量异常等问题，为水资源的合理分配和管理提供科学依据。遥感技术还可以用于监测水体的变化趋势，预测未来的水资源状况，帮助决策者制定更为科学的水资源管理政策，保障水源的可持续利用。

数据源方面，河流与湖泊的遥感监测主要依赖于多源数据，其中卫星遥感数据是最为重要和常用的数据源之一。卫星遥感数据具有全球性、高时空分辨率的特点，能够提供大范围、连续观测的能力。MODIS、Landsat、Sentinel 等卫星系统提供的多光谱和高光谱数据，可用于提取水体的特征，监测水体的演变，同时可以结合其他传感器数据，获取水体的温度、浊度、叶绿素含量等相关信息。

航空遥感技术也为河流与湖泊监测提供了重要的数据来源。通过航空拍摄和激光雷达技术，可以获取高分辨率的地表数据，揭示水体的细节和复杂地形的特征。这对于局部区域的深入研究以及一些细粒度的水资源管理具有独特的优势。

地面观测站点的数据也是河流与湖泊遥感监测中的重要数据源。地面观测数据可以用于遥感数据的验证和校正，提高监测结果的精度。水文站、水质监测站等地面站点的实时观测数据，对于监测水体的水位、流速、溶解氧等指标提供了实时、连续的支持。

河流与湖泊的遥感监测在科学研究和资源管理中发挥着不可替代的作用。通过利用多源、多尺度的遥感数据，科学家和决策者能够全面了解水体的特征和动态变化，为环境保护、水资源管理以及生态研究提供科学的数据基础。这种全球视角和高效获取信息的技术手段为解决水资源管理和生态保护中的挑战提供了创新的途径。

（二）河流与湖泊遥感监测的数据源

河流与湖泊的遥感监测是借助各种数据源，为了更全面、准确地了解水体特征、水质状况以及变化趋势。这些数据源的多样性和综合利用，为科学研究和水资源管理提供了强有力的支持。

卫星数据是河流与湖泊遥感监测的主要数据源之一。通过不同类型的卫星，如 LANDSAT、MODIS、Sentinel 等，可以获取高分辨率、多光谱、多时相的遥感影像。这些卫星数据能够提供全球范围内的覆盖，以及不同季节和天气条件下的水体信息，为河流与湖泊的动态变化提供直观的视觉数据。

卫星遥感还能够提供水体的空间分布、形态和演变趋势的信息。通过对反射率、亮度温度等参数的遥感监测，可以推断水体的水质、含沙量、叶绿素浓度等关键水文要素，为水体管理提供定量信息。同时，卫星遥感数据还能够进行时间序列分析，揭示水体的季节性和长期趋势，为科学研究提供时间维度上的深入了解。

除了卫星数据，航空遥感也是河流与湖泊监测的重要数据源之一。航拍影像和激光雷达数据能够提供更高分辨率的水体信息，用于精细化的水域监测。激光雷达数据可以获取水体的高程信息，揭示地形特征和水底地貌，对于湖泊深度、河道几何形态等方面提供关键数据。

地面观测数据也是河流与湖泊遥感监测的重要组成部分。水质监测站点、浮标、测站等地面观测设施提供了直接、实时的水质和气象数据。这些数据对于卫星和航空遥感的验证和校正具有重要意义，同时也为模型的建立和评估提供了实测基础。

遥感监测中，地理信息系统（GIS）扮演着关键的角色。GIS 综合了多源数据，能够进行数据集成、叠加分析、时空查询等操作。通过 GIS 技术，可以将卫星和航空遥感数据与地面观测数据有机结合，构建全面、多维的水体信息系统。这为河流与湖泊的空间分析、水体交互影响等研究提供了有效工具。

遥感监测还利用了先进的无人机技术。无人机具有灵活性强、分辨率高等特点，能够更精细地获取局部水体的信息。无人机搭载的多光谱传感器和相机，能够获取高分辨率的影像和数据，为小尺度水体的监测提供了新的可能性。

人工智能技术也在河流与湖泊遥感监测中崭露头角。深度学习等算法能够从大量的遥感数据中自动提取水体特征，进行水体分类、边界提取等操作。这为大规模、高效的水体监测提供了前所未有的机会，提高了监测的自动化和精度。

河流与湖泊遥感监测依赖于多源数据的综合利用。卫星数据、航空遥感、地面观测、GIS 技术、无人机和人工智能等多种技术和手段相互交融，为水体监测提供了多层次、多方面的信息支持。这样的综合利用，为科学研究、水资源管理以及环境保护提供了更为全面、精准的数据基础。

二、河流与湖泊遥感监测应用案例与趋势

（一）河流与湖泊生态环境监测

1. 生态系统变化监测

生态系统变化监测对于河流与湖泊的生态环境至关重要。这种监测不仅能够帮助科学

家了解生态系统的动态变化，也是有效管理和维护水体生态平衡的基础。河流与湖泊生态环境监测涉及多个方面，包括水质监测、生物监测、水文监测等，以全面掌握水体的生态状况，为环境保护和可持续利用提供科学依据。

水质监测是河流与湖泊监测的核心内容之一。通过定期采样并分析水体中的物质含量，科学家可以获取水质的数据信息。这包括了水中的溶解氧、氮、磷等营养物质，以及有机物、重金属等污染物。水质监测的结果可以反映出水体的富营养化程度、污染状况以及生态系统的健康状况，为环境保护决策提供了有力的科学支持。

生物监测是另一个重要的监测方向。通过对水体中的生物多样性、种群结构和数量的观察和记录，可以了解到生态系统的动态变化。鱼类、浮游生物、底栖生物等不同类型的生物在水体中扮演着不同的角色，其分布和数量变化可反映出水体的生态平衡状态。生物监测有助于评估生态系统的健康状况，为保护和恢复水体生态环境提供指导。

水文监测是对河流与湖泊水文特性的跟踪。通过监测水体的流量、水位、流速等水文参数，科学家可以了解水体的运动状态。这对于了解河流与湖泊的水动力学过程、洪涝预测、水文循环等方面具有重要意义。水文监测为科学家提供了了解水体运动特性、预测枯水期和丰水期的信息，对水体的合理利用和生态保护有着重要的作用。

遥感技术在河流与湖泊监测中的应用也越来越重要。通过卫星和无人机等遥感手段，可以获取大范围、高频次的水体信息。这包括水体表面温度、叶绿素含量、水体颜色等。遥感监测可以为科学家提供大面积、实时的数据，帮助监测水体变化、发现异常情况，同时为生态系统变化的评估和预测提供了有力的支持。

河流与湖泊的生态环境监测是一个综合性的系统工程，涵盖了水质监测、生物监测、水文监测和遥感监测等多个方面。通过对这些方面的综合监测，科学家可以全面了解水体的生态状况，为水体的合理管理、环境保护和可持续利用提供科学依据。这种监测工作对于维护水体生态平衡、预防水环境问题、支持水资源的可持续利用等方面有着深远的影响。

2. 水体污染与富营养化监测

水体污染与富营养化是当今生态环境监测中备受关注的问题，尤其是在河流与湖泊的生态系统中，其监测具有重要的科学意义和实践价值。

水体污染监测主要关注着水体中的各种污染物质的种类和浓度。污染物可以来自于工业废水、农业排放、城市生活污水等多个方面。借助先进的监测技术，可以实时监测水体中的化学氧需求（COD）、氨氮、总磷、总氮等关键指标，从而了解水体的污染程度和污染物的来源。这种监测不仅有助于及时发现和治理水体污染，也为相关管理部门提供了科学的数据支持，促进制定和完善环境保护政策。

富营养化监测则关注水体中的营养物质过剩问题，主要体现在水体中的高浓度的氮、磷等养分。这一问题通常与农业、城市排放、工业废水等有机负荷过大有关。通过监测水体中的叶绿素-a、总磷、总氮等指标，可以判断水体是否出现富营养化现象。富营养化的水体容易导致蓝藻大量繁殖，形成赤潮等现象，对水生态系统产生不良影响。因此，富营养化监测是预防和治理水体生态问题的关键。

河流与湖泊生态环境监测需要综合运用多种技术手段，其中遥感技术是一种重要的手段。卫星遥感数据可以提供大范围的地表覆盖信息，帮助监测水体的形状、大小、水质等变化。同时，通过遥感技术还能够监测河流周边土地利用情况，分析与水体污染、富营养化相关的人类活动。这为科学家和决策者提供了全面的生态环境信息，有助于制定合理的水体管理和保护措施。

地面监测站点也是生态环境监测的重要组成部分。通过设置水文站、气象站、水质监测站等观测点，可以实时监测水体的水位、流速、气象条件等信息，为水体动态变化提供重要数据。地面监测与遥感数据相结合，可以建立起全面而深入的监测网络，全方位地把握河流与湖泊的生态状况。

生物监测是生态环境监测的重要手段之一。通过对水体中浮游生物、底栖动物的监测，可以了解水体的生态平衡状况。生物多样性和生物群落的变化能够反映水体的污染和富营养化程度，为制定相应的保护措施提供科学依据。

河流与湖泊生态环境监测涉及水体污染和富营养化等多方面的问题，需要综合运用遥感技术、地面监测和生物监测等多种手段。通过这些手段的协同作用，可以更全面、更精准地监测水体的生态环境状况，为环境保护、水资源管理和生态恢复提供科学依据和技术支持。

（二）河流与湖泊水资源管理与规划

河流与湖泊的水资源管理与规划是一项复杂而重要的任务，而遥感监测在此过程中发挥着关键的作用。通过实际的应用案例，我们可以深入了解遥感监测在河流与湖泊水资源管理与规划中的价值，并描绘出未来的发展趋势。

遥感监测在水资源管理与规划中的应用案例中，广泛涵盖了水体的动态监测。以美国尼尔斯湖为例，卫星遥感数据被用于监测湖泊的表层温度、水质和叶绿素浓度等指标。这种实时监测有助于对湖泊健康状态的及时评估，为相关决策提供科学依据。这种应用案例揭示了遥感技术在湖泊水资源管理中的重要作用，可以实现对湖泊变化的快速、全面的监测。

在河流水资源管理中，巴西亚马河流域的案例是一个有代表性的例子。通过卫星遥感数据，研究人员可以监测河流的流量、河道变化和水质参数。这种监测为河流水资源的合理分配和管理提供了实时数据，支持相关决策制定。这样的案例突显了遥感监测在河流水资源管理中的实用性，有助于实现对河流生态系统的科学保护和可持续利用。

遥感技术在水资源规划中的应用案例也逐渐增多。例如，在澳大利亚的黄金海岸，卫星和无人机数据被用于监测沿海地区的潮汐、海岸线变化和水质。这种信息有助于科学规划城市建设，防范海岸侵蚀，实现水资源的可持续利用。这个案例揭示了遥感技术在城市水资源规划中的潜在价值，为城市可持续发展提供了技术支持。

在趋势方面，未来遥感监测在河流与湖泊水资源管理与规划中的应用将呈现出一系列发展趋势。高分辨率遥感技术的不断发展将进一步提升监测精度。这种技术的进步将使得更加精细化的水体特征和水质信息能够被捕捉，为水资源管理提供更加准确的数据支持。

多源数据融合将成为未来遥感监测的趋势之一。通过整合卫星、航空、无人机等多种数据源，可以实现对水体的全方位监测。这种多源数据融合有助于弥补各种数据的不足，提高监测的全面性和综合性。

人工智能技术的广泛应用也将是未来的发展趋势。深度学习算法等人工智能技术可以对大规模遥感数据进行自动化处理和分析，提高监测的效率和准确性。这为水资源管理提供了更高效的手段，使得决策过程更加迅速和科学。

随着卫星技术的不断创新，微型卫星和卫星网络的发展也将成为未来的发展方向。这将使得遥感监测更加灵活和可持续，为全球范围内的水资源管理提供更为及时、全面的监测手段。

遥感监测在河流与湖泊水资源管理与规划中具有广泛的应用前景。通过实际应用案例的分析，我们能够深入了解其在水资源管理中的实际效果，并且未来的发展趋势显示出更为广阔的发展空间。这将为全球水资源的科学管理和可持续利用提供更为强大的技术支持。

第二节 河口水体动力学分析

一、河口水体动力学分析

（一）河口水体动力学的基本概念

1. 河口水体动力学的定义

河口水体动力学是研究河流与海洋交汇处水体运动规律的科学领域。这一领域关注河口区域的水动力学过程，包括水流的速度、方向、湍流、波浪、潮汐等多个方面的动力学特征。河口水体动力学的研究对于了解河口生态系统、沉积物运移、水污染传播等具有重要的意义。

河口水体动力学研究关注水流的速度和方向。由于河流和海洋水体在河口地带相交，形成混合流，水流的速度和方向表现出复杂的动态变化。这种变化受到多种因素的影响，包括河流流量、潮汐、风力、地形等。通过深入研究水流的速度和方向，科学家可以更好地理解河口水体的运动规律，为海洋工程和水资源管理提供参考依据。

湍流是河口水体动力学中一个重要的研究对象。湍流是指水体中存在的不规则、混乱的流动现象，常常出现在河口混合区域。湍流对河口水体中的物质运移、氧气交换、能量传递等过程有着显著的影响。通过研究湍流的生成、演变和消失过程，科学家可以揭示河口水体中湍流对生态系统、沉积物运动等方面的影响机制。

河口水体动力学的研究还关注波浪的特征。波浪是由于风力和潮汐等因素引起的水体表面的起伏波动。河口地区波浪的形成和演变对于海岸线的侵蚀和沉积、河口入侵等有重要的作用。研究河口水体中波浪的特征，可以为海岸线的管理和河口地带的生态保护提供重要信息。

河口水体动力学的研究需要考虑潮汐的影响。潮汐是由于地球、月球和太阳的引力作用引起的周期性海水上升和下降。河口区域的潮汐运动对水体的流速、方向、混合程度等产生显著影响。通过研究潮汐的周期性变化，科学家可以更好地理解河口生态系统的动态特征，对河口水体的管理和保护提供科学依据。

河口水体动力学是一个综合性的研究领域，关注河流与海洋相交处水体运动的多方面动态特征。通过深入研究水流速度、湍流、波浪、潮汐等方面的动力学过程，科学家可以更全面地认识河口水体的运动规律，为有效管理河口生态系统、准确预测沉积物运移、控制水污染等提供科学依据。这一领域的深入研究对于维护河口水体的生态平衡和可持续利用具有深远的意义。

2. 河口水体动力学的研究对象

河口水体动力学是研究河口区域水体运动的科学领域，主要关注水流的变化、物质输运以及生态系统的相互作用。河口地区是河流和海洋相交的地方，其水体动力学的研究对象涉及复杂的潮汐、河流和海流等多种因素。

河口水体动力学的研究对象之一是潮汐运动。河口处受到海洋潮汐的影响，形成了规律的潮汐运动。潮汐的涨落对河口水体的流速、水位和悬移质输运产生显著影响。潮汐运动周期性地改变河口水体的动力学特性，对生态系统的结构和功能产生深远影响。因此，深入研究潮汐运动对于理解河口水体动力学至关重要。

河流输入是河口水体动力学的重要组成部分。河流带来的淡水、悬移质和溶解质对河口水体的运动和结构起着关键作用。河流输入的时空变化影响着河口水体的盐度分布、水温和养分输送，从而塑造了河口的动力学格局。深入研究河流输入对于了解河口水体的动力学过程和生态系统的演变至关重要。

河口水体动力学的研究还涉及海洋运动。河口是陆地与海洋相交的过渡地带，海洋运动对河口水体的运动和物质输运有着直接影响。潮汐引起的海水运动、海流的影响以及海岸线形态的变化都是河口水体动力学的重要因素。深入研究海洋运动对于揭示河口水体动力学中复杂的相互作用至关重要。

河口水体动力学的研究也需要考虑沉积物运动。在河口地区，悬移质和底层沉积物的运动对水体的动力学和地貌特征产生显著影响。沉积物运动直接关联着水体淤积和侵蚀的过程，影响了水体的生态环境和水质。因此，深入研究河口水体动力学需要综合考虑沉积物运动的复杂性。生态系统的相互作用也是河口水体动力学研究的重要方向。河口地区是复杂的生态系统，包括湿地、海洋、淡水和陆地等多种生态环境。这些生态系统之间的相互作用直接影响着河口水体的动力学过程。例如，河口湿地的植被、动物群落和微生物对水体的净化、养分循环等起到关键作用。因此，深入研究河口水体动力学需要将生态系统的相互作用纳入考虑。

河口水体动力学研究的对象涵盖了潮汐运动、河流输入、海洋运动、沉积物运动以及生态系统的相互作用。这些因素相互交织、相互影响，决定了河口水体动力学的复杂性。深入研究河口水体动力学不仅有助于增进对河口生态系统的理解，还为有效保护和管理这一生态环境提供科学基础。

（二）河口水体动力学的影响因素

河口水体动力学的影响因素非常复杂，包括海洋、河流和地形等多方面因素。潮汐是河口水体动力学的主要推动力之一。潮汐的周期性涨落导致河口水体发生周期性的水位和流速变化，形成潮汐流。这种潮汐流的强度和方向直接影响河口水体的动力学特性。

河流的流量是影响河口水体动力学的重要因素之一。河流的流量大小和流速不仅受季节变化的影响，还受降雨和融雪等气象因素的影响。河流水量的变化会影响河口水体的盐度分布、淡水与海水的混合程度，从而影响河口水体的动力学过程。

海洋环境也是河口水体动力学的重要因素。海洋潮汐、海流、海浪等都直接影响着河口水体的流动和混合。海流的强度和方向对河口水体的输运过程产生显著影响，同时，海浪的能量也会促使河口水体的搅拌和混合。

地形特征是另一个重要的影响因素。河口地区的河道、沙洲、湾口等地形特征直接塑造了河口水体的动力学形态。河口水体受地形的影响而形成的逆潮流、港湾效应等现象，直接影响着水体的流速和方向。

植被和沉积物也在一定程度上影响河口水体的动力学。植被通过减缓水流速度、稳定河道底床，影响河口水体的流动状态。沉积物的分布和含量会影响水体的透明度、底床形态和水质特性，从而影响动力学过程。

气象因素也在一定程度上对河口水体动力学产生影响。风向、风速、气温等因素会影响水体的蒸发和蒸散，进而影响水体的盐度和温度分布。大气压力的变化也会引起海平面的变化，进而影响潮汐。

人类活动也是影响河口水体动力学的因素之一。河口地区的城市化、工业化和农业活动可能导致水体的污染、生态系统变化，进而影响水体的动力学特性。河口水体的堤防、港口和人工水道的建设也会改变水体的流动和混合过程。

河口水体动力学的影响因素是多方面的，涵盖了自然环境和人类活动等多个方面。这些因素相互作用、相互影响，共同塑造了河口水体的运动规律和动力学特性。深入理解这些影响因素，有助于更好地认识河口水体的复杂性，为河口水体的科学管理和可持续利用提供科学依据。

二、河口水体动力学与生态环境交互分析

(一) 河口水体动力学与生态系统相互关系

河口水体动力学与生态系统之间存在着密切的相互关系，这种关系直接影响着河口地区的生态平衡和生物多样性。水体动力学作为研究河流与海洋相交处水体运动规律的科学领域，对河口生态系统的形成、演变和维持起着重要的调控作用。

水体动力学的速度和方向对生态系统中的物质运移具有重要影响。在河口地区，水体动力学的速度决定了悬浮颗粒物的携带和输运能力。水流速度的增加可能会导致沉积物的悬浮、携带和沉积过程发生变化，从而影响底栖生物的生存环境。同时，水流方向的变化也会直接影响沿岸生态系统的分布和结构。

湍流作为水体动力学的一个重要组成部分，对河口生态系统的生物多样性和底栖生物的分布产生直接影响。湍流可以改变水体中的温度、溶解氧、养分等环境因子的分布，从而影响水生生物的生长、繁殖和迁徙。湍流还能够扰动底栖生物的栖息环境，对底栖生物

的生态位分布和种群结构产生影响。

波浪作为水体动力学的表征之一，也在河口生态系统中发挥着重要作用。波浪的能量对于河口地带沙质海滩和滩涂的形成和维持至关重要。波浪的冲刷作用和沉积作用直接影响河口地区的地貌特征，同时也影响着生态系统的形成和稳定。特别是对于一些沿海湿地和红树林生态系统，波浪的影响更加显著。

潮汐运动作为水体动力学的周期性现象，对河口生态系统具有深远的影响。潮汐的周期性变化导致水位的上升和下降，这不仅影响着沿岸地带的生态系统，也影响着河口地区的淡水与海水的混合。这种混合对于河口水体的温盐分布、水体营养盐的输送等方面产生着重要的影响，直接影响着生态系统的结构和功能。

河口水体动力学与生态系统的相互关系还在于其对沉积物运动和河口地区的地貌演变的影响。水体动力学通过运输携带沉积物，改变河口地区的沉积格局，影响岸线的演变。同时，沉积物的沉积过程也在一定程度上影响了生态系统的底栖生物分布和栖息地的形成。

总体来说，水体动力学与河口生态系统之间的相互关系是一个复杂而紧密的系统。水体动力学通过调控水流速度、湍流、波浪和潮汐等动态特征，直接影响了河口生态系统的物质循环、生物多样性、底栖生物的栖息环境等多个方面。深入理解水体动力学与生态系统的相互关系，有助于科学家更好地保护和管理河口地区的生态环境，实现水体与生态系统的协同发展。

1. 水动力学对生态系统的影响

河口水体动力学与生态系统之间存在着密切的相互关系，这种关系直接影响着河口地区的生态平衡和生物多样性。水体动力学作为研究河流与海洋相交处水体运动规律的科学领域，对河口生态系统的形成、演变和维持起着重要的调控作用。

水体动力学的速度和方向对生态系统中的物质运移具有重要影响。在河口地区，水体动力学的速度决定了悬浮颗粒物的携带和输运能力。水流速度的增加可能会导致沉积物的悬浮、携带和沉积过程发生变化，从而影响底栖生物的生存环境。同时，水流方向的变化也会直接影响沿岸生态系统的分布和结构。

湍流作为水体动力学的一个重要组成部分，对河口生态系统的生物多样性和底栖生物的分布产生直接影响。湍流可以改变水体中的温度、溶解氧、养分等环境因子的分布，从而影响水生生物的生长、繁殖和迁徙。湍流还能够扰动底栖生物的栖息环境，对底栖生物的生态位分布和种群结构产生影响。

波浪作为水体动力学的表征之一，也在河口生态系统中发挥着重要作用。波浪的能量对于河口地带沙质海滩和滩涂的形成和维持至关重要。波浪的冲刷作用和沉积作用直接影响河口地区的地貌特征，同时也影响着生态系统的形成和稳定。特别是对于一些沿海湿地和红树林生态系统，波浪的影响更加显著。

潮汐运动作为水体动力学的周期性现象，对河口生态系统具有深远的影响。潮汐的周期性变化导致水位的上升和下降，这不仅影响着沿岸地带的生态系统，也影响着河口地区的淡水与海水的混合。这种混合对于河口水体的温盐分布、水体营养盐的输送等方面产生着重要的影响，直接影响着生态系统的结构和功能。

河口水体动力学与生态系统的相互关系还在于其对沉积物运动和河口地区的地貌演变的影响。水体动力学通过运输携带沉积物，改变河口地区的沉积格局，影响岸线的演变。同时，沉积物的沉积过程也在一定程度上影响了生态系统的底栖生物分布和栖息地的形成。

总体来说，水体动力学与河口生态系统之间的相互关系是一个复杂而紧密的系统。水体动力学通过调控水流速度、湍流、波浪和潮汐等动态特征，直接影响了河口生态系统的物质循环、生物多样性、底栖生物的栖息环境等多个方面。深入理解水体动力学与生态系统的相互关系，有助于科学家更好地保护和管理河口地区的生态环境，实现水体与生态系统的协同发展。

2. 生态因素对水体动力学的反馈.

水体动力学受到生态因素的反馈，形成了复杂而紧密的相互作用关系。这些生态因素包括水生植物、微生物、动物群落等，它们通过各种生态过程和相互作用，深刻地影响着水体的流动、混合、溶解物质输运以及水体的生物和化学特性。

水生植物是影响水体动力学的重要生态因素之一。水生植物的根系和茎叶在水体中形成一种阻力，影响水流的速度和方向。植物的生长状态和分布情况直接影响水流的剧烈程度，形成了复杂的水植互动。同时，水生植物通过光合作用、吸收和释放氧气等过程，对水体的氧含量和碳循环产生显著影响，进而影响水体的生态平衡。

微生物群落是水体中另一个重要的生态因素，它对水体的动力学和生物地球化学过程产生深远影响。微生物在水体中通过降解有机物、固定氮、磷等元素，影响了水体中的营养循环。微生物的存在还能够形成生物胶体，影响水体的黏度和浊度，从而影响水体的运动状态。

动物群落也对水体动力学产生着显著的反馈作用。水生动物如鱼类、虫类等通过游动、觅食等行为，影响水体的流动和混合过程。特别是在河流和湖泊中，鱼类的洄游行为对水体动力学有着重要作用，它们的聚集和分布影响了水体的流速和流向。

水体中的生态因素还与水体的温度、盐度、溶解氧等物理和化学因素相互交织。例如，水生植物的生长和分布与水体温度和光照强度密切相关，微生物的代谢活动与水体的溶解氧水平息息相关。这些交互关系形成了复杂的生态网络，通过生态过程和生物地球化学循环，使水体动力学和生态系统的稳定性相互维持。

生态因素对水体动力学的反馈也在水体营养和富营养化的过程中发挥关键作用。水体中的藻类和浮游植物通过光合作用，吸收养分，形成藻华。这些藻华对水体的透明度和光照深度产生影响，进而影响水体的温度分层和溶解氧分布。这种富营养化的生态过程与水体的动力学特性相互交织，共同塑造了水体的生态格局。

生态因素的反馈还在水体中形成了生态位的竞争和相互关系。水生植物、浮游生物、底栖动物等在水体中占据不同的生态位，通过竞争、捕食等行为，形成了水体中的生态平衡。这种生态平衡影响着水体中各种生物的空间分布和数量分布，从而影响着水体的动力学特征。

总体来说，生态因素对水体动力学的反馈形成了一个错综复杂的生态系统。水生植物、微生物、动物群落等通过各种生态过程和相互作用，直接和间接地影响着水体的运动状态、温度分层、溶解物质输运等动力学过程。深入理解和研究这些生态因素的相互关系，有助于更好地理解水体的生态系统运行机制，为水资源管理和生态保护提供科学依据。

（二）河口水体动力学与沉积物运移

河口水体动力学与沉积物运移之间存在着密切的相互关系，这一关系直接影响着河口地区的地貌演变、生态环境和水体质量。水体动力学是研究河流与海洋相交处水体运动规律的科学领域，而沉积物运移则是在水体动力学的作用下，沿水体传输和沉积的过程。深入研究河口水体动力学与沉积物运移的关系，有助于更好地理解河口地区的地形演变、沉积物分布规律以及生态系统的形成和稳定。

水体动力学的速度和方向对沉积物运移起着至关重要的调控作用。水流的速度决定了悬浮颗粒物的携带和输运能力，速度越大，携带的沉积物颗粒越多。水流的方向决定了沉积物的运移路径，不同的水流方向将导致沉积物在不同地点的沉积，形成不同类型的地貌特征。因此，水体动力学的变化直接影响沉积物在河口地区的分布和运移。

湍流作为水体动力学的一个重要组成部分，对沉积物运移也产生着显著的影响。湍流能够将底层沉积物悬浮到水体中，形成悬浮颗粒物。湍流的存在改变了水体中的颗粒物分布，影响了颗粒物的浓度和运移方向。湍流还能够扰动河床表面的沉积物，改变底质颗粒的堆积和沉积模式，形成不规则的地貌结构。

波浪是水体动力学中的另一个重要因素，对沉积物运移产生直接影响。波浪的冲刷作用能够将岸边的颗粒物悬浮到水体中，形成悬浮物。波浪的作用还能够推动沉积物沿着海岸线运移，影响海岸线的形态。波浪的作用还改变了沉积物的粒度分布，影响了沉积物的稳定性和运动特性。

潮汐运动是水体动力学中的一个周期性现象，对沉积物运移具有独特的影响。潮汐运动导致水位的周期性升降，潮汐涌浪能够将悬浮的颗粒物带到河口地带，形成潮汐淤积。潮汐还能够改变水流的速度和方向，对沿岸地区沉积物的运移路径和沉积分布产生影响。因此，潮汐运动是沉积物在河口地区运移的重要驱动力之一。

河口水体动力学与沉积物运移之间存在着紧密的相互关系。水体动力学通过调节水流速度、方向、湍流、波浪和潮汐等动态特征，直接影响沉积物在河口地区的分布、运移和沉积过程。深入理解这一关系有助于科学家更好地掌握河口地区的地貌演变、生态系统的形成和维持以及水体质量的变化。这对于有效管理河口地区的生态环境、防治沉积物污染和实现河口水体与生态系统的协同发展具有重要的意义。

第三节　水库与水质遥感监测

一、水库遥感监测技术

（一）水库遥感监测的背景与意义

1. 水库遥感监测的定义

水库遥感监测是一种应用遥感技术对水库进行实时、高效的监测和观测的方法。这种监测方法主要依赖于遥感卫星、航拍和其他遥感平台获取的多源遥感数据，以获取水库的空间、时间和光谱信息，进而深入了解水库的动态变化、水体特性和周边环境。

水库遥感监测的关键在于对多源遥感数据的获取和处理。卫星遥感数据是水库遥感监测的主要数据来源之一，其提供了全球性、周期性的高分辨率影像，能够全面观测水库的状态。同时，航拍技术也提供了更高分辨率的影像，有助于对水库细节进行更为精准的监测。这些数据通过遥感处理技术，包括影像解译、遥感分类、变化检测等，可以获取水库水域面积、水位高程、水体质量等重要信息。

水库遥感监测主要关注以下几个方面的内容。水库的水位变化是重要的监测对象。通过遥感数据获取水库表面高程信息，可以实时监测水位的变动情况。这对于水库管理、洪水预警和水资源调度具有重要的意义。水库水体的悬浮物质和水质特性也是监测的重点。遥感数据通过反射光谱信息，能够识别水体中的悬浮泥沙、蓝藻等物质，为水质评估提供数据支持。水库周边的土地利用变化也是监测的范畴之一。通过对水库周边地区的遥感图像分析，可以了解土地利用的变化对水库生态环境的影响。

水库遥感监测的数据分析过程也涉及时序变化的监测。通过比对不同时间点的遥感影像，可以观察水库的演变过程，发现可能存在的问题，例如水库底部沉积物的变化、水体面积的波动等。时序遥感监测不仅有助于水库管理者及时发现潜在风险，也为科学家深入研究水库的动态特性提供了数据基础。

水库遥感监测不仅在水资源管理中具有广泛应用，同时在生态环境保护和自然灾害预警中也有着积极作用。通过定期获取水库的遥感信息，可以建立水库的数字孪生模型，为水文模拟和水资源管理提供更加精确的输入数据。水库遥感监测还有助于发现水库周边生态系统的变化，包括湿地的退化、植被的变化等，从而为生态环境的保护提供科学支持。

水库遥感监测是一种借助遥感技术对水库进行全面、多方位监测的方法。通过获取水库的空间、时间和光谱信息，水库遥感监测为水资源管理、生态环境保护和自然灾害预警提供了重要的数据支持，有助于深入了解水库的动态特性和周边环境的变化。这一技术手段为水库管理和生态保护提供了新的视角和方法，对于实现水资源的可持续利用和生态环境的持续改善具有重要意义。

2. 水库遥感监测的科学意义

水库遥感监测在科学研究和水资源管理中具有深远的意义。这种监测手段通过获取大范围、多时相、高分辨率的遥感数据，能够实现对水库动态变化、水质状况以及周边环境的全面监测。这为科学家和决策者提供了重要的信息支持，有助于更好地理解水库系统的运行机制、优化水资源利用，同时也对水库生态环境的保护和可持续管理提供了有效手段。

水库遥感监测的科学意义在于其能够提供水库的时空动态变化信息。通过对水库区域进行定期的遥感观测，可以获得水库水位、水面面积、库容等重要参数的时序数据。这为科学家提供了深入了解水库运行规律、季节性变化以及长期趋势的机会。这种信息对于水库管理者制定灵活的调度计划、合理规划水资源利用和防灾减灾具有重要的参考价值。

水库遥感监测有助于研究水库水质特征。通过遥感技术获取的多光谱、高光谱数据，可以反映水体的透明度、叶绿素浓度、总悬浮物含量等水质参数。这种遥感监测手段可以在大范围内实现对水库水质的快速评估，为水质监测提供了高效、经济的途径。同时，通过长时间序列的遥感数据分析，可以揭示水库水质的季节性和年际变化规律，为水质管理提供更深入的科学依据。

水库遥感监测还能够探讨水库与周边环境之间的相互关系。通过对水库周边土地利用、植被覆盖、土壤类型等信息的获取，可以研究水库的流域特征，深入了解水库水质受到的影响因素。这有助于科学家和决策者更全面地考虑水库管理的生态环境问题，优化流域管理策略，保护水库周边生态系统。

水库遥感监测还在水库生态环境保护和修复方面发挥着积极的作用。通过遥感数据获取水库的湿地分布、水生植被状况等信息，可以制定合理的生态恢复计划。同时，监测水库周边的土地利用变化，及时发现潜在的环境问题，采取相应的保护措施。这为水库生态环境的可持续保护提供了科学依据和技术支持。

在水灾和干旱等极端气象事件方面，水库遥感监测也发挥着重要的作用。通过对水库水位、水面积等参数的监测，可以及时了解水库的储水情况，预测洪涝风险和缓解干旱压力。这有助于提高水库的应急响应能力，减轻自然灾害带来的影响。

水库遥感监测的科学意义体现在多个方面，包括时空动态变化的深入理解、水质特征的监测评估、水库与周边环境关系的研究、生态环境保护与修复的指导，以及灾害预测和应急响应的提升。这种监测手段为科学研究和水资源管理提供了全新的视角和方法，为实现水库的可持续利用和生态环境的可持续管理提供了有力的支持。

（二）水库遥感监测的数据源

水库遥感监测的数据源主要包括卫星遥感数据、空中摄影数据以及地面观测数据。这些数据源提供了多层次、多角度的信息，为水库监测提供了全面、准确的数据支持。

卫星遥感数据是水库监测的主要数据来源之一。卫星可以通过遥感技术获取大范围、高分辨率的图像，覆盖面积广，更新频率高。卫星遥感数据通常包括可见光、红外、雷达等波段的图像，这些数据能够反映水库及其周边地区的地形、水质、植被等信息。例如，通过可见光和红外波段的影像，可以获取水域的植被覆盖情况、水体表面温度等；而通过雷达数据，可以获得地形的高程信息、水体的粗糙度等。

空中摄影数据是一种高空航拍或飞行器拍摄的图像数据，也是水库监测的重要数据源之一。与卫星数据相比，空中摄影数据具有更高的空间分辨率，能够提供更为详细的地表信息。这些数据不仅可用于获取水库及周边地区的地貌、植被分布等信息，还能够用于制作高分辨率的数字高程模型（DEM）和数字表面模型（DSM），从而更精准地反映地形的细节。

地面观测数据包括水位测量、水质监测、气象观测等数据，是对遥感数据进行验证和辅助的重要依据。水库水位的实时监测可以通过水文测站、遥测站等手段实现，提供对水库蓄水量的实时掌握。水质监测则通过在水体中设置水质监测站点，收集水体中的各种物理、化学参数，以评估水库水质状况。气象观测则通过测量空气温湿度、降水等气象要素，为水库水文过程提供重要的气象背景资料。

除了以上主要的数据源外，地理信息系统（GIS）数据也是水库监测中的关键组成部分。GIS 数据包括地图、矢量数据、地理数据库等，能够为水库的空间分析、地理信息查询提供支持。通过整合 GIS 数据，可以更好地理解水库周边的土地利用、土地覆盖等信息，为水库管理和规划提供更为全面的空间信息。

综合考虑卫星遥感数据、空中摄影数据、地面观测数据以及 GIS 数据，可以构建一个多层次、多角度的水库监测系统。这个系统不仅能够提供水库的基本信息，还能够深入了解水库周边的地貌、植被、水质等多方面的数据。这对于科学家、水资源管理者以及生态环境保护等方面的决策者提供了丰富的信息，有助于更好地理解水库的动态变化，为水资源的合理利用和生态环境的保护提供科学支持。

二、水质遥感监测技术

（一）水质遥感监测技术

水质遥感监测技术是一种基于远程感知技术的手段，通过获取地表水体的遥感数据，实现对水质状况进行全面、高效的监测和评估。这一技术的关键在于利用多波段传感器获取水体的光谱信息，通过光谱特征反映水体中的各种物质，从而实现对水质的空间分布和变化趋势的监测。

水质遥感监测技术的实施主要借助于卫星、飞艇、飞机等遥感平台，搭载光学、红外、雷达等多种传感器设备，获取不同光谱范围的数据。卫星遥感是其中应用最广泛的手段之一，卫星能够提供全球范围的遥感覆盖，而且具有周期性的观测能力，适用于大面积水体的监测。飞艇和飞机遥感则可以提供更高分辨率的图像，适用于局部区域的水质监测，尤其是在复杂地形或城市环境中。

水质遥感监测的核心是对遥感数据进行处理和分析。通过光谱反演、水体成分提取、物理模型建立等方法，可以获取水体中的溶解物质、悬浮物质、藻类叶绿素等信息。其中，反演光谱数据涉及大量的光学物理学原理，需要考虑水体本身的吸收、散射、反射等光谱特性，以准确获取水体成分的浓度。建立水体物理模型是一个复杂而关键的过程，需要考虑水体的透明度、深度、底质反射等多个因素。

水质遥感监测技术的应用领域广泛，涵盖了自然水体、城市水体、农田水体等多个场景。在自然水体中，水质遥感监测可以实现对湖泊、河流、水库等水体的时空变化进行远程监测，帮助了解水体污染、藻华爆发等事件。在城市水体中，通过监测城市湖泊、河道等水域的水质，有助于城市水环境管理和城市规划。而在农田水体中，水质遥感监测可以帮助监测农业面源污染，及时发现和防控农田排水对水体的影响。

水质遥感监测技术对于应对突发水质事件和灾害也具有重要作用。通过实时监测水体中的异常变化，可以迅速发现水体污染、藻华暴发等问题，提高对水质事件的应对速度。水质遥感监测技术的应用不仅可以为环境保护提供科学依据，也为水资源管理、水生态保护、水灾害防控等提供了重要的技术支持。

水质遥感监测技术通过充分利用遥感数据，实现对水体的光谱信息获取和分析处理，为水质状况的监测提供了一种全面而高效的手段。这一技术的广泛应用对于水环境管理、水资源保护和应对水质灾害等方面都具有重要的意义，有助于实现对水体质量的精准监测和科学管理。

（二）水质遥感监测的数据源

水质遥感监测的数据源主要包括卫星遥感数据、水文气象数据以及地面实测数据。

卫星遥感数据是水质遥感监测的核心数据之一。通过卫星传感器获取的遥感数据可以提供大范围、高时空分辨率的水体信息。不同波段的卫星传感器可以获取水体的不同特性，比如可见光波段用于反映水体的颜色、透明度，红外波段则可用于估算水体的浊度和溶解有机物。通过对这些波段的组合和分析，可以获得水体的水质信息，如富营养化、藻华、悬浮物浓度等。卫星遥感数据的广覆盖和定期获取的特点，使其成为水质监测的重要手段。

水文气象数据也是水质遥感监测的重要数据源之一。水体的温度、溶解氧、流速等水文参数，以及气象因素如降雨量、气温、风速等都直接或间接地影响着水质。这些数据通过水文气象站点、流域观测等手段获取，可以提供对水体动态变化的直接观测。水文气象数据与遥感数据结合，有助于建立水质变化的全面监测体系，深入理解水体的响应机制。

地面实测数据是水质遥感监测的重要验证和辅助数据。水质监测站点、采样点等通过实地采集水样进行化验分析，提供了对水质参数的直接实测数据。这些实测数据具有高准确性，可以用于遥感数据的验证和模型的建立。同时，实测数据的时空分布特征也提供了对水质遥感监测结果的地面真实性的评估。

地理信息系统（GIS）数据是水质遥感监测中的另一重要数据源。GIS 数据包括地图、矢量数据、土地利用数据等，能够为水体及其周边环境的空间分析提供支持。通过整合 GIS 数据，可以更好地理解水体周围的地形、土地利用、流域特征等因素对水质的影响。这对于深入理解水质的空间分布和时空变化规律提供了重要的支持。

综合考虑卫星遥感数据、水文气象数据、地面实测数据以及 GIS 数据，可以建立一个多层次、多角度的水质监测系统。这个系统不仅可以提供水体的基本信息，还能够深入了解水体的动态变化、水体周围的环境特征以及水体受到的人类活动影响。这为科学家、水资源管理者以及环境保护等方面的决策者提供了更全面、准确的水质信息，有助于更好地制定水质保护策略和实现水体健康管理。

第四节　洪水与干旱事件的遥感监测

一、洪水事件的遥感监测

（一）洪水遥感监测的背景与意义

1. 洪水遥感监测的定义

洪水遥感监测是一种通过远程感知技术对洪水发生、演变和影响进行实时、准确监测的方法。该技术依赖于多源遥感数据，包括卫星、飞机、航拍等平台获取的影像和数据，通过对洪水泛滥区域的遥感信息分析，以获取关于洪水时空分布、洪峰流速、淹没范围、水质变化等方面的数据，从而提供决策者在洪灾管理和灾后恢复中的支持。

卫星遥感是洪水监测的主要手段之一。卫星能够提供全球广泛的监测范围，通过卫星影像可以全面观测洪水泛滥的区域，了解洪水的时空演变过程。卫星遥感还能够获取大范围的地表温度、植被覆盖、地形等信息，这些信息对于理解洪水的成因和影响具有重要意义。

飞机和航拍技术是洪水监测的另一重要手段。相较于卫星遥感，飞机和航拍平台能够提供更高分辨率的影像，适用于局部区域的洪水监测。航拍数据不仅能够捕捉细节，还可用于建立三维模型，更全面地了解洪水泛滥区域的形态和特征。这对于洪水灾害评估和灾后救援提供了详尽的信息。

洪水遥感监测的数据处理主要包括图像解译、影像处理和信息提取等步骤。图像解译通过对遥感影像进行分析，识别水体边界、淹没区域、河道漫滩等地理要素，从而获得洪水泛滥的范围。影像处理涉及数据的几何校正、大气校正等步骤，以确保获取准确的遥感信息。信息提取则包括对洪水时空演变特征的分析，例如洪水的发展趋势、洪水的演变速度等。

洪水遥感监测技术的应用领域广泛，主要包括以下几个方面。对于洪水灾害的实时监测和预警起到至关重要的作用。通过实时获取洪水泛滥区域的遥感数据，可以提前预警、及时响应，为洪水灾害的防范和应对提供科学依据。洪水遥感监测可用于洪水风险评估和地质灾害预测。通过对洪水泛滥区域的地形、土质等特征进行分析，可以预测洪水可能对周边地区产生的影响，有助于制定有效的灾害防范措施。洪水监测技术还可用于水资源管理，包括水文学模型的建立和水库调度的优化等方面，为保障水资源的可持续利用提供支持。

洪水遥感监测技术的不断发展和应用，为提高洪水监测的精度和时效性提供了新的途径。这一技术手段对于灾害管理、水资源规划以及社会公共安全方面都具有重要的意义，为更好地理解、应对和减轻洪水灾害的影响提供了关键的信息支持。

2. 洪水遥感监测的科学意义

洪水遥感监测在科学研究和灾害管理中具有重要的科学意义。通过利用遥感技术获取大范围、高时空分辨率的信息，能够实现对洪水发生、演变和影响的全面监测。这种监测手段为科学家、决策者和应急响应人员提供了及时而准确的洪水信息，有助于深入理解洪水过程、提高灾害防范和减灾水平，同时为洪水灾害后的应急救援和灾后恢复提供科学依据。

洪水遥感监测对于洪水过程的深入了解至关重要。通过遥感技术，可以获取洪水期间水体的光学特性、水面的变化等信息，从而揭示洪水的空间分布和变化过程。这种信息有助于科学家更全面地理解洪水的起源、演变和发展规律，为深入研究洪水机制提供了大量实验数据。

洪水遥感监测有助于实现洪水风险评估和预测。通过对洪水时的地表覆盖、河道宽度、水面变化等遥感数据的分析，可以定量评估洪水风险的空间分布和程度。这有助于科学家和决策者更好地制定洪水预警和预测模型，提高洪水灾害的预测准确性，为公众和政府提供更及时、有效的预警信息。

洪水遥感监测还可以为洪水灾害的实时监测和应急响应提供技术支持。通过卫星、无人机等遥感平台，可以迅速获取洪水现场的高分辨率图像，实时监测洪水的范围、深度和影响。这种实时监测有助于及时判定洪水灾害的规模和严重程度，为应急响应提供及时数据支持，有助于更快速、精准地展开灾害救援工作。

洪水遥感监测可以揭示洪水对生态环境和土地利用的影响。通过对洪水期间地表覆盖、土地利用、湿地面积等遥感数据的分析，可以研究洪水对周边生态系统和农田的影响。这有助于科学家更好地理解洪水对生态环境的影响机制，为生态保护和修复提供科学依据。

洪水遥感监测也对洪水灾害后的灾后恢复和重建具有指导意义。通过遥感技术获取洪水期间的地表沉积物、水体污染等信息，可以为灾后环境评估提供数据支持。这有助于科学家和决策者更好地了解灾后环境变化，制定合理的重建和修复计划，最大程度减轻洪水对当地社区和生态系统的影响。

洪水遥感监测在科学研究和灾害管理中具有多方面的科学意义，包括对洪水过程的深入了解、风险评估和预测、实时监测和应急响应、影响分析、以及灾后环境恢复等方面。这为科学家和决策者提供了强大的技术手段，有助于更好地理解和管理洪水灾害。

（二）洪水遥感监测的数据源

洪水遥感监测的数据源主要包括卫星遥感数据、雷达遥感数据、地面观测数据和气象数据。

卫星遥感数据是洪水监测的重要数据源之一。通过卫星传感器获取的遥感数据能够提供大范围、全球尺度的地表信息，对于洪水的时空分布具有良好的监测能力。卫星遥感数据包括多光谱、红外、热红外等波段的图像，这些数据能够反映地表的植被覆盖、土地利用、水体变化等信息。通过卫星遥感，可以实现对洪水影响区域的迅速全面的监测和评估。

雷达遥感数据也是洪水监测的重要来源之一。雷达技术具有较强的穿透云层和夜间观测能力，因此在洪水监测中表现出独特的优势。雷达遥感数据可以获取地表的高程信息、水体变化、洪水淹没区域的边界等关键信息。尤其是在云雨较为频繁的区域，雷达遥感数据能够提供更稳定的监测效果。

地面观测数据是洪水监测的重要验证和辅助数据。水文站点、水位计、雨量计等地面观测设备能够实时监测水位、降雨量等水文气象参数，提供对洪水形势的实时掌握。这些数据有助于验证遥感数据的准确性，同时也为洪水模型的建立提供了实测依据。

气象数据是洪水监测的关键数据源之一。降雨是引发洪水的主要气象因素之一，而气象站点、卫星遥感等手段提供了全球范围内的降雨数据。气象数据还包括风速、温度、湿度等信息，这些参数对于洪水发生和发展过程有着重要的影响。通过对气象数据的综合分析，可以更准确地预测洪水的发生和演变趋势。

综合利用卫星遥感数据、雷达遥感数据、地面观测数据和气象数据，可以建立一个全面的洪水监测系统。这个系统能够提供多源数据的集成分析，实现对洪水时空分布、淹没区域、深度等多方面信息的获取。同时，数据的及时更新和全面覆盖，为洪水风险评估、应急响应和灾害管理提供了科学依据。洪水监测系统的建立和不断优化，有助于提高社会对洪水的防范和响应能力，为灾害管理和生态环境保护提供科学支持。

二、干旱事件遥感监测

（一）干旱事件遥感监测的基本概念

干旱事件遥感监测是一种基于远程感知技术的方法，通过获取地球表面的遥感数据，实现对干旱事件的监测和评估。这一监测手段主要依赖于多源遥感数据，包括卫星、飞机、地面观测等平台获取的光学、热红外、微波等多光谱信息，以全面、及时地了解干旱的时空分布、植被状态、土壤湿度等关键因素。

卫星遥感是干旱事件监测的重要手段之一。卫星具有全球性的监测覆盖能力，可以获取大范围地表信息，对干旱事件的时空演变提供全面的观测。光学传感器可以反映植被的光谱特征，通过监测植被指数（如归一化植被指数 NDVI）的变化，可以揭示植被生长状况，为干旱监测提供关键信息。热红外传感器则可用于监测地表温度，帮助了解土壤水分状况。微波遥感也是一种重要的手段，通过穿透云层和植被，可以获取土壤湿度等信息，对干旱监测提供了互补的数据。

飞机遥感技术能够提供高分辨率的遥感数据，适用于局部区域的干旱监测。通过航拍或低空飞行，可以获取更为详细的地表信息，包括土地利用、植被覆盖、水体变化等。这对于深入理解干旱对特定区域的影响、制定灵活的应对措施具有重要价值。

地面观测是干旱监测的基础，包括气象站点、土壤湿度监测站、植被指数测量等。这些地面观测数据对于验证遥感数据的准确性、提供实时监测数据具有不可替代的作用。通过与遥感数据相结合，可以更加全面地了解干旱事件的发展趋势和影响程度。

在干旱事件遥感监测中，数据处理和分析是关键步骤。这包括影像预处理、特征提取、数据融合等过程。影像预处理主要包括大气校正、几何校正等，以确保获取的遥感数据准确反映地表信息。特征提取涉及对植被指数、地表温度等遥感指标的计算，用于量化干旱的程度和影响。数据融合则是将来自不同传感器的数据整合，提高监测精度和可靠性。

干旱事件遥感监测的应用涉及多个领域。对农业的影响是重要的研究方向。通过监测植被覆盖、土壤湿度等信息，可以评估农田的干旱风险，提供农业灾害预警。水资源管理是另一个关键应用领域。通过监测水体面积、水质变化等信息，可以更好地了解水资源的分布和变化，为合理利用和保护水资源提供依据。城市规划和自然资源管理也可以通过干旱监测技术来优化规划和管理策略，提高城市的可持续性。

干旱事件遥感监测通过综合应用多源遥感数据，对干旱时空分布、植被状态、土壤湿度等进行全面监测。这一技术手段对于实现对干旱的及时监测、科学评估和有效应对具有重要意义。通过不断改进监测方法和提高数据精度，干旱事件遥感监测为降低干旱灾害的影响、维护生态平衡提供了有力的支持。

1. 干旱事件遥感监测的定义

干旱事件遥感监测是一种基于远程感知技术的方法，旨在通过获取地球表面的遥感数据，全面、准确地监测和评估干旱的发生、演变和影响。这一监测手段依赖于多源遥感数据，如卫星、飞机、地面观测等，携带光学、热红外、微波等多光谱信息，以揭示干旱事件的时空分布、植被状况、土壤湿度等关键要素。

卫星遥感是干旱监测的核心手段之一。卫星具有全球性的监测能力，能够获取大范围地表信息，对干旱事件的发展进行全面观测。光学传感器反映植被的光谱特性，通过监测植被指数（如 NDVI）变化，揭示植被的生长状态，为干旱监测提供关键信息。热红外传感器用于监测地表温度，助力了解土壤水分状况。微波遥感也是一种重要手段，透过云层和植被，获取土壤湿度等信息，为干旱监测提供互补数据。

飞机遥感技术提供高分辨率的遥感数据，适用于局部区域的干旱监测。通过航拍或低空飞行，可获取详细的地表信息，包括土地利用、植被覆盖、水体变化等。这有助于深入理解干旱对特定区域的影响，并为制定应对措施提供重要信息。

地面观测是干旱监测的基础，包括气象站点、土壤湿度监测站、植被指数测量等。这些地面观测数据对验证遥感数据的准确性、提供实时监测数据不可或缺。通过与遥感数据结合，可全面了解干旱事件的发展趋势和影响程度。

在干旱事件遥感监测中，数据处理和分析是关键步骤，包括影像预处理、特征提取、数据融合等过程。影像预处理包括大气校正、几何校正等，确保遥感数据准确反映地表信息。特征提取涉及对植被指数、地表温度等遥感指标的计算，以量化干旱的程度和影响。数据融合是整合来自不同传感器的数据，提高监测精度和可靠性。

干旱事件遥感监测的应用领域广泛。对农业的影响是重要的研究方向。通过监测植被状态、土壤湿度等信息，评估农田的干旱风险，提供农业灾害预警。水资源管理是另一个关键应用领域。通过监测水体面积、水质变化等信息，更好地了解水资源的分布和变化，为合理利用和保护水资源提供依据。城市规划和自然资源管理也可通过干旱监测技术优化规划和管理策略，提高城市的可持续性。

总体来看，干旱事件遥感监测通过应用多源遥感数据，全面监测干旱的时空分布、植被状态、土壤湿度等。这一技术手段对实现对干旱的及时监测、科学评估和有效应对具有重要意义。通过不断改进监测方法和提高数据精度，干旱事件遥感监测为降低干旱灾害的影响、维护生态平衡提供了有力的支持。

2. 干旱事件遥感监测的科学意义

干旱事件的遥感监测具有深远的科学意义，对于全球水资源管理、农业生产、生态环境保护等方面都起到了至关重要的作用。通过利用遥感技术获取大范围、高时空分辨率的信息，可以实现对干旱发生、演变和影响的全面监测，为科学家、决策者和社会提供准确、实时的干旱信息，有助于深入理解干旱机制、提高灾害防范和减灾水平，同时为灾后的恢复和可持续发展提供科学依据。

干旱遥感监测对于实现对干旱空间分布和强度的精准评估至关重要。通过获取卫星、无人机等遥感平台的多光谱、高光谱数据，可以分析土地表面的温度、植被状态、土壤湿度等信息，揭示干旱时期地表的特征。这种信息有助于科学家更全面地理解干旱的空间分布和程度，为干旱风险评估提供准确数据支持。

干旱遥感监测为预测和早期预警提供了有效手段。通过对遥感数据的监测和分析，可以实时获取土壤湿度、植被健康状况等信息，用于预测植被水分状况和土壤湿度的下降趋势。这种信息为早期干旱预警提供了重要的科学依据，有助于及时采取防范措施，减轻干旱对农业、水资源和生态环境的不利影响。

干旱遥感监测还有助于研究干旱对农业生产的影响。通过对干旱时期的植被覆盖、作物生长状态等遥感数据的监测，可以深入研究干旱对农田的影响机制。这有助于科学家更好地理解干旱对不同农作物的影响程度，为调整农业管理策略、选择耐旱品种提供科学依据。

干旱遥感监测还可以揭示干旱对生态系统的影响。通过对植被生长状态、土地覆盖等遥感数据的监测，可以分析干旱对生态系统结构和功能的影响，了解植被的适应机制和生态系统的恢复能力。这种信息为生态环境保护和生态修复提供科学基础。

干旱遥感监测对于水资源管理具有重要意义。通过监测水体的蒸发蒸腾、湖泊水位、河流流量等遥感数据，可以实时掌握水资源的变化情况。这为科学家和决策者提供了科学依据，有助于合理规划水资源利用、制定防旱调度计划，提高水资源的利用效率。

总体来说，干旱遥感监测在科学研究和社会应对干旱灾害方面具有多方面的科学意义。通过获取高质量的遥感数据，实现对干旱的及时监测和科学研究，为减轻干旱灾害带来的损失、优化资源配置提供了有效手段。这种监测手段为灾害管理和可持续发展提供了重要的科学依据。

（二）干旱事件遥感监测的数据源

洪水遥感监测的数据源主要包括卫星遥感数据、雷达遥感数据、地面观测数据和气象数据。

卫星遥感数据是洪水监测的重要数据源之一。通过卫星传感器获取的遥感数据能够提供大范围、全球尺度的地表信息，对于洪水的时空分布具有良好的监测能力。卫星遥感数据包括多光谱、红外、热红外等波段的图像，这些数据能够反映地表的植被覆盖、土地利用、水体变化等信息。通过卫星遥感，可以实现对洪水影响区域的迅速全面的监测和评估。

雷达遥感数据也是洪水监测的重要来源之一。雷达技术具有较强的穿透云层和夜间观测能力，因此在洪水监测中表现出独特的优势。雷达遥感数据可以获取地表的高程信息、水体变化、洪水淹没区域的边界等关键信息。尤其是在云雨较为频繁的区域，雷达遥感数据能够提供更稳定的监测效果。

地面观测数据是洪水监测的重要验证和辅助数据。水文站点、水位计、雨量计等地面观测设备能够实时监测水位、降雨量等水文气象参数，提供对洪水形势的实时掌握。这些数据有助于验证遥感数据的准确性，同时也为洪水模型的建立提供了实测依据。

气象数据是洪水监测的关键数据源之一。降雨是引发洪水的主要气象因素之一，而气象站点、卫星遥感等手段提供了全球范围内的降雨数据。气象数据还包括风速、温度、湿度等信息，这些参数对于洪水发生和发展过程有着重要的影响。通过对气象数据的综合分析，可以更准确地预测洪水的发生和演变趋势。

综合利用卫星遥感数据、雷达遥感数据、地面观测数据和气象数据，可以建立一个全面的洪水监测系统。这个系统能够提供多源数据的集成分析，实现对洪水时空分布、淹没区域、深度等多方面信息的获取。同时，数据的及时更新和全面覆盖，为洪水风险评估、应急响应和灾害管理提供了科学依据。洪水监测系统的建立和不断优化，有助于提高社会对洪水的防范和响应能力，为灾害管理和生态环境保护提供科学支持。

第十章　遥感在地下水资源测绘中的应用

第一节　地下水储量估算方法

一、遥感在地下水储量估算中应用的基本原理

（一）遥感技术在地下水储量估算中的应用背景

地下水储量估算是地下水资源管理和可持续利用的关键环节之一。为了更准确地了解和评估地下水储量，遥感技术应用于地下水储量估算已经成为一种重要的手段。遥感技术，尤其是卫星遥感，具有全球范围、多时相、多光谱信息的特点，能够为地下水储量的监测和评估提供丰富的数据支持。

地下水是地球上重要的淡水资源之一，对人类的生活、农业和工业生产起着至关重要的作用。然而，由于人类活动和气候变化等因素，地下水储量的变化及其合理利用面临着诸多挑战。在这一背景下，利用遥感技术进行地下水储量估算成为一种具有广泛应用前景的方法。

卫星遥感技术是地下水储量估算的重要工具之一。通过卫星搭载的光学和雷达传感器获取的多光谱、高分辨率的遥感影像，可以提供地表覆盖、土地利用、植被状况等丰富的信息。这些信息对于地下水储量估算至关重要。例如，植被指数（如 NDVI）的变化可以反映地表植被覆盖情况，从而间接反映土壤含水量。雷达遥感可以穿透植被，获取地表的高程和形态信息，为地下水储量估算提供更为准确的地形数据。

热红外遥感也为地下水储量估算提供了一种有效的手段。地下水的存在对地表温度有一定的影响，因此通过热红外遥感可以监测地表温度的变化，从而间接推断地下水的分布和变化趋势。尤其是在干旱区域，地下水对地表温度的调节作用更为显著，热红外遥感成为评估地下水储量的有力工具之一。

微波遥感技术也在地下水储量估算中发挥着重要作用。微波能够穿透云层和植被，对土壤湿度进行探测。通过微波遥感获取土壤湿度的空间和时间分布信息，可以辅助地下水储量的估算。微波遥感还能够探测土壤含水量的垂直分布，为地下水模型的建立提供关键参数。

综合利用不同波段的遥感数据，地下水储量估算可以更全面地考虑地表覆盖、土地利用、植被状况等多方面因素的影响。借助遥感技术，可以监测地下水储量的时空变化，提高对地下水资源的管理和利用的科学性和可操作性。

地下水储量估算的遥感应用还能够结合地学模型和地统计学方法，通过对遥感数据的

分析和处理，构建地下水储量的动态模型。这些模型可以模拟地下水储量的分布、演变趋势，并预测未来的地下水状况。这为科学合理地管理和调控地下水资源提供了科学依据。

遥感技术在地下水储量估算中的应用为深入了解和科学管理地下水资源提供了有力支持。通过全球范围、多时相的遥感数据，能够更全面地监测地下水储量的时空变化，为地下水资源的可持续管理和合理利用提供了科学依据。这一技术手段的不断发展和创新将进一步拓展对地下水储量估算的认知，为应对水资源管理面临的挑战提供更为可靠的信息支持。

1. 地下水储量估算的重要性

地下水储量估算对于水资源管理和可持续发展至关重要。地下水是地球上重要的深层水体之一，对于人类生活、农业灌溉、工业生产等方面发挥着重要作用。因此，了解和准确估算地下水储量对于科学合理利用水资源、防止过度开采、保护地下水生态系统以及应对气候变化等具有重要意义。

地下水储量估算的重要性主要表现在以下几个方面。地下水是重要的淡水资源之一，对于一些地区来说，它是主要的饮用水源和农业灌溉水源。因此，准确估算地下水储量可以帮助制定科学的水资源管理政策，确保水资源的可持续利用，防止过度抽取导致地下水位下降和水质下降。

地下水储量估算是预测水资源供需平衡的基础。通过了解地下水的存储状况，可以更好地预测未来的水资源供需关系。这对于制定合理的水资源规划和管理策略、保障城市和农村的正常用水，以及防止水资源短缺和干旱灾害发生都具有重要意义。

地下水储量估算与地表水和气象条件相互关联，是水文循环的重要组成部分。地下水与河流、湖泊等水体之间存在相互补充的关系，而水文循环的平衡对于维持地球生态系统的稳定性至关重要。因此，通过准确估算地下水储量，可以更好地理解水文循环过程，为生态系统保护和气候变化适应提供科学依据。

地下水储量估算还涉及地下水生态系统的保护。地下水生态系统是地下水储量的重要组成部分，与地表水生态系统一样，支撑着众多生物的生存和繁衍。通过准确估算地下水储量，可以更好地了解地下水生态系统的健康状况，为生态环境保护提供科学依据。

遥感技术在地下水储量估算中发挥着关键的作用。遥感技术通过获取地表信息，间接推测地下水储量的分布和变化。其基本原理主要涉及以下几个方面。

遥感技术通过探测地表的反射、辐射和散射特征来获取地表的信息。这些信息包括地表的温度、湿度、植被覆盖等，这些因素与地下水储量之间存在一定的关联关系。例如，植被的生长状况和土壤湿度的分布可以反映地下水的供给状况。

遥感技术通过热红外遥感和微波遥感等手段，可以获取地表温度和土壤湿度等信息。这些信息对于地下水储量的估算具有一定的指示作用。地下水位下降通常会导致土壤湿度的减少，进而影响地表温度。

遥感技术还可以通过卫星和无人机等平台获取地表的高分辨率影像，进一步揭示地表特征。这些影像可以用于提取地表的地貌、植被覆盖、土地利用等信息，从而推测地下水储量的空间分布。

总体来说，地下水储量估算在水资源管理和环境保护中的重要性不可忽视。遥感技术作为一种非常有效的监测手段，通过获取地表信息，为地下水储量的估算提供了关键的数据支持。深入研究地下水储量的分布和变化规律，有助于更好地利用和保护地下水资源，为人类社会的可持续发展提供了有力的科学依据。

2. 遥感技术在地下水储量估算中的地位与作用

遥感技术在地下水储量估算中发挥着关键的地位。

土地利用与覆盖分类遥感技术通过对地表进行高分辨率的图像采集和处理，可以准确获取土地利用与覆盖的信息。这对地下水储量估算至关重要，因为不同土地类型的渗透性和蒸发蒸腾特性差异巨大，影响地下水补给和消耗的速率。通过对土地利用与覆盖的分类，可以更精准地估算不同区域的地下水储量。

植被指数监测遥感技术通过植被指数（如NDVI）的监测，可以反映植被的生长状况。植被的生长直接关系到土壤水分状况，而土壤水分状况则与地下水储量有密切关系。通过监测植被指数的变化，可以推断出地下水的可能变化趋势，从而为地下水储量的估算提供重要信息。

热红外遥感可以测量地表温度，而地表温度与地下水的深度和温度分布有关。地下水储量的分布和变化会对地表温度产生一定的影响。通过对热红外遥感数据的分析，可以得到地下水储量的大致分布范围和变化趋势。

土壤湿度监测遥感技术能够获取土壤湿度信息，这是地下水储量估算的重要指标之一。通过微波遥感和热红外遥感等手段，可以监测土壤的湿度状况，进而推断地下水储量的变化。这对于地下水资源管理和利用提供了实时的监测手段。

地形和地下水关系遥感技术可以获取地表地形信息，如高程、坡度等。地形对地下水的流动和补给有重要影响，而遥感技术通过获取地形信息，可以辅助建立地下水流动模型，从而更准确地估算地下水储量。

遥感与地下水模型的结合遥感技术与地下水模型的结合是地下水储量估算中的关键环节。通过将遥感数据输入地下水模型中，可以更精准地模拟地下水储量的分布和变化。这种综合利用的方法提高了地下水储量估算的精度和可靠性。

在地下水资源的合理管理和可持续利用中，遥感技术的应用不仅提高了对地下水储量的估算精度，也为科学决策提供了重要的支持。通过及时获取地表信息、监测植被指数、测量地表温度和土壤湿度等，遥感技术有助于更好地理解地下水系统的动态变化，为地下水资源的科学管理和保护提供了重要的技术手段。

（二）地下水储量估算中的遥感数据源

在地下水储量估算的过程中，遥感数据源是获取关键信息的重要渠道。这些数据源包括卫星遥感、飞机遥感和地面遥感等，它们提供了多光谱、高时空分辨率的数据，为地下水储量的监测和估算提供了关键支持。

卫星遥感是地下水储量估算的主要数据源之一。卫星携带的光学传感器能够提供高分辨率、多光谱的遥感影像，涵盖了全球范围的地表信息。这些影像记录了地表覆盖、植被状况和土地利用等关键信息，对于推断地下水储量分布和土地表面水分状况具有重要意义。雷达遥感技术通过穿透云层和植被，获取地表高程和形态信息，为地下水储量估算提供了更为准确的地形数据。

飞机遥感提供了高分辨率的数据，适用于局部区域的深入监测。通过航拍或低空飞行，可以获取详细的地表信息，包括土地利用、植被覆盖和水体分布等。这对于特定地区的地下水储量估算和水资源管理提供了更为精细的数据，有助于提高估算的精度和可靠性。

地面遥感也是地下水储量估算的重要数据源。地面观测站点提供的实时数据包括气象、土壤湿度、植被指数等，是验证遥感数据准确性和提供实地监测的基础。这些地面观测数据与遥感数据结合，可以更全面地理解地下水储量的动态变化和其与地表因素的关系。

热红外遥感是一种用于监测地表温度的有效手段，对地下水储量的估算具有独特的价值。地下水的存在对地表温度有一定的调节作用，通过热红外遥感可以监测地表温度的变化，从而推断地下水的分布和变化趋势。

微波遥感技术也在地下水储量估算中发挥着关键作用。微波能够穿透云层和植被，对土壤湿度进行有效探测。通过微波遥感获取土壤湿度的时空分布信息，可以为地下水储量的估算提供关键参数。

这些遥感数据源的综合利用，可以更全面、多角度地考虑地表因素对地下水储量的影响。卫星遥感提供了全球尺度的覆盖，飞机遥感提供了高分辨率的局部信息，地面遥感提供了实时验证，而热红外和微波遥感则提供了特定物理参数的敏感信息。通过综合利用这些数据源，地下水储量的估算模型可以更加准确地反映实际情况。

需要注意的是，遥感数据的获取不仅仅涉及数据源本身，还包括遥感数据的预处理、特征提取和信息提取等步骤。这些步骤在地下水储量估算的过程中起着关键作用，影响着最终估算结果的准确性和可靠性。总体来说，遥感数据源在地下水储量估算中发挥着不可替代的作用。这些数据源通过提供全球范围、高时空分辨率的信息，为地下水储量的监测和估算提供了科学依据，有助于更好地理解和管理地球上宝贵的淡水资源。

二、基于遥感的地下水储量估算方法与案例分析

（一）遥感数据在地下水储量估算中的案例分析

遥感数据在地下水储量估算中发挥了关键作用，通过不同类型的卫星和无人机数据，科学家能够获取丰富的地表信息，进而推断地下水储量的分布和变化。以下是几个具体的案例分析，展示了遥感数据在地下水储量估算方面的实际应用。

土地覆盖分类与地下水关系的研究在印度拉贾斯坦邦的一项研究中，科学家利用遥感技术对该地区进行了土地覆盖分类。通过分析遥感图像，他们成功地将地表划分为不同的土地类型，包括农田、草地、城市等。接着，研究团队将这些土地类型与地下水储量进行关联研究，发现不同土地类型对地下水的影响存在差异。这个案例表明，遥感数据的地表分类能够为地下水储量的估算提供关键信息。

热红外遥感与地下水位变化的监测在美国科罗拉多州的一项研究中，科学家使用热红

外遥感数据监测了地下水位的变化。通过测量地表温度，研究团队成功地推断出地下水位的高低。随着地下水位的下降，地表温度呈现出相应的变化，从而揭示了地下水储量的动态情况。这个案例强调了热红外遥感在监测地下水位变化中的实际应用。

微波遥感与土壤湿度关联的研究在澳大利亚维多利亚州的一项研究中，科学家运用微波遥感数据研究了土壤湿度与地下水储量之间的关系。通过分析微波遥感数据，研究团队得出了不同土地区域的土壤湿度分布图。通过与地下水位数据对比，他们成功地建立了土壤湿度与地下水位之间的关联模型，为地下水储量的估算提供了可靠的数据支持。

高分辨率影像揭示地下水消耗影响在中国北方平原的一项研究中，科学家利用高分辨率影像揭示了人类活动对地下水储量的影响。通过对比不同年份的遥感影像，研究团队发现城市扩张、农田灌溉等人类活动导致地表覆盖变化，间接反映了地下水的消耗情况。这个案例突显了高分辨率遥感影像在监测地下水消耗影响上的优越性。

多源遥感数据融合的地下水贮量评估在巴西亚马逊的一个案例中，科学家采用多源遥感数据融合的方法进行地下水贮量评估。通过整合来自多个卫星的植被指数、地表温度等数据，研究团队综合考虑了不同因素对地下水储量的影响。这个案例展示了多源遥感数据融合在地下水贮量评估中的优越性，提高了估算的准确性。

这些案例共同揭示了遥感数据在地下水储量估算中的广泛应用。通过运用遥感技术获取的地表信息，科学家能够更全面、精准地了解地下水储量的分布、变化和受到的影响，为科学的水资源管理和可持续发展提供了强有力的支持。

1. 基于多光谱遥感的地下水储量估算案例

多光谱遥感技术在地下水储量估算中的应用具有显著的实际效果。以某地区为例，通过多光谱遥感数据的采集和分析，成功地实现了对地下水储量的定量估算。

通过卫星传感器获取的多光谱遥感数据，覆盖了地表的多个波段，包括可见光和红外波段。这些数据能够提供地表覆盖、土地利用、植被状况等丰富的信息。在该案例中，通过分析遥感图像，研究团队首先识别出区域内的不同土地类型，包括农田、林地、草地等。通过对不同土地类型的分类，建立了土地利用与覆盖的空间分布图，为后续地下水储量估算提供了基础数据。

植被指数的监测成为地下水储量估算的重要环节。利用遥感数据计算植被指数，特别是归一化植被指数（NDVI），反映了植被的生长状况。在该案例中，通过对多时相的遥感图像进行 NDVI 的计算和分析，研究团队得到了植被的时空变化信息。植被指数与土壤湿度、植被覆盖率等因素相关，因此可以通过植被指数的监测来间接推测地下水储量的变化趋势。

多光谱遥感数据在土壤湿度监测中的应用成为地下水储量估算的关键。利用多光谱数据进行土壤湿度的反演，研究团队获得了地表土壤的湿度信息。通过对不同时期的土壤湿度数据进行比较，可以追踪土壤湿度的季节性和年际变化，为地下水储量的定量估算提供了关键的输入参数。

研究团队结合多光谱遥感数据和地下水位观测数据，建立了地下水位与遥感指标之间的关联模型。通过这一模型，可以通过遥感数据的监测，估算地下水位的空间分布和变化趋势。地下水位的监测直接关系到地下水储量的变化，通过多光谱遥感数据对地下水位进行监测，为地下水储量估算提供了直接的信息支持。

通过综合利用多光谱遥感数据的多个方面信息，如土地利用、植被指数、土壤湿度和地下水位，研究团队成功地开展了地下水储量的估算。该案例充分展示了多光谱遥感技术在地下水资源管理中的重要作用，为科学家、水资源管理者提供了可行的手段，以更准确地了解地下水储量的分布、变化和可持续利用状况，为地下水资源的科学管理和保护提供了技术支持。

2. 基于合成孔径雷达遥感的地下水储量估算案例

合成孔径雷达（SAR）遥感技术在地下水储量估算中的应用已成为一个备受关注的研究领域。通过 SAR 遥感数据，可以获取地表形变、植被覆盖、土壤湿度等关键信息，为地下水储量的估算提供了新的视角和手段。以下是一些基于 SAR 遥感的地下水储量估算案例，突显了这一技术在水资源管理中的潜力。

土壤湿度监测与地下水关系研究在干旱地区，土壤湿度与地下水储量密切相关。一项研究利用 SAR 遥感数据，监测了土壤湿度的时空变化，并进一步分析了地下水与土壤湿度之间的关系。通过对 SAR 图像的处理，研究人员成功提取了土壤湿度信息，进而揭示了地下水储量的动态变化。这一研究为干旱地区水资源的科学管理提供了重要参考。

植被覆盖与地下水状况评估植被覆盖对地下水状况有着重要的调节作用。一项基于 SAR 遥感的研究，利用遥感数据监测了植被覆盖的空间分布和季节变化。通过与实地观测数据结合，研究人员建立了植被覆盖与地下水储量之间的定量关系模型。这一模型不仅提高了对地下水状况的评估精度，还为植被恢复和水资源保护提供了科学依据。

地表形变监测与地下水补给评估地表形变对地下水补给过程有着直接的影响。一项针对地下水补给区域的研究利用 SAR 遥感数据监测了地表形变的时空演变。通过分析地表形变的特征，研究人员成功定量评估了地下水的补给量，并为该区域的水资源管理提供了关键信息。这种基于 SAR 的地表形变监测方法为地下水补给的及时评估提供了新的途径。

地表水体变化监测与地下水关联研究地表水体的变化通常与地下水储量有密切联系。一项基于 SAR 遥感数据的研究，通过监测地表水体的时空演变，成功揭示了地下水储量与地表水体变化之间的相关性。这一研究为地表水体的管理和地下水储量的动态评估提供了有力支持。

这些案例反映了 SAR 遥感技术在地下水储量估算中的多方面应用。通过获取土壤湿度、植被覆盖、地表形变和地表水体变化等信息，SAR 遥感为地下水储量的监测和评估提供了全新的视角。这一技术的应用不仅提高了地下水估算的准确性，也为水资源管理和可持续利用提供了更为科学的手段。随着 SAR 遥感技术的不断发展和数据处理方法的创新，其在地下水储量估算领域的应用前景将更加广阔。

（二）地下水储量估算中的遥感技术应用与效果评估

遥感技术在地下水储量估算中的应用对于科学合理地管理水资源、预防地下水过度开采、维护地下水生态系统的健康至关重要。通过多种遥感数据的获取和分析，科学家能够深入研究地下水储量的分布、变化和受到的影响，为地下水资源的合理利用和可持续发展提供重要信息。以下是遥感技术在地下水储量估算中的应用及其效果评估。

热红外遥感与地下水位变化的监测通过热红外遥感技术，科学家能够获取地表温度信息，从而推断地下水位的变化。当地下水位下降时，地表温度相应地发生变化。这种监测方法已在多个地区取得了良好的效果，为地下水位变化的实时监测提供了一种有效手段。通过定期分析遥感数据，可以建立地下水位的时空模型，为地下水储量估算提供可靠的数据基础。

微波遥感与土壤湿度关联的研究微波遥感技术可用于获取土壤湿度信息，从而揭示地下水储量的分布情况。土壤湿度与地下水位之间存在一定的关联关系，通过分析微波遥感数据，科学家能够推断地下水位的高低。这种方法在一些干旱地区和水资源匮乏地区的应用效果较好，为土壤湿度与地下水储量关系的深入研究提供了技术支持。

地表覆盖分类与地下水关系的研究通过对遥感图像进行地表覆盖分类，科学家能够将地表划分为不同的土地类型，如农田、草地、城市等。这些土地类型与地下水关系密切，不同土地类型的地下水储量变化也不同。因此，地表覆盖分类的研究为揭示不同区域地下水储量分布提供了直观的手段。通过遥感图像的分析，科学家能够更好地理解地下水储量与地表覆盖之间的关系，为地下水储量估算提供了实用的工具。

高分辨率影像揭示地下水消耗影响高分辨率影像的运用为揭示人类活动对地下水储量的影响提供了详细的信息。城市扩张、农田灌溉等活动导致地表覆盖的变化，从而影响地下水的消耗情况。通过对高分辨率影像的对比分析，科学家能够研究人类活动对地下水储量的长期影响，为未来水资源管理提供更具体的参考依据。

多源遥感数据融合的地下水贮量评估多源遥感数据融合是一种综合利用不同遥感数据的方法，能够提高地下水贮量评估的准确性。通过整合来自多个卫星的数据，如植被指数、地表温度等，科学家能够更全面地考虑不同因素对地下水储量的影响。这种综合分析为更准确、综合地评估地下水贮量提供了有效途径。

总体来说，遥感技术在地下水储量估算中的应用取得了显著的成果。通过多种遥感数据的获得和分析，科学家能够全面了解地下水储量的动态变化，从而为科学的水资源管理提供了有力的支持。这些技术手段的应用效果评估表明，遥感技术为地下水储量估算提供了可行、高效的解决方案。

第二节　遥感在地下水位监测中的应用

一、遥感技术在地下水位监测中应用的基本原理

（一）地下水位监测的背景与意义

地下水位监测是一项关键的水资源管理活动，对于维护地下水资源的可持续利用和生态平衡至关重要。背景下，遥感技术作为一种远距离获取地表信息的手段，为地下水位监测提供了全新的视角和科学方法。

地下水是地球上最重要的淡水资源之一，广泛用于农业、工业和城市生活。地下水位

的监测对于科学合理地利用这一宝贵资源至关重要。由于地下水位无法直接观测，传统的监测方法主要依赖于地下水井和水位测井设备，这种方法存在着局限性，如空间覆盖范围狭窄、监测成本高昂等问题。因此，引入遥感技术成为解决这些问题的有效途径。

遥感技术通过卫星、航空器或地面传感器采集多光谱、热红外等多波段数据，具有广覆盖、高时空分辨率的特点。在地下水位监测中，遥感技术主要通过以下方式发挥着重要的作用。

遥感技术可以获取地表的地形和植被信息。地形特征直接影响地下水的流动和补给，而植被状况则与土壤的渗透性和蒸腾有关。通过对遥感图像的解译，可以提供地下水补给区域的植被分布和地形特征，为地下水位的空间分布提供重要的信息。

遥感技术可以监测土地利用和覆盖变化。不同的土地利用类型对地下水位的影响有所不同。例如，城市化和农业活动可能导致地下水位下降，而湿地的存在则有助于保持地下水位的相对稳定。通过遥感数据的分类和变化监测，可以了解地下水位受到的人类活动的影响。

遥感技术对植被指数的监测可以提供关于土壤湿度和植被覆盖的信息。植被指数与土壤湿度呈正相关，而植被覆盖程度与蒸腾过程有关，这些因素都与地下水位的动态变化密切相关。通过监测植被指数的变化，可以推测地下水位的可能趋势。

遥感技术结合地下水位监测站点数据，可以建立地下水位与遥感指标之间的关联模型。通过这一模型，可以通过遥感数据的监测，更准确地推测地下水位的空间分布和变化趋势。这为地下水位监测提供了一种更为全面、快速的手段。

遥感技术在地下水位监测中具有不可替代的作用。通过获取地表的地形、土地利用、植被指数等多方面信息，遥感技术为科学合理地管理地下水资源提供了有效手段。这种综合利用不同波段的遥感数据的方法，为地下水位监测带来了更全面、更高效的解决方案，为地下水资源的合理利用和可持续管理提供了科学支持。

1. 地下水位监测的定义

地下水位监测是一种通过遥感技术实现对地下水位动态变化进行实时、高效监测的方法。遥感技术通过获取地表特征和地形信息，提供了一种无需直接接触地下水的手段，使得地下水位监测可以更加全面和及时地进行。

遥感技术在地下水位监测中的应用主要依赖于卫星遥感和航空遥感两大方面。

卫星遥感是地下水位监测的重要手段之一。通过卫星搭载的光学和雷达传感器，可以获取全球范围内的地表信息。光学传感器可以监测水体的反射特征，从而间接推断地下水位的高低。雷达传感器则可以通过测量地表形变，揭示地下水位的变化趋势。卫星遥感提供了全球尺度的地下水位监测能力，使得对大范围水资源的监测变得更加高效。

航空遥感则提供了更高分辨率的遥感数据，适用于局部区域的精细监测。通过飞机或无人机搭载的传感器，可以获取更为详细的地表信息，包括土地利用、地形变化等。这些信息可以用于建立地下水位的空间分布模型，实现对特定地区水位的高精度监测。

遥感技术在地下水位监测中的数据处理和分析过程至关重要。对遥感数据进行预处理，包括大气校正、几何校正等，确保数据的准确性和可用性。通过遥感图像中的水体反射特征、地表形变等信息，提取与地下水位相关的特征。再次，利用地统计学方法和遥感反演模型，建立地下水位的空间分布模型。通过模型验证和实地观测数据对比，提高地下水位监测的准确性和可靠性。

在实际应用中，地下水位监测的遥感技术为水资源管理和地下水资源的合理利用提供了重要的科学支持。通过连续监测地下水位的变化，可以及时发现水位异常波动，提前预警可能的水资源问题。地下水位监测还为地下水资源的合理管理提供了科学依据，为地下水资源的可持续利用和生态保护提供了重要参考。

地下水位监测的遥感技术在提高监测效率、降低监测成本、实现全球尺度监测等方面具有显著的优势。其不断创新的方法和技术将为地下水位监测提供更为全面和精准的信息，为水资源管理和生态环境保护提供更为可持续的解决方案。

2. 地下水位监测的科学意义

地下水位监测是科学研究和水资源管理中至关重要的一项任务。地下水是地球上重要的深层水体之一，对于人类社会的饮水、农业灌溉、工业生产等方面发挥着不可替代的作用。因此，了解地下水位的动态变化对于科学合理利用水资源、预防地下水过度开采以及维护水生态系统的平衡具有深远的科学意义。

地下水位监测为水资源管理提供了实时、准确的数据。通过监测地下水位的变化，科学家和水资源管理者能够了解不同地区和时期地下水的供需关系。这种信息对于合理规划水资源利用、制定防旱调度计划以及避免水资源短缺具有重要的科学价值。

地下水位监测有助于预测地下水资源的可持续利用。通过对地下水位的长期监测，科学家能够分析地下水位的趋势，预测未来的水资源供需平衡情况。这对于制定长期的水资源规划和管理策略，以及防止地下水资源的过度开采至关重要。

地下水位监测还为科学家提供了深入研究地下水系统的机会。通过分析地下水位的时空分布，可以揭示不同地区地下水系统的特征和变化规律。这对于研究地下水循环、水文地质过程以及水文生态学等方面提供了宝贵的数据支持。

地下水位监测有助于评估人类活动对地下水系统的影响。城市化、农田灌溉、工业用水等活动都可能对地下水位产生影响，通过监测地下水位的变化，可以评估人类活动对地下水系统的可持续性和健康状况的影响。

遥感技术在地下水位监测中具有独特的科学意义。遥感技术通过获取地表的反射、辐射和散射特征来间接监测地下水位的变化。通过卫星和无人机等平台获取的遥感数据，可以提供全球范围内地下水位的时空信息，为全球水资源管理提供科学依据。

热红外遥感技术可以监测地表温度的变化，通过地下水位对地表温度的影响，科学家能够推断地下水位的高低。微波遥感技术则能够获取土壤湿度等信息，土壤湿度与地下水位之间存在一定的关联关系，这为地下水位监测提供了更多的指标。

高分辨率的遥感影像能够提供地表覆盖的详细信息，通过监测地表覆盖的变化，科学家可以了解人类活动对地下水位的潜在影响。多源遥感数据融合则进一步提高了地下水位监测的精度，通过整合不同传感器的数据，可以更全面地反映地下水位的时空分布。

地下水位监测的科学意义在于提供了深入了解地下水系统、制定科学水资源管理策略、评估人类活动对水资源的影响的重要手段。遥感技术作为一种非常有效的监测手段，通过获取地表信息，为地下水位的监测和科学研究提供了关键的数据支持，为可持续水资源管理和科学研究提供了强有力的工具。

（二）遥感数据在地下水位监测中的应用

地下水位监测是水资源管理和地下水资源合理利用的关键环节之一。遥感数据作为一种远程感知技术，为地下水位监测提供了独特的视角和全球性的信息。

遥感数据主要来源于卫星、飞机等平台，通过接收地表反射、辐射和散射的电磁波，获取多光谱、热红外等多波段数据。在地下水位监测中，遥感数据的应用主要体现在以下几个方面。

多光谱遥感数据的应用是地下水位监测的基础。多光谱数据能够提供地表的反射光谱信息，包括可见光和红外波段。这种信息可以用于土地利用与覆盖分类，通过监测土地利用类型的变化，推测地下水位受到的影响。不同土地类型对地下水位的影响有所不同，通过多光谱数据的分析，可以初步了解地下水位的可能变化趋势。

热红外遥感数据的应用是地下水位监测的重要手段。热红外数据反映了地表的温度分布，而地表温度与地下水位的深度和分布有密切关系。地下水位较浅的区域，其地表温度相对较低；而在地下水位较深的地区，地表温度相对较高。通过对热红外遥感数据的解译，可以推测地下水位的分布情况。

植被指数的监测也是遥感数据在地下水位监测中的重要应用之一。植被指数，如归一化植被指数（NDVI），可以通过多光谱遥感数据计算得出。植被指数与植被的生长状况和覆盖程度相关，而植被的水分需求与地下水位有密切关系。因此，通过植被指数的监测，可以间接推测地下水位的可能变化趋势。

地下水位监测中的时序遥感数据应用十分关键。时序遥感数据包括多个时期的遥感图像，通过对这些时序数据的比较和分析，可以追踪地下水位的季节性和年际变化。时序遥感数据的应用使监测者能够更全面地了解地下水位的动态变化，从而更好地制定水资源管理策略。

遥感数据在地下水位监测中具有重要的应用价值。通过获取地表的多方面信息，包括土地利用、温度分布、植被状况等，遥感数据为科学合理地管理地下水资源提供了关键信息。这种远程感知技术的应用，为地下水位监测提供了更为全面、及时、高效的手段，为水资源管理和可持续利用提供了科学支持。

二、基于遥感的地下水位监测技术与案例研究

（一）遥感数据在地下水位监测中的实际案例

地下水位监测是水资源管理的重要组成部分，而遥感数据在这一领域的应用为实现地下水位的实时监测和高效评估提供了关键支持。以下通过介绍几个实际案例，探讨遥感数据在地下水位监测中的应用及其取得的成果。

基于卫星遥感的地下水位监测在沙漠化严重的地区，地下水位的监测对于生态环境和人类生活至关重要。一项研究利用卫星遥感数据，通过监测地表形变和植被覆盖的变化，实现了对地下水位的时空分布监测。通过对多时相的遥感影像进行分析，研究人员发现地

下水位下降区域与植被退化有明显关联，为相关区域的水资源管理提供了实用性的信息。

航空遥感在湖泊地下水位监测中的应用湖泊是重要的水体，地下水位的变化与湖泊水位关系密切。一项基于航空遥感的研究利用多光谱传感器获取了湖泊周边地区的高分辨率影像。通过分析湖泊周边土地利用和地表形变，研究人员成功监测到湖泊地下水位的季节性变化。这为湖泊周边生态环境和水资源管理提供了详细的地下水位信息。

利用 SAR 技术进行城市地下水位监测在城市化进程中，地下水位的合理管理至关重要。一项利用合成孔径雷达（SAR）技术的城市地下水位监测研究，通过 SAR 传感器获取了城市区域的雷达图像。通过对图像中的地表形变和建筑物沉降进行分析，研究人员实现了城市地下水位的动态监测。这一研究不仅为城市水资源规划提供了重要数据，同时为城市基础设施的安全提供了科学依据。

基于热红外遥感的地下水位监测热红外遥感技术能够探测地表温度，而地下水位的变化也对地表温度有一定影响。一项基于热红外遥感的地下水位监测研究，通过监测地表温度的时空变化，成功推断了地下水位的变化趋势。这一方法不仅具有操作简便的特点，同时在干旱地区和远离地面的地下水位监测中具有一定的优势。

这些实际案例表明遥感数据在地下水位监测中的应用多方面而深入。从卫星遥感、航空遥感、SAR 技术到热红外遥感，不同的遥感技术在监测精度、时空分辨率等方面都有着各自的优势。这些案例为地下水位监测提供了多层次、多维度的信息，为水资源管理提供了科学依据，有助于更好地理解和应对地下水位的动态变化。随着遥感技术的不断发展，其在地下水位监测中的应用前景将更为广阔。

1. 基于卫星遥感的地下水位监测案例

卫星遥感技术在地下水位监测方面具有显著的应用价值，通过获取遥感数据，科学家能够实现对全球范围内地下水位的远程监测。以下是一些基于卫星遥感的地下水位监测案例，展示了这项技术在不同地区的应用效果。

（1）亚马逊雨林地下水位监测案例。

在亚马逊雨林地区，卫星遥感技术被广泛应用于监测地下水位的变化。通过分析来自卫星的微波遥感数据，科学家能够获取土壤湿度信息，从而推断地下水位的高低。这项监测工作有助于科学家深入了解亚马逊雨林地下水系统的时空变化，为生态环境保护提供了科学依据。

（2）印度农田地下水位监测案例。

在印度的农田地区，卫星遥感数据被用于监测地下水位的变化，以指导农业灌溉的合理使用。通过分析遥感图像中的地表温度和植被指数等信息，科学家能够推断土壤湿度和地下水位的关联关系。这项监测工作有助于农业管理者制定科学的灌溉计划，减少水资源浪费，提高农田水资源利用效率。

（3）澳大利亚干旱地区地下水位监测案例。

在澳大利亚的干旱地区，卫星遥感技术被应用于监测地下水位的动态变化，以应对严重的水资源短缺问题。通过分析卫星的高分辨率图像，科学家能够追踪地表覆盖的变化，从而推测地下水位的上升或下降情况。这项监测工作有助于及时发现地下水位的异常变化，提供信息支持给政府和社会制定合理的水资源管理政策。

（4）美国科罗拉多州地下水位监测案例。

在美国科罗拉多州，卫星遥感数据被用于监测地下水位的变化，尤其是在山地和高原地区。通过分析卫星数据中的热红外信息，科学家能够推断出地表温度的变化，从而间接反映地下水位的上升或下降趋势。这项监测工作有助于科学家更好地理解地下水系统对气候和地形的响应，为地下水位变化的长期趋势提供重要数据支持。

（5）中国北方平原地下水位监测案例。

在中国北方平原，卫星遥感技术被广泛应用于监测地下水位的时空变化，以指导农田灌溉和城市用水。通过分析高分辨率卫星图像，科学家能够识别土地利用变化，推测地下水位的变动情况。这项监测工作有助于保障农业用水和城市供水的可持续发展，降低地下水位下降的风险。

这些案例表明，卫星遥感技术在地下水位监测中的应用具有广泛的实际价值。通过遥感数据的获取和分析，科学家能够远程监测地下水位的变化，为水资源管理和生态环境保护提供重要的科学支持。这些监测成果为各地区合理利用水资源、防范水资源危机提供了有力的技术手段。

2. 基于热红外遥感的地下水位监测案例

热红外遥感在地下水位监测中的应用案例展示了其在水资源管理中的重要作用。该案例以某地区为例，通过热红外遥感数据的获取和分析，成功实现了对地下水位的监测和变化趋势的推测。

热红外遥感数据的采集基于卫星、飞机等平台，能够捕捉地表的温度分布。在该案例中，通过获取不同时间段的热红外遥感图像，研究团队获得了地表温度的时序变化信息。这些温度数据直接反映了地下水位的变化，因为地下水位较深的区域由于水的保温作用，地表温度相对较高，而地下水位较浅的地区则表现为相对较低的地表温度。

通过对时序热红外遥感数据的分析，研究团队成功地识别出了地下水位的季节性和年际变化。在干旱季节，地下水位下降较为明显，导致地表温度相对升高；而在雨季，地下水位上升，使得地表温度相对下降。这种对温度变化的监测，为地下水位的季节性和年际变化提供了直观的视觉化表达。

同时，研究团队将热红外遥感数据与地下水位监测站点的实测数据进行对比分析，建立了地表温度与地下水位的定量关系模型。通过这一模型，研究者能够更准确地推测地下水位的变化情况。这种基于定量关系模型的方法，提高了地下水位监测的精度和可靠性。

进一步，通过对地表温度数据的时空分布分析，研究团队识别出了地下水位变化的空间异质性。不同地区的地表温度变化不同，反映了地下水位在空间上的不均匀分布。这对于制定地下水资源管理策略，特别是区域性水资源调控，提供了有益的空间信息。

最终，通过时序热红外遥感数据的综合应用，研究团队成功地实现了地下水位的监测和变化趋势的推测。这一案例充分展示了热红外遥感在地下水位监测中的价值，为科学家、水资源管理者提供了一种直观、实时、高效的手段，以更好地理解地下水位的动态变化，从而为水资源的科学管理和保护提供了技术支持。

（二）地下水位监测中的遥感技术应用与效果评估

遥感技术在地下水位监测中的应用是一项关键性工作，其效果评估不仅能够反映监测的准确性和实用性，也对水资源管理和生态环境保护提供了有力的支持。以下将探讨遥感技术在地下水位监测中的应用与效果评估。

遥感技术应用卫星遥感通过搭载光学和雷达传感器，可以获取地表的多光谱和高时空分辨率影像。这些数据被广泛用于监测地表形变、植被覆盖和土地利用等信息，为地下水位监测提供了重要数据基础。卫星遥感的全球尺度覆盖使得可以监测大范围的地下水位动态，为跨区域水资源管理提供了便利。

SAR 技术合成孔径雷达（SAR）技术通过穿透云层和植被，获取地表形变信息，进而推断地下水位的变化趋势。SAR 技术在城市地区、沙漠化地带等场景中表现出色，其高时空分辨率和能够获取地表沉降信息的特点使其成为地下水位监测的有力工具。

航空遥感通过搭载传感器的飞机或无人机，获取高分辨率的影像，适用于局部区域的精细监测。这种技术可以捕捉到更为细致的地表特征，对城市地区、湖泊周边等地下水位监测提供更为详细的信息

热红外遥感热技术通过监测地表温度变化，间接推断地下水位的高低。尤其在干旱区域，地下水位的变化对地表温度有显著的影响，因此热红外遥感为这类地区的地下水位监测提供了一种有效手段。

效果评估准确性评估评估遥感技术在地下水位监测中的准确性是关键任务。通过与实地监测数据进行对比，可以确定遥感数据反映的地下水位变化是否与实际情况一致。这涉及遥感数据的处理和分析方法的精确性。

时空分辨率评估遥感数据的时空分辨率直接影响监测效果。高时空分辨率可以提供更为细致的地表信息，使得对地下水位变化的监测更为灵敏。评估遥感数据的时空分辨率，有助于确定监测数据的适用范围和局限性。

实用性评估遥感数据的实用性体现在其对水资源管理和生态环境保护的实际帮助。监测数据是否能够为决策者提供有用的信息，是否能够及时、准确地反映地下水位的变化，直接关系到遥感技术在实际应用中的价值。

场景适应性评估不同的地域和场景对遥感技术的适应性有差异。评估遥感技术在不同地质、地貌、气候条件下的适应性，可以为不同区域的水资源管理提供指导。

数据一致性评估长时间序列的遥感数据在地下水位监测中常常需要进行一致性评估，以确保数据的连续性和可靠性。这牵涉到遥感数据的校正和修复，以维持监测的长期稳定性。

第三节 地下水质遥感监测技术

一、地下水质遥感监测技术基础

（一）地下水质遥感监测的背景与意义

地下水质是地下水的物理、化学特性，直接关系到人类生产、生活和生态环境的可持

续发展。地下水质的监测和评估对于保障饮用水安全、维护生态平衡以及可持续利用水资源具有重要的背景和意义

地下水质遥感监测背景在于日益加剧的水资源压力。随着全球人口的增加和工业化进程的加快，对水资源的需求不断增长，导致水资源的过度开采和污染问题逐渐凸显。地下水作为重要的深层水体，其质量状况直接影响到人类的饮用水安全和环境健康。因此，通过遥感技术对地下水质进行监测成为维护水资源可持续利用的紧迫需求。

地下水质遥感监测的意义在于提高监测的时效性和空间性。传统的地下水质监测方法通常需要人工采样和实地检测，耗时耗力且成本较高。而遥感技术能够通过卫星、航空器等平台获取大范围、高频率的地表信息，提高了监测的时效性和空间性。这种全面覆盖的监测手段有助于及时发现地下水质的异常变化，提前预警水质问题，为科学的水资源管理提供数据支持。

地下水质遥感监测的背景之一是环境保护的需求。水质的好坏直接关系到水生态系统的稳定和生物多样性的维护。地下水质的恶化可能导致生态系统的崩溃，影响水体自净能力，甚至威胁到人类的生存环境。通过遥感技术对地下水质进行监测，可以更加全面地了解地下水体的动态变化，有利于科学合理地制定环境保护策略，维护生态平衡。

地下水质遥感监测背后的意义还体现在对水资源可持续利用的重要性认识。地下水质的优劣直接关系到农业、工业、生活用水的质量，对社会经济的可持续发展至关重要。通过遥感监测，可以更好地了解地下水质的分布和变化趋势，有助于合理规划水资源利用，确保水质的可持续利用。

地下水质遥感监测的背景与意义在于应对水资源压力、提高监测效率、维护环境生态平衡和促进水资源的可持续利用。通过利用遥感技术，可以更全面地获取地下水质的信息，为科学的水资源管理和环境保护提供必要的数据支持，从而更好地应对日益严峻的水资源挑战。

1. 地下水质遥感监测的定义

地下水质遥感监测是一种利用遥感技术对地下水体中的化学、物理、生物等特征进行远程感知和监测的方法。这种监测手段通过获取地下水体表面或携带的遥感信息，实现对水质状况的实时、全面、定量的评估，为地下水资源的管理、保护和合理利用提供重要支持。

地下水质遥感监测基于多光谱、高光谱等遥感数据源。这些数据源包括可见光、红外、微波等不同波段的信息，能够反映地下水体中各种溶解物质的浓度、分布和变化趋势。通过对这些波段的分析，可以识别水体的化学成分，例如溶解的无机盐、有机物质等，从而推测地下水的污染状况。

地下水质遥感监测涵盖了空间和时间的维度。通过获取遥感数据的多个时期，可以追踪地下水体的水质动态变化，识别水质污染源的时空分布特征。这使得监测者能够更好地了解地下水质的季节性和年际变化，为制定水质管理策略提供有力支持。

进一步，地下水质遥感监测通过遥感技术的光谱解译，可以识别水体中的悬浮物、藻类、蓝藻等生物特征。这些生物特征与水质的健康状况和富营养化程度密切相关。通过对

这些信息的提取和分析，可以评估地下水体的富营养化状况和水生态系统的健康状况，为生态保护和水体健康管理提供科学依据。

地下水质遥感监测还结合了地学信息，如地形、土地利用、植被覆盖等因素。这些地学信息与水体的污染来源和传输过程有密切关系。通过对这些地学信息的综合分析，可以更准确地判定水体污染的来源和扩散路径，为水资源管理者提供更为全面的决策支持。

地下水质遥感监测是一种高效、全面、定量的水质评估手段，通过遥感数据源的获取和分析，实现对地下水体中化学、物理、生物等特征的监测。这种监测方法在提供全面了解地下水质状况的同时，为地下水资源的科学管理、保护和合理利用提供了科学依据和技术手段。

2. 地下水质遥感监测的科学意义

地下水质遥感监测是一项具有深远科学意义的工作，其背后涵盖了多个层面的研究和应用。这项工作不仅有助于对地下水质的精准监测，也为环境保护、资源管理、人类健康等方面提供了丰富的信息。以下是这一领域科学意义的几个重要方面。

地下水质遥感监测在环境保护方面具有重要意义。地下水是地球上最重要的淡水资源之一，对维持生态系统的平衡和人类生活的可持续发展至关重要。通过遥感技术，可以实时监测地下水质的动态变化，及时发现可能的污染源和异常情况。这有助于提前预警、迅速应对，最大限度地减少对地下水环境的不利影响。

地下水质遥感监测为地下水资源管理提供了科学依据。随着人类社会的不断发展和城市化进程的加速，地下水资源面临着过度开采和污染的风险。遥感监测可以为地下水资源的管理提供高效的手段，通过分析地下水的质量和分布，制定合理的管理策略，保障地下水资源的可持续利用。

地下水质遥感监测对于农业和生态系统的可持续发展具有深刻的科学价值。农业是地下水主要的利用领域之一，而农业活动可能对地下水质造成影响。通过遥感技术监测地下水质，可以及时发现农业区域的污染情况，采取措施减少农业活动对地下水的负面影响，从而推动农业的可持续发展。

地下水质遥感监测对于人类健康的保障也具有显著的科学意义。地下水是人类日常生活和饮用水的重要来源之一。如果地下水质受到污染，将对人类的健康产生直接和潜在的危害。通过遥感监测，可以及时掌握地下水质的状况，采取相应的水质治理和保护措施，确保人类饮水的安全性。

地下水质遥感监测在科学研究领域有助于深化对地下水环境的理解。通过大量的遥感数据分析，可以揭示地下水质的时空变化规律，研究地下水与气候变化、土壤特性等因素之间的关系。这有助于科学家更好地理解地下水系统的复杂性，为地下水环境管理和保护提供更为深入的科学依据。

地下水质遥感监测在环境保护、资源管理、农业可持续发展、人类健康以及科学研究等方面具有广泛而深刻的科学意义。通过运用遥感技术，我们能够更全面、高效地了解地下水质的状况，从而为未来的地下水资源管理和保护提供有力的支持。

（二）地下水质遥感监测的数据源

地下水质遥感监测是一项利用遥感技术获取和分析地下水质信息的重要手段。这项工作的数据源涉及多个方面，包括遥感卫星、无人机、地面观测站点、传感器网络等。这些数据源的整合和分析，可以提供关键的地下水质信息，为科学家、政府决策者和水资源管理者提供有力的支持。

遥感卫星是地下水质遥感监测的重要数据源之一。卫星通过遥感技术可以获取大范围的地表信息，其中包括土地覆盖、植被状况、地形等。这些信息对地下水质的监测和分析具有重要的参考价值。卫星遥感可以提供大范围、定期更新的数据，实现对地下水质的长时间序列监测。通过分析卫星图像中的变化，可以间接推测地下水质的变化趋势和影响因素。

无人机也是地下水质遥感监测的数据源之一。相比于卫星，无人机可以更灵活地获取高分辨率的地表信息。无人机搭载各类传感器，如光学相机、红外传感器、高光谱传感器等，可以捕捉更为细致的地表特征。通过在地表上空快速飞行，无人机可以提供更为详细的地下水质信息，尤其是对于局部地区或特定目标的监测。

地面观测站点是地下水质监测的实地数据源。这些站点通常设有专门的水质传感器和监测设备，可以实时监测水体的温度、PH值、溶解氧、电导率等水质指标。这些实测数据为遥感信息的验证和校正提供了基础，同时也可以补充遥感技术无法获取的地下水质信息。地面观测站点通过建立与遥感数据的关联，可以形成更为全面的地下水质监测网络。

传感器网络是一种分布式的数据采集系统，通过在地下水域布设各类传感器，实现对地下水质的实时监测。这些传感器可以测量水体的温度、压力、溶解氧等多个参数，将数据传输至数据中心进行集中管理。传感器网络的建立能够实现对地下水质的高密度监测，提供更为细致和精确的地下水质信息。这种网络还具有实时性强、操作便利等优势，适用于对地下水质变化快速响应的需求。

地球物理勘探技术也为地下水质监测提供了重要的数据源。地球物理勘探技术包括电法勘探、电磁法勘探、地震法勘探等，通过对地下介质的物理性质进行测量，可以获取地下水体的信息。这些技术可以深入地下数十到数百米，提供对地下水层结构和水质的三维立体监测。地球物理勘探技术通过直接测量地下水体的电磁特性、声波传播等信息，为遥感监测提供了直接的补充和验证。

地下水质遥感监测的数据源涉及卫星、无人机、地面观测站点、传感器网络和地球物理勘探等多个方面。这些数据源的综合利用，可以提供全面、多角度的地下水质信息，为科学研究和水资源管理决策提供可靠的数据支持。

二、基于遥感的地下水质监测技术与案例研究

（一）地下水质遥感监测的实际案例

地下水质遥感监测在实际应用中展现出显著的优势和效果。以印度尼西亚雅加达为例，该城市地下水污染问题日益严重，而地下水质遥感监测在解决这一问题上发挥了关键

作用。

雅加达是一座快速发展的大都市，但由于城市化和工业发展不断加速，地下水遭到了极大的压力。过度开采、废水排放和工业污染导致地下水质量下降，严重威胁着城市居民的饮用水安全和生态系统的健康。

为了解决这一问题，雅加达市政府采用了地下水质遥感监测技术。通过卫星遥感和地面监测相结合的方式，实现了对地下水质的实时监测和评估。遥感技术通过获取大范围、高分辨率的地表数据，可以迅速识别地下水区域的异常情况，如污染源、水质变化等。这为城市决策者提供了有力的数据支持，使其能够及时采取措施，保障居民的用水安全。

在雅加达的具体实践中，卫星遥感技术首先通过多光谱传感器获取地表反射率和植被指数等信息，进而推断地下水的水质状况。这种遥感监测系统具有全球覆盖能力，使得城市管理者能够快速了解整个城市地下水质的整体状况。同时，结合地面监测数据，形成对地下水体系更为全面的认识。

雅加达还利用遥感监测技术建立了地下水质空间分布模型。通过对卫星图像进行时空分析，将地表特征与实测水质数据相结合，形成高度精细化的地下水质量模型。这使得城市管理者能够更具针对性地识别污染源和掌握地下水质的变化趋势，为科学决策提供了有力的支持。

在遥感监测的基础上，雅加达采取了一系列针对性的管理措施。通过建立地下水保护区，限制某些区域的过度开采，同时对污染源进行治理和控制，城市成功地降低了地下水的污染程度。基于遥感监测结果，雅加达还调整了城市规划，合理布局工业区、居民区和农业区，最大程度地减少了地下水的污染风险。

雅加达的地下水质遥感监测实践为其他城市提供了借鉴和学习的经验。这一成功案例不仅展示了地下水质遥感监测在解决城市水资源问题中的重要性，也为其他城市提供了一种可行的技术路径。通过不断优化和创新遥感监测技术，更多城市可以有效地保障地下水的质量，维护居民的生活和生态系统的可持续发展。

1. 基于高光谱遥感的地下水质监测案例

高光谱遥感技术在地下水质监测领域的应用是一项复杂而前沿的工作，其独特的光谱信息提供了深入了解地下水质的可能性。通过一些实际案例，我们可以看到高光谱遥感在地下水质监测中的潜在优势和创新应用。

在美国，亚利桑那州的沙漠地区，高光谱遥感技术被成功应用于地下水质监测。该地区的地下水质受到气候干旱和人类活动的影响，存在悬浮沉积物和溶解物质的问题。通过高光谱传感器获取的遥感数据，研究人员能够分析出地下水中不同波段的光谱反射信息，进而识别和定量化水体中的各类污染物。这项工作为当地的地下水质治理提供了科学依据，有助于实施有针对性的保护和修复措施

在印度，一项关于高光谱遥感技术在地下水质监测中的研究涉及农田灌溉引起的水质问题。通过无人机搭载高光谱传感器，研究人员获取了农田地下水的高光谱数据。通过对这些数据进行光谱特征分析，可以精确识别地下水中的化学成分，如硝酸盐和硫酸盐。这项研究帮助农业管理者更好地了解农业活动对地下水质的影响，优化灌溉方案，减少对水

质的不利影响。

在中国，高光谱遥感技术也得到了广泛的应用。在南方的某个城市，地下水质受到城市化和工业化的影响，存在着地下水污染的潜在风险。通过卫星高光谱传感器获取的大面积光谱数据，科研团队能够在不同区域精准识别出地下水中的污染物质。这为城市规划者提供了重要信息，有助于科学规划地下水资源的合理利用和保护。

在澳大利亚，一项基于高光谱遥感技术的地下水质监测案例涉及采矿活动对周边地下水环境的潜在影响。通过采用飞机搭载高光谱传感器，研究人员实施了对采矿区域地下水的多时相监测。这项工作不仅帮助监测了地下水质的动态变化，还能够定量分析不同区域的水质差异。这项研究为采矿业的环境监测提供了科学的手段，有助于预防和治理地下水污染问题。

高光谱遥感技术在地下水质监测领域的应用呈现出多样化的案例，涵盖了不同地区、不同行业和不同影响因素。这些案例展示了高光谱遥感在地下水质监测中的潜在价值，为科学、管理和决策提供了丰富的信息，为地下水资源的可持续利用和保护提供了新的视角和手段。

2. 基于遥感辐射计的地下水质监测案例

遥感辐射计在地下水质监测中的应用是一种基于地表辐射特征的非接触性监测方法。通过获取地表辐射的各种信息，可以推断地下水质的变化和分布情况。以下将通过一个实际案例来说明基于遥感辐射计的地下水质监测的具体应用。

在中国某水资源丰富但受地下水质污染较严重的地区，研究团队运用遥感辐射计进行了一项地下水质监测的实地试验。该区域由于长期的工业活动和农业面源污染，地下水质受到了较大的威胁。为了全面了解地下水质的空间分布和变化趋势，研究团队采用了高光谱遥感仪器，通过获取地表反射谱线来反推地下水质的相关信息。

研究团队在实地调查中选择了多个代表性的地下水采样点，并采集了相应的地表辐射数据。通过高光谱遥感仪器获取的地表光谱反射率数据能够覆盖从可见光到红外波段的大量信息，包括水体吸收特征、植被光谱、土壤特性等。这些信息对地下水质的监测提供了多样化的输入。

研究团队运用光谱学原理，对采集到的高光谱数据进行分析和处理。通过建立地表反射谱线与地下水质之间的关系模型，可以推测不同光谱特征与地下水中溶解物质浓度的相关性。例如，水体中有机物质和溶解无机物质可能导致可见光和红外波段的吸收峰变化，而这种变化可以用来反推地下水中的水质状况。

在模型建立完成后，研究团队利用遥感辐射计获取的地表光谱数据对整个区域进行遥感监测。通过在大范围内获取地表辐射特征，研究团队能够推断地下水质的空间分布情况。这种遥感监测方法可以快速、经济地实现对地下水质的全面覆盖，为水资源管理者提供了实时、动态的监测数据。

通过实地试验，研究团队获得了该地区地下水质的时空分布图，并发现了一些地表光谱特征与地下水质的潜在关联。例如，某些污染源附近的地表辐射特征明显偏离正常情况，这可能与地下水质的异常情况相关。这些发现为地下水污染源的识别和监测提供了线索，有助于及时采取相应的水资源保护和治理措施。

基于遥感辐射计的地下水质监测方法通过获取地表辐射特征，实现了对地下水质的高效监测。通过实地案例的研究，这一方法在实际应用中表现出了较好的可行性和有效性，为地下水质监测提供了一种新的、非接触的手段。

（二）地下水质监测中的遥感技术应用与效果评估

地下水质监测中的遥感技术应用与效果评估是解决水资源管理问题的关键一环。遥感技术通过获取地表信息，提供了一种非侵入性、高效且全面的手段，用于监测地下水质的时空变化。在实际应用中，这项技术取得了显著的效果，并为水资源管理提供了可靠的数据支持。

遥感技术在地下水质监测中的应用主要基于卫星和航空平台。卫星遥感提供了广覆盖、连续观测的优势，能够追踪地下水体的长期演变趋势。而航空遥感则提供了更高分辨率的数据，适用于更为精细的空间尺度监测。这两种技术相辅相成，形成了地下水质监测的全面技术体系。

卫星遥感技术通过不同波段的传感器，获取地表反射率和光谱信息，进而反演地下水质。例如，通过红外辐射可以判断地表的温度，从而间接推测地下水的温度，结合其他传感器获取的数据，可以对地下水体的主要成分进行初步判定。这种方法适用于大范围的地下水监测，为区域性水资源管理提供了及时、全面的数据。

在航空遥感方面，使用高分辨率的传感器，能够更准确地捕捉地表的微观特征。例如，通过激光雷达（LiDAR）技术获取地表高程信息，可以揭示地下水质与地形的关联关系。这有助于识别地下水流的路径、水质受到影响的区域，为地下水质管理提供更为精准的空间分布信息。

在实际案例中，美国加利福尼亚州的地下水质监测就是一个成功的例子。该地区长期以来面临水资源短缺和地下水污染的问题。通过引入卫星和航空遥感技术，加利福尼亚州实现了对地下水质的高效监测。

卫星遥感技术通过监测地表温度、植被指数等参数，追踪了加利福尼亚州地下水体的演变。通过时序分析，科学家们发现了地下水位下降、污染源的迁移等关键信息。这些信息为政府部门提供了决策依据，促使其采取紧急措施来遏制地下水质的进一步恶化。

同时，航空遥感技术在加利福尼亚州的应用也表现出色。搭载 LiDAR 传感器的飞机飞越整个地区，绘制了高精度的地表高程图。通过对比高程图和地下水质数据，科研人员成功地找到了地下水运动的路径，识别了地下水质受到污染的热点区域。这为制定有针对性的治理方案提供了直观的依据。

地下水质监测中的遥感技术应用在加利福尼亚州的案例中展现出了较好的效果。通过卫星和航空遥感的有机结合，科学家们能够更全面、高效地获取地下水质信息，为政府决策和水资源管理提供了有力的支持。这一成功案例为其他地区借鉴经验，推动遥感技术在全球范围内更为广泛地应用提供了有益的参考。

第四节　地下水资源可持续管理与遥感技术

一、地下水资源可持续管理的理论与框架

（一）地下水资源可持续管理的背景与意义

地下水资源的可持续管理是当前社会发展和环境保护的关键问题之一。这一问题的背景与意义在于地下水在维持生态平衡、支持农业生产、满足人类生活用水等方面的重要性。

地下水作为淡水资源的主要组成部分，对于人类社会的可持续发展至关重要。在许多地区，地下水是主要的饮用水源和农业灌溉水源。通过科学合理的管理，可以确保地下水资源的可持续供应，满足人们日常生活和农业生产的需要。

地下水对于生态系统的稳定和健康具有重要作用。许多湿地、河流和湖泊依赖地下水维持其生态平衡。合理管理地下水，不仅有助于维护水域生态系统的健康，还有助于保护湿地生态系统，维护生物多样性。

地下水管理与气候变化的关系密切。气候变化可能导致地下水补给量和质量的变化，对地下水资源造成影响。通过科学的管理手段，可以更好地适应气候变化的挑战，保障地下水资源的可持续利用。

地下水资源的可持续管理对于农业的可持续发展至关重要。农业是地下水最主要的利用领域之一，而不合理的水资源开发和使用方式可能导致地下水位下降、土地盐碱化等问题。通过科学规划和管理，可以最大程度地减少农业对地下水的不良影响，促进农业的可持续发展。

地下水管理与城市化进程和工业发展密不可分。随着城市人口的增加和工业用水的增长，地下水资源的管理变得尤为重要。科学合理的管理可以确保城市居民的饮水安全，同时平衡城市和工业对地下水资源的需求。

地下水管理涉及跨区域和国际合作的问题。地下水往往不受地域边界的限制，其管理需要相关各方的协调和合作。国际合作可以促进共享经验、技术和资源，共同应对全球范围内的地下水管理问题。

地下水资源的可持续管理涉及多个层面，包括生态保护、社会经济发展、气候适应性等。通过科学合理的管理，可以最大程度地发挥地下水的作用，保障生态系统的健康、人类社会的可持续发展。这一过程需要政府、企业、科研机构和社会公众的共同参与和协作，形成全社会的责任共担机制。只有通过综合而系统的管理，才能实现地下水资源的可持续利用，为未来社会的发展提供有力支持。

1. 地下水资源可持续管理的定义

地下水资源可持续管理是一种基于科学、综合、长远思考的管理方式，其目的是在满足当前用水需求的前提下，保障未来世代的地下水供应能力和水质健康。这种管理方法旨在平衡经济、社会和生态的需求，以确保地下水系统的可持续性，避免过度开采和环境破

坏，维护地下水生态系统的稳定性。

地下水资源可持续管理强调科学的基础。这包括深入了解地下水系统的地质、水文、水化学等方面的特征，通过科学研究获取可靠的数据，对地下水资源进行准确的评估。通过科学的方法，管理者能够更好地理解地下水资源的分布、运移规律以及与地表水的相互关系，为决策提供科学依据。

地下水资源可持续管理需要采用综合的管理手段。这包括制定全面的地下水资源规划和管理政策，考虑到不同地区的地下水资源特点和用水需求，制定差异化的管理措施。同时，综合考虑地下水与地表水、生态系统之间的关系，确保各方的利益能够得到平衡，防止因过度开采而引发的地下水位下降、地表河流干枯等问题。

在社会层面，地下水资源可持续管理强调公众参与和社会合作。通过公众教育、信息透明，增强社会对地下水资源的认知和保护意识。同时，建立与地方社区和农村居民的密切合作，使他们参与到地下水资源的管理中，共同维护地下水的可持续利用。社会各方的共同参与和努力是实现地下水资源可持续管理的关键。

在生态方面，地下水资源可持续管理要求保护地下水生态系统的完整性。这包括维护地下水湿地、河流和水体的生态平衡，防止因为地下水的过度开采而导致的水体生态系统的破坏。通过建立生态修复和保护项目，促进地下水与地表水的良性循环，保障水生态系统的稳定运行。

在经济方面，地下水资源可持续管理需要考虑到社会经济的可持续发展。这包括合理制定地下水的收费政策，通过经济手段引导合理用水，防止浪费和滥用。同时，通过促进水资源的经济效益，鼓励采用高效的水资源利用技术，提高农业、工业和城市用水的效率，推动水资源的可持续利用。

地下水资源可持续管理需要具备长远的视野。这包括对未来气候变化、人口增长、经济发展等因素的充分考虑，以预测未来地下水资源的供需状况。通过制定长期的规划和政策，确保地下水资源的可持续性，避免短视行为导致地下水资源的不可逆损害。

地下水资源可持续管理是一种科学、综合、长远的管理方法，强调科学的基础、综合的手段、公众参与、生态保护、经济效益和长远规划等多个方面的要素。通过这种管理方式，可以实现地下水资源的合理开发和利用，维护地下水生态系统的健康，为未来世代提供可靠的水资源保障。

2. 地下水资源可持续管理的科学意义

地下水资源的可持续管理具有深远的科学意义，涉及多个学科领域的交叉研究，为确保人类社会的健康发展、生态系统的平衡和自然环境的持续稳定提供了重要支持。

地下水资源的可持续管理在水文学领域具有重要的科学意义。水文学是研究水的运动、分布和转化规律的学科，而地下水是水文循环的重要组成部分。通过对地下水运动、补给和排泄等过程的深入研究，可以更好地理解地下水资源的动态变化，揭示地下水系统的内在规律。这有助于建立科学合理的水文模型，为制定有效的地下水资源管理策略提供科学依据。

地下水资源的可持续管理涉及水质学的研究。地下水质的优劣直接关系到人类饮水安全和生态环境的健康。水质学通过对地下水中各种物质的组成和变化规律的研究，可以识别潜在的污染源、分析水体中的污染物浓度，为制定科学的水质保护标准提供支持。通过深入了解水质与生态系统的相互关系，科学家们可以为地下水资源的可持续管理提供更为全面的保障。

在环境科学领域，地下水资源的可持续管理对维护生态平衡具有至关重要的科学价值。地下水系统与河流、湖泊、湿地等生态系统相互联系，对生态系统的供水、稳定温度和维持生物多样性等方面发挥着重要作用。通过深入研究地下水的补给和流动过程，科学家可以更好地理解地下水与生态系统之间的关系，为维护生态平衡提供科学依据。

在地质学领域，地下水资源的可持续管理与地质构造、地层特征等因素密切相关。通过对地下水运动过程中的地质构造和地层特征的综合研究，科学家可以更好地把握地下水的运动规律，预测地下水位的变化趋势，为地下水资源的科学开发和合理利用提供科学指导。

在社会科学领域，地下水资源的可持续管理也牵涉到社会经济因素的研究。经济学家可以通过研究地下水的经济价值，探讨合理的水资源定价机制，推动资源的经济利用。社会学家可以深入分析地下水利用对社会的影响，包括城市化进程、农业生产和社区的可持续发展，为地下水资源的社会管理提供科学参考。

地下水资源的可持续管理在科学上有着广泛而深刻的意义。通过水文学、水质学、环境科学、地质学和社会科学等多学科的综合研究，可以更全面地认识地下水系统的运动规律、水质特征和与其他自然系统的相互作用，为科学决策、有效管理和可持续利用地下水资源提供坚实的科学基础。这有助于确保地下水资源对人类社会和自然环境的长期可持续性贡献，实现水资源的科学合理利用。

（二）地下水资源可持续管理的原则与指标体系

地下水资源的可持续管理需要遵循一系列原则和建立科学合理的指标体系。这些原则和指标体系的建立旨在实现地下水资源的合理开发、保护和可持续利用，以满足人类社会的需求同时维护生态系统的健康。

可持续管理的原则之一是合理规划和使用。这涉及制定科学的地下水资源开发规划，根据地下水补给量、水质特征、土地利用等因素，确定合理的地下水开采量和开采区域。这一原则的目标是确保地下水的稳定补给，防止地下水位下降、地下水质恶化等问题。

可持续管理需要注重保护生态环境。这包括通过科学的手段，维护湿地、河流和湖泊等水域生态系统的稳定。通过制定合理的保护区域、建立水域生态修复机制等措施，保障生态系统的功能完整性，维护水域生物多样性。

原则中的社会参与和公众意识的重要性不可忽视。可持续管理需要建立开放透明的决策机制，引导公众参与地下水资源管理的决策过程。提高公众对地下水资源重要性的认识，增强社会的水资源管理责任感，有助于形成全社会对地下水资源的共同保护态势。

可持续管理需要引入经济激励机制。通过建立水资源的经济价值体系，制定合理的水资源价格和收费机制，鼓励企业和个人更加节水，减少浪费。这一原则有助于实现水资源的经济效益最大化，同时保护环境。

在建立指标体系方面，首先需要考虑的是地下水资源的数量和质量。通过建立科学的监测体系，及时获取地下水位、水质等信息，为合理管理提供数据支持。数量指标可以包括地下水位变化、补给量等，而质量指标则需要监测各类污染物的浓度和分布。

需要考虑地下水与其他自然系统的相互影响。这包括地下水与土壤、地表水的相互作用。通过监测地下水位对土壤水分状况的影响，以及地下水与河流湖泊的水量交互，可以更全面地了解地下水对于整个水循环的影响。

社会经济因素也应成为评估的一部分。这包括地下水资源的经济价值、社会需求和水资源利用效益等方面。通过建立经济效益评估体系，有助于找到水资源利用的最佳平衡点，使地下水的开发与社会经济发展相协调。

可持续管理的指标体系还需关注灾害风险。地下水过度开采可能导致地层下陷、水土流失等问题，因此需要建立相应的监测和评估指标，及时发现潜在的灾害风险，采取措施进行预防和治理。

社会参与和公众满意度也应纳入指标体系。通过调查和评估公众对地下水资源管理的满意度，了解社会对于管理措施的接受程度，有助于更好地调整和改进管理策略。

地下水资源的可持续管理的原则与指标体系需要全面考虑自然、经济、社会等多个方面的因素。只有通过科学合理的管理原则和综合性的指标体系，才能更好地实现地下水资源的可持续利用，维护生态平衡，保障社会经济发展。

二、遥感技术在地下水资源可持续管理中的应用

（一）遥感数据在地下水资源监测中的应用

地下水资源监测中，遥感数据的应用为科学家和决策者提供了有力的工具，以更好地理解地下水系统的动态特征、监测水质变化、以及进行水资源管理和保护。这种应用可以通过不同类型的遥感数据，包括光学、雷达和热红外数据，实现对地下水的空间分布、变化趋势以及与地表水的关联等方面的深入洞察。

光学遥感数据在地下水资源监测中具有广泛的应用。通过卫星或飞机载荷的多光谱和高光谱传感器，可以获取地表的光谱反射信息，其中包括可见光和红外波段。这些数据反映了地表覆盖的不同特征，如植被、土壤和水体。在地下水监测中，通过分析光学遥感数据，可以推断土地利用变化、植被覆盖和水体分布，为地下水系统的评估提供了重要的信息。

雷达遥感数据对地下水监测同样具有关键作用。合成孔径雷达（SAR）技术能够穿透云层和植被，对地表进行高分辨率的监测。在地下水监测中，雷达数据可以用来检测地表沉降，间接反映地下水位的变化。通过比较不同时间点的雷达影像，科学家可以观察地下水蓄水层的波动，识别可能的地下水过度开采或地表沉降问题。

热红外遥感数据也为地下水资源监测提供了独特的视角。地下水对热能的吸收和释放在地表会表现为温度变化。卫星和无人机搭载的热红外传感器能够捕捉地表温度的变化，从而反映地下水的存在和流动情况。通过分析热红外数据，可以揭示地下水系统的地下水位、流向和水体运动等信息，为水资源管理者提供重要的参考。

在光学、雷达和热红外数据的综合应用中，可以实现地下水资源监测的多角度观测。通过将不同类型的遥感数据进行叠加和交叉分析，可以更全面地了解地下水系统的复杂特性。例如，结合光学和雷达数据，可以同时考虑地表覆盖和地表沉降的情况，为地下水的综合评估提供更为准确的数据支持。

遥感数据还可用于水质监测。通过多光谱和高光谱数据，可以检测地表水体的颜色和透明度变化，从而间接推断水体的污染状况。这种方法可以帮助识别可能对地下水产生负面影响的表层水体，提高对地下水质的预警能力。

遥感数据在地下水资源监测中的应用为科学家和决策者提供了一种高效、全面的手段，能够深入洞察地下水系统的动态变化、空间分布和与地表水的相互关系。通过综合运用光学、雷达和热红外等多源遥感数据，可以更好地理解地下水资源的复杂性，为合理开发、科学管理和有效保护地下水资源提供科学依据。

1. 卫星遥感数据的利用

卫星遥感数据在地下水资源可持续管理中的应用具有显著的实用价值。这种技术利用卫星传感器获取的地表信息，为科学家和决策者提供了全球范围内的高质量、全时段、多波段的地下水监测数据。以下将深入探讨卫星遥感在地下水资源管理中的关键应用领域及效果。

卫星遥感技术在地下水位监测方面发挥了关键作用。通过利用卫星传感器对地表高程的测量，科学家们能够监测地下水位的时空变化。这项技术使我们能够获取大范围、高分辨率的地下水位数据，及时发现地下水位下降的趋势，为水资源管理者提供重要信息，帮助其采取措施维护水位平衡。

卫星遥感在地下水质监测中发挥了关键作用。通过卫星传感器获取的地表反射率和植被指数等数据，科学家们能够推断地下水质的状况。这项技术使我们能够对大范围地下水体的水质进行初步评估，迅速识别潜在的污染区域，为水质管理和保护提供科学支持。

卫星遥感在地下水补给源的探测中具有独特优势。通过监测地表的植被状况、土壤湿度等参数，科学家们能够推断地下水的补给源，并识别可能的补给通道。这有助于更好地了解地下水循环系统，为科学合理的地下水资源管理提供基础数据。

卫星遥感技术在地下水管理中的一项重要应用是辅助决策者进行水资源分布规划。通过获取不同地区的地表特征、植被覆盖等信息，科学家们可以为城市化进程、农业用水和生态系统的可持续发展提供科学参考，协助决策者合理配置和利用地下水资源。

卫星遥感数据的广泛应用在一些成功的实际案例中得到体现。例如，在澳大利亚的地下水管理中，卫星遥感技术被广泛用于监测地下水位、水质及土地利用变化。通过对时间序列的遥感数据进行分析，科学家们成功地揭示了地下水资源的时空变化规律，为澳大利亚政府提供了科学依据，推动了相应的水资源管理政策。

卫星遥感技术在地下水资源可持续管理中具有多方面的应用。从监测地下水位、水质、补给源到协助决策者进行规划，这一技术为科学合理地管理地下水资源提供了高效、全面的手段。随着卫星遥感技术的不断发展，相信它将在地下水资源管理中发挥越来越重要的作用，为实现水资源的可持续利用提供强有力的支持。

2. 飞机与无人机遥感的应用

飞机与无人机遥感技术在地下水资源可持续管理中发挥着重要作用，通过获取高分辨率的遥感数据，为科学合理的地下水资源管理提供了关键信息。

飞机与无人机遥感技术通过搭载各类传感器，能够获取高精度的地下水位信息。这包括微波遥感、激光雷达（LiDAR）等传感器，可以实现对地下水位的三维立体监测。这种高精度的地下水位信息为地下水资源的定量分析提供了数据基础，有助于科学规划地下水的开采和保护。

遥感技术能够获取地下水质的空间分布信息。通过搭载高光谱传感器，可以对地下水体中的化学成分进行准确测量。这为监测地下水中污染物质的分布提供了有力的手段，有助于及时发现污染源和制定有针对性的治理措施，实现地下水质的科学管理。

飞机与无人机遥感技术在地下水资源管理中还能够进行地下水补给量的监测。通过获取地表土壤水分、植被指数等数据，结合气象信息，可以估算地下水的补给量。这对于合理安排地下水开采量，防止地下水资源的过度开发具有重要意义。

遥感技术在地下水资源管理中还可以进行地下水与地表水之间的相互影响研究。通过获取河流湖泊水位、地下水位等数据，可以揭示两者之间的相互关系。这为科学规划水资源利用提供了参考，避免因地下水开采导致地表水的流量减少，从而影响水生态系统的稳定。

飞机与无人机遥感技术还在地下水资源可持续管理中发挥了在应急情况下的监测作用。在自然灾害或人为事故导致地下水污染时，通过快速获取大面积的高分辨率遥感数据，可以及时评估污染范围和程度，指导应急响应和修复工作，最大限度地减少地下水污染对生态环境和人类社会的危害。

遥感技术还能够在地下水资源管理中进行监测指标的长期变化分析。通过获取多时相的遥感数据，可以研究地下水位、水质等指标的时空变化规律，为长期的地下水资源管理提供科学的依据。

飞机与无人机遥感技术在地下水资源可持续管理中的应用不仅为地下水资源的科学管理提供了高效手段，也为保障生态平衡、应对突发事件等提供了强大支持。通过不断创新技术和完善监测体系，可以更好地利用遥感技术服务于地下水资源的合理开发、科学保护和可持续利用。

（二）遥感技术在地下水资源管理决策中的案例研究

在地下水资源管理决策中，遥感技术的应用通过提供高效、全面的信息，为决策者提供了科学依据，优化了决策过程。以下通过一个实际案例研究，探讨遥感技术在地下水资源管理决策中的具体应用及其影响。

某国西部地区长期面临地下水资源过度开采和水质下降的问题，这对当地农业、工业和城市供水带来了严重威胁。为了有效管理和保护地下水资源，当地政府采用了遥感技术进行监测与分析。

卫星光学遥感数据被用于获取地表覆盖信息。通过分析不同地区的植被覆盖、土地利用类型，政府能够了解地下水补给区域的植被状况和土壤类型，为未来地下水补给区的划定提供科学依据。这种信息有助于制定针对性的地下水保护政策，保障水源涵养区域的生态环境。

合成孔径雷达（SAR）数据被用于监测地下水位的动态变化。通过对雷达影像进行时间序列分析，政府能够追踪地下水位的升降情况，及时发现可能的地下水过度开采区域。这种信息为制定差异化的地下水管理措施提供了依据，以防止地下水位下降引发的环境问题。

热红外遥感数据也被广泛应用于检测地表温度变化。通过监测地表温度，政府可以间接推测地下水的运动状况，进一步分析地下水流向和水体交互。这种信息有助于制定地下水补给区域的保护和管理政策，确保地下水系统的可持续利用。

在水质监测方面，多光谱和高光谱遥感数据被用于检测地表水体的水质状况。通过分析不同波段的光谱反射率，政府能够判断地表水体中可能存在的污染物质，提高对地下水质的预警能力。这为政府采取措施保障地下水水质提供了科学依据。

遥感技术在该国西部地区地下水资源管理决策中发挥了重要作用。通过卫星光学遥感、合成孔径雷达、热红外以及多光谱、高光谱等多源遥感数据的综合应用，政府能够实现对地下水系统的多角度监测。这种科学的监测手段为政府提供了及时准确的地下水资源信息，为管理决策提供了科学基础，有助于实现地下水资源的合理利用和可持续管理。

第十一章 遥感技术在水资源国际合作中的应用

第一节 国际水资源合作与信息共享

一、遥感技术在国际水资源合作中的地位与作用

（一）国际水资源合作的背景与意义

国际水资源合作的背景与意义根植于全球范围内日益严峻的水资源挑战。随着全球人口的不断增长、工业化的加速发展以及气候变化的不确定性，许多国家面临水资源不足、水质恶化和水灾害频发等问题。在这一背景下，国际水资源合作成为迫切的需求，以共同面对全球性水资源挑战，确保水资源的可持续管理和利用。

国际水资源合作的背景体现在全球水资源分布不均衡的事实上。一些国家和地区面临水资源极度匮乏，而另一些则因为过度开采、污染和不合理利用导致水资源短缺。因此，国际合作成为解决这种不均衡的重要途径。通过共享技术、经验和资源，各国可以共同应对水资源的不平衡分布，实现资源的公平合理利用。

气候变化对水资源的影响也推动了国际水资源合作的需求。气候变化导致了极端天气事件的增多，如干旱、洪涝等，这直接影响了水资源的可持续性。国际合作可以帮助各国共同应对气候变化带来的水资源压力，共同研究应对气候变化的策略，推动全球水资源的可持续发展。

全球化进程加速，国际间的经济、社会联系日益紧密，使得各国的水资源问题相互关联。国际贸易、跨国公司的活动往往涉及水资源的使用和管理，因此需要跨国合作来确保水资源的合理利用。同时，国际合作还可以促进水资源技术的共享和创新，为各国提供更先进的水资源管理方法。

国际水资源合作的意义在于为各国提供了共同应对水资源挑战的平台。通过协商、合作和共享，各国可以集思广益，共同制定适应性强、可持续的水资源管理政策。国际水资源合作还有助于构建信任关系，减少潜在的跨国水资源冲突，维护国际和平与稳定。

国际水资源合作还有助于促进技术转移和知识共享。一些拥有先进水资源管理经验和技术的国家可以通过合作向其他国家传授经验，提供技术支持，加强各国在水资源领域的综合能力。这样的共享有助于推动全球水资源管理水平的整体提升。

国际水资源合作是实现联合国可持续发展目标之一。可持续发展目标中的第六个目标明确提出要确保所有人都能够获得可负担得起、安全、可获得的水资源和卫生设施。而这

一目标不能仅仅由单个国家实现，需要全球各国共同努力，共享水资源的管理经验、科技创新和经济资源。

国际水资源合作的背景是全球性水资源问题的复杂性和紧迫性，而其意义则在于通过共同努力、共享资源，推动全球水资源的可持续管理和利用。只有通过国际合作，各国才能更好地应对水资源的挑战，实现全球水资源的公平分配、科学利用和可持续发展。

1. 国际水资源合作的定义与范畴

国际水资源合作是指跨越国界，通过协同努力解决水资源问题的一种形式。这种合作覆盖了多个层面，包括科学研究、技术创新、政策制定和实际项目的推进等多个范畴。在这一合作的框架下，遥感技术发挥了重要作用，为国际水资源合作提供了先进的信息获取和数据支持。

国际水资源合作的一个关键领域是水文监测和数据共享。遥感技术通过卫星、飞机等平台，可以实现大范围、高时空分辨率的水文信息获取。这包括但不限于地下水位、土壤湿度、河流湖泊水位等方面的数据。这些信息对于了解不同国家和地区的水资源状况、推动科学研究以及共享监测数据都具有重要价值

遥感技术在水资源规划和管理中的应用对国际水资源合作至关重要。通过卫星影像，可以实现对流域、水库和灌溉区等水资源关键区域的高精度监测。这有助于辅助各国进行水资源规划，提高水资源的利用效率，避免过度开发和滥用，从而实现国际水资源的可持续管理。

在国际水资源合作的框架下，遥感技术还在水质监测和环境保护中发挥作用。通过高光谱遥感等技术手段，可以对水体中的污染物质进行识别和监测。这为国际合作提供了重要信息，帮助各国共同应对水质问题，采取有效的保护和修复措施，维护共享水域的健康。

国际水资源合作中的灾害应对和风险管理也离不开遥感技术的支持。遥感技术可以在自然灾害发生后提供高分辨率的影像，帮助各国评估灾害对水资源系统的影响，及时制定应急计划，降低灾害带来的损失。在风险管理方面，遥感技术也可以用于监测和评估潜在的水资源风险，为国际社区提供决策支持。

国际水资源合作还需要在技术创新和人才培养方面加强合作。遥感技术的不断创新为水资源领域提供了新的工具和方法。在合作过程中，各国可以共同推动遥感技术在水资源监测、管理和保护方面的应用，促进技术的交流与创新。同时，通过人才培训和知识共享，各国水资源领域的专业人才能够更好地利用遥感技术，推动国际水资源合作取得更为显著的成果。

国际水资源合作涉及多个层面，包括数据共享、规划管理、环境保护、灾害应对和技术创新等多个方面。在这一合作中，遥感技术的应用为各国提供了强大的工具，促进了国际水资源合作的深入发展，为全球水资源的可持续利用提供了有效的支持。

2. 国际水资源合作的科学与政策意义

国际水资源合作既有科学上的意义，又在政策层面上具备重要价值。遥感技术作为一种高效的地球观测手段，为国际水资源合作提供了科学基础和政策支持。

科学上，遥感技术通过卫星、飞机等平台获取大范围、高分辨率的地表信息，为水资源的科学研究提供了强大工具。通过对遥感数据的分析，科学家能够实时监测地表水体变化、土壤湿度、植被覆盖等信息，深入理解水资源的分布、变动和相互关系。这种科学数据为国际水资源的科学研究提供了精准、全面的信息支持，为制定全球水资源合作的战略和计划提供了科学依据。

在国际水资源合作的政策层面，遥感技术发挥着关键的作用。通过共享遥感数据，国际社会能够实现对全球水资源状况的共同监测和评估。这种全球视角有助于识别全球水资源的共性问题，推动国际社会形成共同的水资源管理理念。政策制定者可以借助遥感技术分析全球范围内的水资源分布、流向、变动趋势等，为跨国合作和共同解决全球水资源问题提供政策支持。

遥感技术也在国际水资源管理中发挥了辅助决策的作用。通过遥感技术获取的地表水质信息、水体分布情况等数据，为国际合作提供了监测水体健康状况和水质变化的手段。政策制定者可以利用这些数据制定有效的水资源保护政策，减缓地球上某些地区水资源过度开采和污染的问题。

在灾害管理方面，遥感技术也为国际水资源合作提供了应急响应的手段。洪涝、旱灾等灾害常常跨越国界，需要国际社会协同应对。遥感技术通过实时监测、快速响应，能够为国际社会提供准确的灾害情报，帮助各国协同开展救援工作，最大限度地减轻灾害对水资源带来的负面影响。

国际水资源合作中的遥感技术发挥着科学与政策上的双重作用。科学上，它提供了高质量的全球水资源信息，为深入研究提供了必要的数据支持；政策上，遥感技术为国际社会提供了实时的、全球范围内的水资源监测手段，有助于形成全球水资源管理的共识，促进国际社会共同应对全球水资源挑战。

（二）遥感技术在国际水资源合作中的地位

遥感技术在国际水资源合作中的地位举足轻重，发挥着至关重要的作用。其在监测、评估和管理水资源方面的独特优势使其成为国际水资源合作的不可或缺的工具。

遥感技术在国际水资源合作中扮演的首要角色是提供全球范围的水资源信息。卫星遥感通过携带各类传感器获取地表信息，为各国提供了高分辨率、大范围的水资源数据。这种全球性的覆盖能力使各国能够共享同一时空的水资源信息，形成共识，协助合作各方更好地了解全球水资源的整体状况。

遥感技术在国际水资源合作中有助于监测水资源的时空变化。通过不同波段的遥感数据，可以追踪水体的水质、水位、水温等关键参数的变化趋势。这为国际合作提供了实时的水资源监测手段，帮助各国预警和应对水资源的紧急问题，促进国际合作的实时协调。

遥感技术在水资源分布和利用状况的评估中发挥了关键作用。通过获取土地利用、植被覆盖和土壤湿度等信息，遥感技术可以为各国提供水资源的分布情况以及水资源利用的模式。这有助于国际水资源合作中的资源合理分配和利用规划，帮助各国更好地了解彼此的水资源状况，从而实现更加智能、可持续的水资源管理。

遥感技术在国际水资源合作中有助于处理水资源的相关问题，如干旱、洪涝等灾害的预测和防范。卫星遥感技术可以提供大范围、全时段的监测数据，为各国提供灾害风险的快速评估，指导相应的紧急行动和应对措施。这为国际间的紧急协作提供了及时、有效的信息支持。

国际水资源合作中的数据共享也得益于遥感技术的发展。通过遥感技术获取的大数据量，可以通过开放式数据共享平台传递给合作各方。这种信息的开放共享促进了国际间的透明度和信任度，使得各国能够共享最新的水资源信息，实现更高效的国际水资源合作。

遥感技术在科技创新和人才培养方面也对国际水资源合作起到积极的推动作用。各国通过合作开展遥感技术的研究和应用，不仅能够共同推动技术创新，也有助于共同培养水资源管理领域的专业人才。这为国际合作提供了更深层次的合作基础，推动各国在水资源管理方面取得共同进步。

遥感技术在国际水资源合作中的地位不可忽视。其提供的全球性监测、实时预警、资源评估等信息支持，为各国协同应对全球性水资源挑战提供了有力工具。在国际水资源合作的框架下，充分发挥遥感技术的优势，将有助于更加科学、智能地推动全球水资源的可持续管理和利用。

二、国际水资源信息共享与合作机制

（一）水资源信息共享的国际机制

国际水资源信息共享的机制是为促进各国在水资源领域的合作与协调而建立的。这一机制涵盖了多个层面，包括政策沟通、数据交流、技术合作等多个方面，旨在实现水资源信息的更加透明、高效和普遍可及。

国际水资源信息共享的机制需要建立稳定的政策沟通平台。各国在水资源管理和利用方面存在不同的制度和政策体系，通过建立定期的国际水资源会议、高层对话等机制，有助于促进各国政策的交流与协调。这样的平台有助于各国了解彼此的水资源管理理念、法规制度，为更深层次的合作打下基础。

水资源信息共享机制需要建立高效的数据交流体系。在数字化时代，各国通过建立国际水资源数据库、信息平台等，可以实现水资源数据的及时共享。这样的体系可以包括水文监测数据、水质数据、地下水位数据等多方面信息，为各国水资源决策提供科学依据。

在技术合作方面，国际水资源信息共享机制需要促进技术创新和共享。各国可以通过建立联合研究机构、推动技术转让等方式，共同解决水资源领域的关键技术难题。同时，建立技术培训机制，帮助发展中国家提升水资源信息管理和利用的能力，促进全球水资源技术水平的提高。

在应急响应方面，水资源信息共享机制需要建立紧急情况下的协作机制。各国可以共同制定应急预案，建立紧急联络渠道，以便在自然灾害、水污染事件等紧急情况下，迅速响应、分享信息、协同应对，最大限度地减轻灾害带来的损失。

水资源信息共享机制还需要关注公众参与和社会共识的建立。通过建立水资源信息公开透明的机制，向公众提供更多、更真实的水资源信息，增强社会的水资源保护意识，鼓励公众参与水资源决策和监督，使水资源的管理更加民主和透明。

在法律和合同方面，水资源信息共享机制需要建立明确的法律框架和合同机制。通过签署国际水资源信息共享协议，明确各国在信息共享中的权利和义务，建立国际水资源信息共享的法律基础，保障各方的合法权益。

国际水资源信息共享机制需要关注长期稳定的合作。通过建立多边机制，如国际水资源信息共享组织、论坛等，形成长期稳定的国际水资源信息合作平台。这有助于各国更好地协商、合作，推动水资源信息共享机制在全球范围内的深入发展。

国际水资源信息共享的机制需要在政策、数据、技术、应急响应、社会参与、法律和合同等多个层面建立全面、系统的合作机制。只有通过多方共同努力，才能实现水资源信息的更加高效、透明、共享，为全球水资源的可持续管理提供有力支持。

1. 联合国水资源信息共享机制

国际水资源信息共享的机制是为促进各国在水资源领域的合作与协调而建立的。这一机制涵盖了多个层面，包括政策沟通、数据交流、技术合作等多个方面，旨在实现水资源信息的更加透明、高效和普遍可及。

国际水资源信息共享的机制需要建立稳定的政策沟通平台。各国在水资源管理和利用方面存在不同的制度和政策体系，通过建立定期的国际水资源会议、高层对话等机制，有助于促进各国政策的交流与协调。这样的平台有助于各国了解彼此的水资源管理理念、法规制度，为更深层次的合作打下基础。

水资源信息共享机制需要建立高效的数据交流体系。在数字化时代，各国通过建立国际水资源数据库、信息平台等，可以实现水资源数据的及时共享。这样的体系可以包括水文监测数据、水质数据、地下水位数据等多方面信息，为各国水资源决策提供科学依据。

在技术合作方面，国际水资源信息共享机制需要促进技术创新和共享。各国可以通过建立联合研究机构、推动技术转让等方式，共同解决水资源领域的关键技术难题。同时，建立技术培训机制，帮助发展中国家提升水资源信息管理和利用的能力，促进全球水资源技术水平的提高。

在应急响应方面，水资源信息共享机制需要建立紧急情况下的协作机制。各国可以共同制定应急预案，建立紧急联络渠道，以便在自然灾害、水污染事件等紧急情况下，迅速响应、分享信息、协同应对，最大限度地减轻灾害带来的损失。

水资源信息共享机制还需要关注公众参与和社会共识的建立。通过建立水资源信息公开透明的机制，向公众提供更多、更真实的水资源信息，增强社会的水资源保护意识，鼓励公众参与水资源决策和监督，使水资源的管理更加民主和透明。

在法律和合同方面，水资源信息共享机制需要建立明确的法律框架和合同机制。通过签署国际水资源信息共享协议，明确各国在信息共享中的权利和义务，建立国际水资源信息共享的法律基础，保障各方的合法权益。

国际水资源信息共享机制需要关注长期稳定的合作。通过建立多边机制，如国际水资源信息共享组织、论坛等，形成长期稳定的国际水资源信息合作平台。这有助于各国更好地协商、合作，推动水资源信息共享机制在全球范围内的深入发展。

国际水资源信息共享的机制需要在政策、数据、技术、应急响应、社会参与、法律和合同等多个层面建立全面、系统的合作机制。只有通过多方共同努力，才能实现水资源信息的更加高效、透明、共享，为全球水资源的可持续管理提供有力支持。

2. 地区性水资源信息共享合作组织

地区性水资源信息共享合作组织是一种基于地理区域的机构，旨在促进特定地区内各国之间的水资源信息共享、合作与协调。这样的组织在解决地区性水资源挑战、促进可持续水资源管理和推动协同发展方面发挥着重要的作用。

地区性水资源信息共享合作组织有助于实现水资源数据的集成与整合。由于水资源问题通常涉及多个国家和地区，各国之间的数据分散且异构。通过建立共享合作组织，各国能够协调数据收集、整理和共享工作，实现水资源信息的集中管理，为各国提供全面、准确的水资源数据，从而有助于制定更科学的水资源管理策略。

这类组织有助于推动技术创新和方法论的共享。在地区性范围内，各国可能面临相似的水资源问题，但解决方案可能因地区差异而有所不同。共享合作组织为各国提供了一个共同学习的平台，促使各方分享水资源管理的最佳实践、创新技术和成功经验。这有助于加速技术和方法的传播，提高各国水资源管理的整体水平。

地区性水资源信息共享合作组织促进了水资源治理的协同。由于水资源通常横跨多个国家和地区，单一国家的水资源管理难以独立解决跨境水资源问题。共享合作组织为各国提供了一个协商与合作的平台，使得各国能够共同面对跨境水资源挑战，推动协同治理，共同维护地区水资源的可持续发展。

这类组织还有助于应对突发水资源事件。地区性水资源信息共享合作组织可以建立应急响应机制，当地区内发生水资源紧急事件时，能够迅速协调各国资源，提供及时、有效的支持。这种机制有助于减轻突发事件对地区水资源系统的冲击，提高地区应对水灾害和其他紧急情况的能力。

共享合作组织有助于加强地区间的合作与互信。水资源问题涉及国家间的利益和责任，建立共享合作组织可以促使各国深化沟通，共同制定和执行协议，从而加强地区内各国之间的合作关系。通过共同面对水资源挑战，建立相互信任，可以推动地区内的和平与稳定。

总体来说，地区性水资源信息共享合作组织在推动地区水资源管理方面发挥着重要作用。通过促进水资源数据的整合、技术创新的共享、水资源治理的协同以及突发事件的联合响应，这些组织有助于提高地区内水资源管理的效率与水平，为各国共同应对地区性水资源挑战创造有利条件。

（二）遥感技术在国际水资源信息共享中的应用

国际水资源信息共享中，遥感技术作为一种先进的工具，发挥着不可替代的重要作用。遥感技术通过卫星、飞机等平台获取高分辨率的水资源信息，为各国合作提供了科学、直观的数据基础，促进了信息的实时共享与分析。

遥感技术在水文监测方面发挥着关键作用。通过卫星遥感获取的地表温度、植被指数等数据，可以全面监测流域内的水文变化。这包括降雨分布、蒸发蒸腾、地表径流等信息，为各国了解水资源的动态变化提供了直观且全面的数据支持。

　　遥感技术在水质监测中发挥了独特优势。通过高光谱遥感可以获取水体的反射光谱信息，实现对水质的高效监测。这种技术可以识别水体中的悬浮物、藻类、溶解有机物等污染物质，为国际水资源信息共享提供了关键的水质数据。

　　在水体时空变化方面，遥感技术通过多时相卫星影像的比对，可以追踪水域的扩张或收缩，监测湖泊、河流等水体的变化趋势。这有助于各国更好地了解水资源的分布状况，协同规划水资源的利用和保护。

　　遥感技术在地下水资源方面也发挥了重要作用。通过激光雷达（LiDAR）等技术，可以实现对地下水位的立体监测，揭示地下水位变化的规律。这为各国在地下水资源管理和开采方面提供了重要的科学数据，有助于规避地下水资源过度开发的风险。

　　在水资源灾害监测方面，遥感技术通过获取高分辨率的影像，可以实时监测洪涝、干旱等灾害情况。这种信息对国际社会及时响应、协同救援和灾害后期重建提供了关键的支持，有助于降低灾害带来的损失。

　　遥感技术在水资源信息共享中还可以通过建立数据平台、共享处理算法等方式，促进各国水资源信息的集成和标准化。这有助于消除数据障碍，提高数据的互操作性，使得不同国家的水资源信息更易于共享与对比。

　　遥感技术在国际水资源信息共享中充当了数据获取、监测、分析和共享的重要角色。通过这一技术手段，各国能够更加全面、高效地了解全球水资源状况，促进合作与协同，共同应对全球水资源管理面临的挑战。

第二节　遥感数据在跨国水资源管理中的角色

一、遥感数据在跨国水资源管理中的监测和评估角色

（一）地表水体监测

　　地表水体监测是跨国水资源管理中至关重要的一环，而遥感数据作为一种先进的技术手段，在这一过程中发挥着不可替代的作用。通过卫星和飞机获取的遥感数据，能够为跨国水资源的监测和评估提供高质量、全面、实时的信息。

　　遥感数据在地表水体监测中发挥了关键的角色。卫星传感器能够提供高分辨率的地表影像，捕捉到湖泊、河流、水库等水体的空间分布。这些数据为对水体的覆盖范围和变化趋势进行实时监测提供了可靠的信息基础。

　　遥感数据在水体水位监测方面具有独特的优势。卫星搭载的雷达高度计等设备可以测定水体的水位，实现对湖泊和河流水位的精确测量。这对于跨国水资源的动态管理提供了可靠的数据支持，为合理调配水资源提供了重要依据。

　　高光谱遥感技术在地表水体监测中也发挥着重要作用。通过获取水体的光谱信息，可以分辨出不同的水质特征，如藻类、悬浮物等。这为水体健康状况的监测提供了直观的数据，有助于及时发现潜在的水质问题，采取有效的管理措施。

　　遥感数据不仅可以提供单一时刻的水体信息，还能够通过多时相影像进行时空变化分

析。这种多时相监测的能力使得我们能够了解水体季节性和长期趋势的演变，有助于预测未来的水资源变化，为跨国水资源管理提供可靠的信息支持。

地表水体监测中的遥感数据还能够揭示水体的流速、水体面积等动态信息。通过追踪水体的流向和流速变化，可以更好地了解水资源在地理空间上的分布情况，为跨国水资源的分配与利用提供科学依据。

遥感数据在地表水体监测中扮演着不可或缺的角色。其高时空分辨率、全球范围的覆盖能力，为跨国水资源管理提供了高质量的监测和评估数据，为合理利用水资源、保护水体生态系统提供了科学支持。遥感技术的不断创新将进一步提升其在跨国水资源管理中的应用价值，推动全球水资源可持续管理的发展。

(二) 水质监测

水质监测遥感数据在跨国水资源管理中发挥着至关重要的监测和评估角色。这种数据通过卫星、无人机等平台获取，能够提供全球范围内水体的空间分布、变化趋势等信息，为国际社会实现水质监测、评估和合作提供了科学依据。

水质监测遥感数据通过实时监测水体的空间分布，为跨国水资源管理提供了全球性的水质信息。这种数据能够捕捉水体中的各种污染物质，包括悬浮颗粒、溶解有机物等，帮助科学家和决策者更全面地了解全球水体的健康状况。通过对水体质量的实时监测，国际社会能够及时发现可能的水质问题，为采取紧急措施提供科学支持。

水质监测遥感数据的空间分布信息有助于跨国水资源管理者评估水体污染的来源和传播路径。通过分析不同区域水体的污染程度和类型，可以识别可能的污染源，比如工业排放、农业径流等。这种信息为跨国合作提供了方向，有助于联合国际社会采取有针对性的措施，减少跨国污染对水资源的影响。

水质监测遥感数据还能够提供水体动态变化的信息，包括水体温度、混浊度、叶绿素含量等。这些数据有助于评估水体的生态状况和自然变化趋势。通过对这些参数的监测，国际社会能够更好地理解全球水体的自然状态，为生态环境保护提供科学参考。

水质监测遥感数据还通过时间序列分析，提供了水体污染趋势的长期监测。通过比较不同时间点的遥感数据，可以观察水质的演变过程，识别可能的长期趋势，为跨国水资源管理者提供更加准确的水质变化信息。这种长期监测有助于制定长远的水资源保护政策，为全球水资源的可持续利用提供支持。

水质监测遥感数据在跨国水资源管理中发挥着不可替代的监测和评估作用。通过全球范围内的水体监测，提供了及时的水质信息，为国际社会认识全球水体健康状况提供了科学基础。这种全球性的水质监测数据有助于跨国合作，共同应对全球水质问题，保障全球水资源的可持续利用。

(三) 地下水位监测

地下水位监测遥感数据在跨国水资源管理中扮演着关键的监测和评估角色。这种遥感数据具有全球性、实时性和多尺度的特点，为各国有效管理和合理利用地下水资源提供了有力支持。

地下水位监测遥感数据在跨国水资源管理中发挥着全球性监测作用。由于地下水系统通常不受国界限制，各国的水资源可能在相同的地下水盆地中交织在一起。遥感数据可以提供全球范围内的地下水位信息，帮助各国了解地下水系统的整体状况，为跨国水资源管理提供共同的基础数据。

遥感数据在地下水位监测中具有实时性，能够提供高频次的水位变化信息。这对于跨国水资源管理至关重要，因为地下水位的动态变化可能对多个国家产生直接或间接的影响。通过实时监测，各国能够及时了解地下水位的变化趋势，及早采取协调的水资源管理措施，以应对可能出现的水资源压力。

遥感数据在地下水位监测中的多尺度特性也非常有益。由于地下水位变化通常在较大的地域范围内发生，遥感数据的多尺度性能够提供从全球到区域再到局部的不同尺度的地下水位信息。这为各国提供了更全面、更细致的地下水位监测视角，有助于更好地理解地下水资源的分布和变化规律。

地下水位监测遥感数据还能够协助各国进行地下水资源的定量评估。通过遥感技术，可以获取地下水位数据的时空变化，为各国提供准确的地下水资源量化信息。这对于制定合理的跨国水资源分配方案以及制订维护地下水可持续利用的政策具有重要意义。

在跨国水资源管理中，地下水位监测遥感数据还可以作为早期预警系统的重要组成部分。由于地下水位的变化可能受气候、人类活动等多种因素影响，及时监测并预警潜在的水资源问题对于跨国水资源的可持续管理至关重要。通过建立遥感数据支持的预警系统，各国能够共同应对可能发生的水资源危机，采取协调的应对措施，保障地下水资源的可持续利用。

遥感数据在跨国水资源管理中的角色还体现在其为科学研究和政策决策提供支持。通过对地下水位监测遥感数据的深入研究，可以更好地理解地下水与其他水资源之间的相互关系，为制定更科学、合理的水资源管理政策提供科学依据。

地下水位监测遥感数据在跨国水资源管理中的监测和评估角色十分关键。其全球性、实时性、多尺度的特点为各国提供了全面了解地下水位变化的工具，有助于协同治理跨国水资源，实现地下水的可持续管理与利用。

（四）水文模型评估

水文模型评估中，遥感数据在跨国水资源管理中扮演着关键的监测和评估角色。水文模型是一种数学工具，用于模拟和预测流域水文过程，而遥感数据通过提供丰富的地表信息，为水文模型的评估提供了必要的观测数据。

遥感数据在水文模型的输入参数获取方面发挥着关键作用。通过卫星和飞机传感器获取的数据，如降雨量、植被指数、土地利用等，可以作为水文模型的输入参数，提供模型运行所需的初值。这样的实时观测数据有助于提高水文模型的准确性和可靠性。

遥感数据为水文模型的参数校准提供了有力支持。通过卫星遥感获取的地表特征，如土地覆盖、土壤类型等，可以用于调整水文模型中的参数。这有助于提高模型的适应性，使其更好地反映实际的地表过程，为跨国水资源管理提供更准确的预测结果。

在模型验证方面，遥感数据为水文模型提供了丰富的时空观测资料。通过对比水文模型模拟的结果和卫星观测的实测数据，可以评估模型的准确性和可靠性。这种模型验证方式能够帮助我们更好地理解水文过程，提高水文模型的可信度。

遥感数据在水文模型评估中还能够提供多时相的地表信息。通过对多个时间点的遥感影像进行分析，可以研究流域水文过程的季节性变化和长期趋势。这有助于对水资源的长期管理提供科学依据，为决策提供更全面的信息。

遥感数据在水文模型评估中的应用还可以帮助揭示地表水体的时空变化。卫星影像可以追踪湖泊、河流等水体的扩张和收缩，监测洪涝和干旱事件的发生。这为跨国水资源管理提供了实时的水文信息，有助于采取及时的措施来应对自然灾害。

遥感数据在水文模型评估中的监测和评估角色至关重要。通过为水文模型提供实时、高分辨率、全球覆盖的地表信息，遥感数据有助于提高水文模型的准确性、适应性和可预测性。这为跨国水资源管理提供了科学的数据基础，促进了对水资源的科学合理利用和保护。

二、遥感数据在跨国水资源管理中的应急响应和决策支持角色

（一）灾害监测与评估

遥感数据在跨国水资源管理中发挥了关键的应急响应和决策支持的角色，尤其在灾害监测与评估方面。通过卫星、无人机等遥感平台获取的数据，为跨国范围内水资源灾害的监测、评估和决策提供了科学依据。

遥感数据能够实现水资源灾害的实时监测。通过卫星遥感，可以获取大范围、高分辨率的地表信息，包括洪涝、干旱等灾害事件的影响范围和程度。这种实时监测有助于及时发现灾害发生，提供紧急的灾情信息，为应急响应提供了及时的数据支持。

遥感数据能够提供灾害事件的空间分布和演变趋势。通过多时相的遥感图像，可以观察灾害过程中水体的变化、泛滥的范围等信息。这为灾害评估提供了更详细、全面的数据，有助于了解灾害的发展趋势，为灾后救援和资源调度提供科学依据。

遥感数据还可以进行灾害风险评估，通过对地形、气象等数据的分析，识别潜在的灾害风险区域。这种风险评估能够为跨国水资源管理者提供预警信息，帮助其提前做好应对灾害的准备工作，减轻灾害对水资源造成的负面影响。

在应急响应方面，遥感数据能够为跨国水资源管理提供灾害事件的紧急决策支持。通过实时获取的遥感图像，管理者可以迅速了解受灾区域的情况，包括受影响的水体、泛滥区域、灾情严重程度等。这种信息有助于制定应急救援方案、调配资源、协调跨国合作，提高灾害应对的效率和效果。

遥感数据还能够提供灾害后的监测和评估。通过对受灾区域的遥感图像进行时间序列分析，可以了解水资源灾害对地表的影响，如土地退化、水体变化等。这种监测和评估为灾后恢复和资源重新配置提供了重要的参考，有助于降低灾害对水资源系统的长期影响。

遥感数据在跨国水资源管理中在灾害监测与评估方面发挥着不可替代的作用。通过实时监测、空间分布分析、灾害风险评估以及应急响应支持等多方面的功能，遥感数据为跨国水资源管理提供了全面的、科学的、及时的信息，为灾害管理决策提供了有效支持。

1. 灾害监测

遥感数据在跨国水资源管理中具有关键的应急响应和决策支持角色，尤其在灾害监测方面发挥着重要作用。这种数据源提供了实时、全球性的信息，能够支持各国联合开展应急响应，迅速做出决策，有效应对水资源灾害。

遥感数据通过灾害监测，在跨国水资源管理中发挥了及时性的作用。通过卫星和其他遥感平台获取的数据，可以实时监测地表水位、洪水、干旱等灾害情况。这种实时性的监测有助于各国迅速了解当前灾害的严重程度和影响范围，为跨国协同的应急响应提供了重要的数据基础。

遥感数据在应急响应中的空间分辨率使其成为评估灾害影响的有效工具。通过高分辨率的遥感图像，可以详细分析受灾区域的地形、植被覆盖和土地利用情况。这有助于各国更精准地评估灾害对水资源系统的影响，为应急决策提供准确的空间信息。

遥感数据还为跨国水资源管理提供了多源数据融合的可能。通过整合来自多个卫星、无人机等多种遥感平台的数据，各国可以获得更全面、多层次的信息，从而更全面地了解灾害的性质和规模。这有助于制定更为全面和有针对性的应急响应策略，提高应对灾害的效率。

在灾害监测和应急响应中，遥感数据还可以提供大范围的监测，跨越多个国家或地区。由于灾害往往不受国界限制，跨国水资源管理需要联合监测整个流域或河流系统的灾害状况。遥感数据通过其全球性的监测能力，支持各国共同协作，形成联合监测体系，以更好地应对地区性的水资源灾害。

遥感数据的时间序列分析能力也为跨国水资源管理提供了历史演变的视角。通过比对不同时间点的遥感图像，可以追踪水资源灾害的演变过程，分析其发展趋势。这有助于各国更好地理解灾害的周期性、季节性，为未来的预防和应对提供经验教训。

遥感数据在灾害监测中的角色还在于支持决策制定。通过遥感数据获取的信息，各国能够制定更科学、合理的水资源灾害应急响应计划。这包括确定疏散区域、危险源区域、资源调度等方面的决策，有助于最大程度地减轻灾害对水资源系统的冲击。

遥感数据在跨国水资源管理中的应急响应和决策支持方面发挥着至关重要的角色。其实时性、高分辨率、多源数据融合的特点，为各国联合监测、协同应对水资源灾害提供了强有力的支持，促进了跨国水资源管理体系的建设与发展。

2. 灾害评估

遥感数据在跨国水资源管理中的应急响应和决策支持方面发挥着关键的作用，尤其在灾害评估方面更是不可或缺的工具。遥感技术通过卫星和航空平台获取的高时空分辨率的数据，为水资源灾害的监测、评估和应急决策提供了及时、准确的信息支持。

遥感数据在水资源灾害监测方面发挥着关键作用。卫星影像能够全面、实时地捕捉洪涝、干旱等灾害的影响范围，提供详细的地表信息。这种监测能力使得国际社会能够快速了解灾害的严重程度和受灾区域，为灾情评估提供科学依据。

遥感数据对灾害评估提供了高分辨率的影像，使灾情的细节更加清晰可见。卫星影像能够捕捉到受灾区域的地表变化，包括洪水淹没范围、土地荒漠化等。这种精细的观测有助于深入了解水资源灾害的影响，为灾情评估提供详实的数据支持。

在应急响应方面，遥感数据通过提供及时的地图信息，为救援行动和资源调配提供了必要的空间信息。卫星图像能够快速生成受灾地区的地图，指导救援队伍的行动，提高救援效率。这种应急响应的能力有助于在水资源灾害发生后迅速采取有效的措施，最大程度地减少灾害对人民和环境的伤害。

遥感数据还为灾害后期的决策提供了支持。卫星影像的多时相观测能够追踪灾后地表的变化，为灾后重建提供信息基础。通过比较不同时间点的遥感数据，决策者能够更好地了解灾害对水资源造成的长期影响，制定更科学的恢复和重建计划。

遥感数据在跨国合作中发挥了促进信息共享的作用。通过共享遥感数据，各国能够更全面地了解灾害的跨国影响，实现更有效的国际合作。这种合作有助于在灾害发生时更好地协同行动，共同应对水资源灾害带来的挑战。

遥感数据在跨国水资源管理中的应急响应和决策支持角色至关重要。其高分辨率、实时性和全球覆盖的特点，为水资源灾害的监测、评估和灾后应急提供了全面而可靠的信息支持，有助于保障国际社会在灾害中能够更加科学、迅速地做出应对和决策。

（二）边界水体管理

水质监测遥感数据在跨国水资源管理中发挥着至关重要的监测和评估角色。这种数据通过卫星、无人机等平台获取，能够提供全球范围内水体的空间分布、变化趋势等信息，为国际社会实现水质监测、评估和合作提供了科学依据。

水质监测遥感数据通过实时监测水体的空间分布，为跨国水资源管理提供了全球性的水质信息。这种数据能够捕捉水体中的各种污染物质，包括悬浮颗粒、溶解有机物等，帮助科学家和决策者更全面地了解全球水体的健康状况。通过对水体质量的实时监测，国际社会能够及时发现可能的水质问题，为采取紧急措施提供科学支持。

水质监测遥感数据的空间分布信息有助于跨国水资源管理者评估水体污染的来源和传播路径。通过分析不同区域水体的污染程度和类型，可以识别可能的污染源，比如工业排放、农业径流等。这种信息为跨国合作提供了方向，有助于联合国际社会采取有针对性的措施，减少跨国污染对水资源的影响。

水质监测遥感数据还能够提供水体动态变化的信息，包括水体温度、混浊度、叶绿素含量等。这些数据有助于评估水体的生态状况和自然变化趋势。通过对这些参数的监测，国际社会能够更好地理解全球水体的自然状态，为生态环境保护提供科学参考。

水质监测遥感数据还通过时间序列分析，提供了水体污染趋势的长期监测。通过比较不同时间点的遥感数据，可以观察水质的演变过程，识别可能的长期趋势，为跨国水资源管理者提供更加准确的水质变化信息。这种长期监测有助于制定长远的水资源保护政策，为全球水资源的可持续利用提供支持。

水质监测遥感数据在跨国水资源管理中发挥着不可替代的监测和评估作用。通过全球范围内的水体监测，提供了及时的水质信息，为国际社会认识全球水体健康状况提供了科学基础。这种全球性的水质监测数据有助于跨国合作，共同应对全球水质问题，保障全球水资源的可持续利用。

（三）可持续发展规划

可持续发展规划中的遥感数据在跨国水资源管理中扮演着关键的应急响应和决策支持角色。这种数据在实现水资源的可持续发展和灾害应急方面发挥着不可替代的作用，为各国在跨国范围内合作共赢提供了重要的技术支撑。

遥感数据在可持续发展规划中有助于提供全球范围内的水资源信息。通过卫星和其他遥感平台采集的数据，可以提供对各国水资源状况的全面观测。这有助于各国了解彼此之间的水资源分布、利用状况，为跨国水资源管理提供了全球性的基础数据。

可持续发展规划中的遥感数据能够支持各国对水资源可持续利用的评估。通过遥感技术，可以监测水资源的动态变化，评估水资源的利用效益以及对生态环境的影响。这为各国在跨国范围内制定可持续发展规划提供了科学依据，有助于实现水资源的长期可持续利用。

遥感数据在可持续发展规划中的角色体现在其对水资源生态系统的监测。通过遥感技术，可以对水域、湿地等生态环境进行监测，及时发现并评估生态系统的变化。这有助于各国了解水资源生态系统的健康状况，为跨国水资源管理提供生态环境保护的科学依据。

在应急响应方面，可持续发展规划中的遥感数据发挥了实时性的作用。通过对遥感数据的实时监测，各国可以迅速了解水资源灾害（如洪水、干旱等）的发生、发展趋势，以及对跨国水资源系统的潜在影响。这为各国采取紧急应对措施提供了及时准确的信息，有助于最小化水资源灾害的损失。

可持续发展规划中的遥感数据还有助于制定跨国水资源管理的长期战略。通过遥感技术，各国可以对水资源的长期变化趋势进行分析，预测可能出现的问题，并制定相应的长远规划。这有助于在跨国范围内推动水资源管理的长远发展，实现水资源的可持续利用。

可持续发展规划中的遥感数据还可以提供多源数据融合的支持。通过整合来自不同遥感平台的数据，各国可以获得更全面、多角度的信息，有助于更全面地了解水资源的状况。这种多源数据融合有助于制定更全面、有针对性的水资源管理策略。

可持续发展规划中的遥感数据在跨国水资源管理中的应急响应和决策支持方面发挥着至关重要的作用。其提供的全球性、实时性、多源数据融合的特点，为各国合作共赢，共同实现水资源的可持续发展提供了强大的技术支撑。

第三节　国际组织与项目案例研究

一、遥感技术在国际水资源组织中的应用

（一）国际水资源组织的背景与作用

1. 国际水资源组织的背景与作用

国际水资源组织在全球范围内扮演着关键的角色，其形成和作用与遥感技术密切相关。国际水资源组织的背景和作用反映了对全球水资源管理的迫切需求，而遥感技术作为

信息获取的重要手段，为国际水资源组织提供了关键的数据支持。

国际水资源组织的形成与全球水资源的不平衡分布、跨国河流流域的共享以及水资源的可持续利用有关。其目的在于促进各国协同合作，有效管理、保护和利用水资源。这一背景反映了对全球水资源问题进行综合治理的迫切需要。

遥感技术为国际水资源组织提供了全球性的水资源监测和评估能力。卫星遥感数据能够获取大范围的地表水体信息，包括湖泊、河流、水库等的空间分布和变化趋势。这为国际水资源组织提供了实时、全面的水文数据，有助于及时了解全球水资源的动态变化。

遥感技术在跨国河流流域管理中发挥了重要作用。通过遥感数据，可以实时监测跨国河流的水位、流速、洪水情况等信息。这为国际水资源组织提供了跨国水资源管理的科学基础，有助于解决流域内水资源的分配和合理利用问题。

高光谱遥感技术在水质监测中有着独特的优势，能够提供水体中不同成分的光谱信息。通过遥感技术获取的水质信息有助于国际水资源组织更好地了解全球范围内水体的健康状况，为水资源保护和管理提供更精准的数据。

遥感技术还为国际水资源组织提供了水资源灾害监测和应急响应的能力。卫星遥感能够实时捕捉洪涝、干旱等灾害的影响范围，为国际社会提供灾情评估和紧急救援的科学依据。

遥感技术还通过提供多时相影像，为国际水资源组织提供水资源的时空变化趋势，有助于预测未来的水资源变化，为制定全球水资源可持续发展战略提供科学依据。

国际水资源组织与遥感技术的结合，使得全球水资源的监测、评估和管理更加科学、全面。遥感技术为国际水资源组织提供了实时、高分辨率、全球范围的水文信息，为全球水资源的合理利用、跨国水资源管理提供了关键的技术支持。

2. 国际水资源组织的使命与目标

国际水资源组织的使命与目标在全球水资源管理中发挥着重要作用。该组织致力于促进国际社会的水资源合作与管理，通过遥感技术等手段实现其使命与目标。

国际水资源组织的首要使命是推动全球范围内水资源的可持续管理。该组织致力于借助先进的遥感技术，实现对全球水资源的实时监测和评估。通过遥感数据，可以获取全球范围内水体的状态、变化趋势以及受影响的因素，为制定科学合理的水资源管理策略提供支持。

国际水资源组织旨在促进水资源的公平分配与合理利用。通过遥感技术获取的信息有助于识别不同地区的水资源分布和供需状况。这为国际社会提供了更准确的水资源信息，有助于推动各国在水资源利用上实现更公平的分配，促进全球水资源的可持续利用。

国际水资源组织的目标之一是协助各国共同应对水资源相关的灾害和危机。通过遥感技术，可以实时监测水体的状况，及时发现潜在的水灾风险。这种信息有助于组织实施紧急的灾害响应措施，减轻水资源灾害对全球社会的影响。

国际水资源组织还追求通过遥感技术推动水资源科学研究与技术创新。通过遥感数据的分析，可以深入了解水体的特性、变化规律以及对人类活动的响应。这为水资源管理者提供了更多科学依据，促进了水资源管理的创新和提升。

国际水资源组织致力于推动全球水资源信息的共享与合作。遥感技术通过提供全球性的水资源数据，有助于建立全球水资源数据库。该组织通过促进各国之间的数据共享与合作，使得各国能够更好地获取、共享和利用水资源信息，加强国际社会在水资源管理方面的合作。

国际水资源组织致力于推进水资源保护与环境可持续发展。通过遥感技术获取的水资源信息有助于监测水体的健康状况，评估人类活动对水环境的影响。这为国际社会制定可持续的水资源保护策略提供了科学依据，促进全球环境的可持续发展。

国际水资源组织通过遥感技术实现其使命与目标，为全球水资源管理提供了先进的工具与手段。通过实时监测、信息共享、科学研究和环境保护等方面的努力，该组织推动着国际社会在水资源管理领域的协作与发展。

（二）遥感技术在国际水资源组织中的角色与价值

国际水资源组织中，遥感技术扮演着至关重要的角色，为组织实现有效的水资源管理和合作提供了强大的技术支持，同时也带来了丰富的数据资源，推动了国际水资源领域的发展。

遥感技术在国际水资源组织中的主要角色之一是提供全球性的水资源监测与评估。通过卫星遥感，组织能够获得全球范围内的水资源信息，包括水体分布、水质变化、土壤湿度等关键指标。这为组织制定全球性的水资源管理策略和开展合作提供了基础数据，帮助各成员国共同应对全球水资源挑战。

遥感技术在国际水资源组织中的价值还在于其对流域尺度的水资源监测与分析。通过高分辨率的卫星图像，组织能够详细观察流域内的水体状况、土地利用变化等信息。这有助于组织更精准地了解流域内水资源的分布和利用情况，为流域尺度的水资源合作提供科学依据。

遥感技术对于国际水资源组织而言，是进行灾害监测和紧急响应的关键工具。在自然灾害发生时，遥感数据能够提供实时的灾情监测，迅速评估水资源系统的受灾状况。这为组织制定紧急响应计划、提供紧急援助提供了重要的信息支持，有助于减轻灾害对水资源的影响。

遥感技术在国际水资源组织中的应用也体现在对水资源生态系统的监测。通过遥感技术，可以实时观测湿地、河流等水域的变化，评估水资源对生态系统的影响。这有助于组织更好地理解水资源与生态平衡的关系，为制定保护生态环境的政策提供科学支持。

在国际水资源组织层面，遥感技术还为水资源量化评估提供了有力的手段。通过对遥感数据的分析，组织能够获取水体的面积、深度等参数，实现对水资源量的估算。这为组织进行水资源分配、制定合理水资源利用政策提供了准确的数据支持。

遥感技术的进步也为国际水资源组织带来了多源数据融合的机遇。通过整合来自不同卫星、无人机等平台的数据，组织能够获得更全面、多层次的水资源信息。这种多源数据融合有助于组织更全面地了解水资源的状况，提高数据的可信度和精准度。

遥感技术在国际水资源组织中的角色还表现为促进科学研究与创新。通过遥感技术，组织能够获取大量的水资源数据，为科学家提供了宝贵的研究材料。这推动了水资源科研领域的发展，有助于形成更先进、更科学的水资源管理理念。

遥感技术在国际水资源组织中发挥着多重角色与价值。其提供的全球性监测、流域尺度分析、灾害监测、生态系统保护、水资源量化评估等功能，为国际水资源组织提供了全面的数据支持，促进了合作共赢、可持续发展的水资源管理。

二、遥感技术在国际水资源项目中的具体案例研究

（一）跨国水资源监测与管理项目

跨国水资源监测与管理项目是国际社会为了有效协调、合理利用和保护全球范围内的水资源而实施的一系列工程。遥感技术在这些项目中发挥了至关重要的作用，通过提供全球性、实时的水文信息，为项目的成功实施提供了科学依据。以下是遥感技术在国际水资源项目中的具体案例研究。

尼罗河流域水资源管理项目在尼罗河流域，各国实施了一项跨国水资源管理项目，旨在合理分配河流流域内的水资源。通过卫星遥感数据，监测了尼罗河流域的水体分布、水位变化、土地利用等情况。这些遥感数据为各国政府提供了全面的水文信息，有助于协调水资源的合理利用和跨国水资源管理的决策。

湄公河流域洪涝监测项目流域跨越多个国家，洪涝是常见的自然灾害。通过卫星遥感数据，可以实时监测湄公河流域的洪水情况。这些遥感信息为国际社会提供了洪涝灾害的实时数据，支持各国在洪涝发生后的应急响应和灾后重建。

多国共享的阿拉伯盆地地下水监测项目阿拉伯盆地涵盖了多个国家，地下水资源的合理管理至关重要。通过微波遥感技术，可以监测地下水位的变化。这种技术为多国共享的地下水监测项目提供了全球性、高分辨率的观测数据，有助于实现地下水资源的可持续管理。

亚马逊雨林流域水质监测项目亚马逊雨林流域的水质对于生态系统的健康至关重要。通过高光谱遥感技术，可以监测水体中的悬浮物、藻类等成分，评估水质状况。这项项目通过遥感数据为亚马逊雨林流域的水质监测提供了科学依据，有助于制定生态保护政策。

联合国可持续发展目标中的水资源监测项目在实现联合国可持续发展目标中，水资源的合理利用是重要内容之一。通过整合卫星遥感数据，可以对全球范围内的水资源状况进行监测。这项项目旨在通过遥感技术提供实时、准确的水文信息，支持各国在可持续发展目标中水资源管理的决策。

这些案例研究表明，遥感技术在跨国水资源监测与管理项目中具有广泛的应用前景。其全球性、实时性和高分辨率的特点为国际合作提供了强有力的科学支持，促进了全球水资源的可持续管理和合理利用。

（二）遥感技术在国际水资源灾害应对项目中的应用

国际水资源灾害应对项目中，遥感技术的应用具有显著的效果，为解决水资源灾害问题提供了实用性和先进性的解决方案。通过具体案例研究，我们可以深入了解遥感技术在国际水资源项目中的应用情况。

一项典型的案例是位于非洲的尼日尔河洪水监测项目。该项目利用遥感卫星获取的数据，实时监测了尼日尔河流域的洪水情况。通过分析遥感图像中水体的变化，项目团队能够迅速识别洪水泛滥的区域，为当地政府和救援机构提供了及时的洪水预警信息。这种实时监测和预警系统大大提高了对洪水灾害的响应速度和效果，减少了灾害对当地居民的影响。

在亚洲地区，湄公河流域水资源监测与管理项目利用遥感技术进行水体质量监测。通过卫星遥感获取的多光谱数据，项目团队可以评估水体的叶绿素含量、溶解有机物等指标，进而分析水质状况。这为项目提供了全面的水质信息，有助于及时发现水体污染问题，并制定有效的水质改善策略。

南美洲亚马逊雨林流域的水资源可持续管理项目也充分运用了遥感技术。该项目通过卫星遥感获取的植被指数数据，监测了亚马逊雨林流域的植被覆盖变化。这项监测有助于了解植被生长的情况，预测林区内的水文循环，为保护雨林和维护水资源平衡提供了科学依据。

中东地区的干旱与水资源短缺应对项目也广泛采用了遥感技术。通过卫星遥感获取的地表温度、土壤湿度等数据，项目团队能够准确评估不同地区的干旱程度，为合理配置水资源、采取节水措施提供科学支持。这种综合利用遥感技术的项目对缓解中东地区的水资源压力具有重要的战略意义。

在东南亚的梅克河流域，水资源调度与水灾风险管理项目也借助遥感技术进行水文监测。通过遥感数据获取梅克河流域的地形信息和雨量数据，项目团队能够模拟河流的水流动态，提前预警可能的洪水风险。这种实时的水文监测有助于及时采取防范措施，减少洪水对当地居民和农田的影响。

这些国际水资源灾害应对项目充分展示了遥感技术在实际应用中的重要性和有效性。通过实时监测、水质评估、植被监测、干旱预警以及水文模拟等多方面的应用，遥感技术为国际水资源管理者提供了全面的、科学的、实用的信息，为灾害应对和水资源可持续管理提供了有力支持。

第四节　国际水资源合作的未来趋势

一、遥感技术在国际水资源合作的未来应用方向

（一）全球性水资源监测网络的建设

1. 国际合作平台的搭建

国际合作平台的搭建是全球性水资源监测网络建设的核心。该网络的构建旨在实现各国之间水资源数据的共享与合作，为全球范围内的水资源管理提供科学基础和决策支持。

国际合作平台的搭建需要建立统一的数据标准和共享机制。不同国家的水资源数据通常采用不同的标准和格式，这给国际合作带来了挑战。搭建国际合作平台需要各国共同制定并接受统一的数据标准，建立数据的统一格式和共享机制，以确保数据在全球范围内的

互操作性。

国际合作平台需要整合各类水资源数据，包括卫星遥感数据、流域水文数据、气象数据等。这涉及多源数据的融合，要求平台具备处理不同数据类型和空间分辨率的能力。通过整合多样化的水资源数据，国际合作平台能够提供更全面、多层次的全球性水资源信息。

国际合作平台还需要建立高效的数据共享机制，以促进各国之间水资源数据的及时传递和共享。这可能涉及国际法律法规的协商，确保数据的安全、隐私和合法共享。同时，建立高效的数据共享机制也需要克服技术和管理层面的障碍，确保数据能够快速、安全、高效地在国际合作平台上流通。

国际合作平台的搭建还需要建立专业团队，负责平台的维护、更新和优化。这些团队应具备跨学科的能力，包括地球科学、计算机科学、环境科学等领域的专业知识，以确保国际合作平台的科学性和可操作性。

为了更好地实现国际水资源监测网络的建设，国际合作平台还需要与各国政府、科研机构、国际组织等建立紧密的合作关系。这意味着平台要积极协调和整合各方资源，借助各国的科研力量和政府支持，推动全球水资源监测网络的共同建设。

在国际合作平台搭建的过程中，还需要注重对技术和经验的培训。各国参与者需要具备处理和分析水资源数据的技能，了解如何使用国际合作平台获取和共享数据。因此，建设国际水资源监测网络需要在培训方面付出额外努力，确保各国能够充分利用这一平台。

为了增强国际合作平台的可持续性，还需要制定和实施相关的政策和法规，以规范平台的运作和维护。这包括确保数据的合法使用和隐私保护，明确各国在平台上的权责，以及制定应急响应机制等。

国际合作平台的搭建是全球性水资源监测网络建设的关键一步。通过建立统一的数据标准、整合多源水资源数据、建立高效的数据共享机制、组建专业团队、与各方建立紧密合作关系、加强技术和经验培训，以及制定相关政策和法规，国际合作平台能够为全球范围内水资源监测与管理提供稳定而可靠的基础支持。

2. 数据标准与互操作性

全球性水资源监测网络的建设面临着巨大的挑战，而数据标准与互操作性则是确保该网络有效运作的关键要素。数据标准的统一和互操作性的实现不仅有助于不同国家和地区的水资源数据共享，也为全球水资源管理提供了一致性和可比性的信息基础。

全球水资源监测网络的建设需要统一的数据标准。各国拥有各自的水文数据收集方法和标准，这种多样性使得数据在国际层面上难以比较和整合。通过确立全球性的水资源监测数据标准，可以实现不同国家和地区的数据互通，提高数据的可比性和一致性。这有助于建立一个全球性的水资源数据库，为全球水资源状况的评估提供更为准确的基础。

实现全球性水资源监测网络的互操作性至关重要。互操作性意味着不同系统和平台能够有效地协同工作，共享信息，并实现数据的无缝集成。在水资源监测中，通过确保不同国家和组织采用相似的数据格式和接口，可以使各种水文信息系统相互连接，实现全球性水资源监测网络的协同运作。这种互操作性有助于更好地理解全球水资源的时空变化，促进国际间的水资源管理和合作。

数据标准与互操作性的实现需要建立统一的元数据体系。元数据是描述数据的数据，包括数据的来源、格式、时间等信息。通过制定全球性的水资源监测元数据标准，可以确保各个国家和组织采集的数据都能够被正确地理解和使用。这为数据的整合和交换提供了统一的框架，促进了水资源监测网络的顺畅运作。

全球性水资源监测网络的建设还需要考虑不同水文站点的传感器和观测方法。通过统一不同观测设备的数据格式和接口，实现数据的互操作性，可以更好地整合全球范围内的水文信息。这有助于建立一个全球性的水文监测网络，为国际社会提供实时、高质量的水资源信息。

全球性水资源监测网络的建设离不开数据标准与互操作性的确立。通过制定统一的数据标准和元数据体系，以及确保不同系统和平台的互操作性，可以实现全球水资源监测网络的高效运作。这为全球水资源的管理、评估和合作提供了科学、可靠的信息基础。

（二）大数据与人工智能在水资源管理中的应用

水资源管理中，大数据与人工智能的应用以及遥感技术在国际水资源合作的未来应用方向都是当前备受关注的领域。这两者的结合将为全球水资源管理提供更加先进、智能的解决方案。

大数据在水资源管理中的应用，主要体现在对海量水文、气象、地质等数据的采集、存储和分析方面。通过大数据技术，我们可以实时监测水体的水位、流量、水质等指标，获得更全面、详实的水文信息。同时，大数据还可以处理气象数据，预测降水量、气温等变化，提前预警水资源的变动和可能的灾害。在地质方面，大数据技术也能够帮助我们了解地下水位、水文地质结构等信息，为水资源的科学管理提供支持。

人工智能在水资源管理中的应用主要涉及数据分析、模型预测、决策支持等方面。通过机器学习算法，可以对大量水文数据进行分析，建立水资源变化的模型，预测未来可能的情况。人工智能还能够处理复杂的水文关系，优化水资源调度方案，提供更加智能化的管理建议。人工智能技术还可以辅助决策制定，通过模拟不同决策方案的效果，帮助管理者做出更为科学合理的决策。

遥感技术在国际水资源合作的未来应用方向主要体现在数据获取、信息共享、应急响应等方面。通过高分辨率的遥感卫星，我们可以获取全球各地水资源的详细图像，实现对水体的实时监测。这种全球范围的数据获取有助于建立更为精准的水资源数据库，为全球水资源合作提供更为全面的基础信息。

在信息共享方面，遥感技术也可以通过云平台等手段，实现水资源数据的共享与交流。通过建立全球水资源信息网络，各国可以分享自己的水资源信息，获取其他地区的数据，实现全球水资源管理的协同与合作。这有助于更好地理解不同地区水资源的状况，制定更为科学的合作策略。

在应急响应方面，遥感技术可以提供灾害监测、紧急响应等方面的支持。通过实时监测水体的变化，遥感技术可以为早期洪水预警、干旱监测等提供及时而准确的信息。这为国际社会提供了更为迅速的应对水资源灾害的手段，有助于减轻灾害带来的损失。

大数据与人工智能的应用以及遥感技术在国际水资源合作的未来应用方向，都为全球水资源管理带来了新的机遇与挑战。通过充分利用大数据和人工智能的力量，结合遥感技术的优势，我们可以更加智能、高效地管理全球水资源，实现更为可持续的水资源合作与保护。

二、国际水资源合作中的技术与政策挑战

（一）数据安全与隐私保护

1. 国际水资源数据的安全性挑战

国际水资源数据的安全性面临着多方面的挑战，这些挑战涉及数据的保护、隐私问题以及数据交流过程中可能面临的风险。解决这些挑战需要国际社会共同努力，建立更加健全的数据安全体系。

国际水资源数据的存储与传输安全性是一个重要的挑战。由于水资源数据通常是大规模、多样化的，其存储和传输涉及大量的信息交换。在这个过程中，数据可能受到黑客攻击、网络威胁、数据泄露等风险的威胁。为了应对这一挑战，国际社会需要建立高效的加密技术和网络安全标准，以确保水资源数据在传输和存储的过程中不受到未经授权的访问和恶意攻击。

数据隐私保护是国际水资源数据安全性面临的另一个严峻挑战。水资源数据中可能包含有关个体、企业、政府等的敏感信息，如水源位置、水质监测结果等。在数据的采集、处理和共享过程中，如何保护这些隐私信息，防止非法获取和滥用成为国际合作中需要解决的问题。相关国际组织应制定规范，确保水资源数据的隐私保护符合国际法规和伦理标准。

数据安全性还涉及合作方之间的信任问题。在国际水资源合作中，各国需要共享数据以实现全球性监测与管理，然而，由于国家之间存在着不同的法规、政策和文化差异，数据共享的合作可能受到信任缺失的制约。为了解决这一挑战，国际社会需要建立相互信任的合作机制，通过规范的协议和框架，确保各方合法、透明地使用共享的水资源数据。

国际水资源数据的安全性还涉及数据的真实性与准确性。在数据采集过程中，可能受到人为操作、数据篡改等因素的影响，导致数据的不准确。国际社会需要建立数据质量监测体系，通过先进的技术手段对数据的真实性和准确性进行验证，以确保水资源数据在国际合作中能够作为可靠的依据。

法律与伦理问题是国际水资源数据安全性面临的挑战之一。不同国家拥有不同的法律法规和伦理标准，这可能导致在国际数据合作中出现法律冲突和伦理纠纷。为了解决这一问题，国际社会需要制定统一的法规和伦理准则，明确水资源数据的法律地位和合法使用的条件，从而在国际合作中确保数据的安全性。

国际水资源数据的安全性挑战涉及存储与传输安全、数据隐私保护、合作方之间的信任、数据的真实性与准确性以及法律与伦理问题等多个方面。解决这些挑战需要国际社会通力合作，建立更加健全的国际水资源数据安全体系，以促进全球水资源管理的可持续发展。

2. 隐私保护政策与机制

国际水资源合作中隐私保护政策与机制的设计和实施面临着诸多技术与政策挑战。这一领域的合作往往需要在确保数据安全和隐私的基础上，实现跨国数据的流动与分享。以下是在国际水资源合作中可能遇到的技术与政策挑战。

数据标准与互操作性各国和地区往往使用不同的数据标准和格式，这导致了数据互操作性的挑战。在国际水资源合作中，需要制定统一的数据标准和元数据体系，以确保各国的水资源数据能够被正确理解和使用。不同水文信息系统的互操作性也是一个挑战，因为它涉及不同系统和平台之间的技术集成问题。

跨国数据流动与分享隐私保护政策需要在确保数据隐私的前提下，实现跨国数据的流动和分享。由于不同国家对于数据隐私的法规和标准不同，合作伙伴之间需要达成一致的隐私保护机制。这可能需要面对法规不同、文化差异等挑战，以确保国际水资源合作中的数据流动符合各国的隐私法规。

匿名化与去标识化技术在国际水资源合作中，对于个体隐私的保护至关重要。采用匿名化和去标识化技术可以有效降低隐私泄露的风险，但这也面临着技术实现的复杂性和精确性的挑战。如何在确保数据质量的同时，对数据进行有效的脱敏处理是一个需要深入研究的问题。

安全传输与存储在国际水资源合作中，数据的安全传输和存储是一个重要问题。这涉及跨国数据传输的加密技术、安全协议的建立等方面的技术挑战。同时，合作伙伴之间需要建立安全的数据存储机制，确保水资源数据不被未授权的访问所窃取。

国家主权与合作不同国家对于数据主权的看法和法规要求不同，这可能影响到国际水资源合作的进行。如何在维护各国主权的基础上，实现数据的有效合作，需要制定明确的政策框架和协议，解决国家之间可能出现的分歧。

意识与培训隐私保护政策的实施需要各方的共识和合作，而这需要更加广泛的社会意识和培训。政府、企业、研究机构等需要共同努力，提高人们对隐私保护重要性的认识，推动更好的隐私保护政策和机制的建立与实施。

在面对这些技术与政策挑战时，国际水资源合作需要跨国合作，制定符合各国法规的隐私保护政策，并结合先进的技术手段，以确保水资源数据的安全、隐私和高效流动。

（二）技术标准与互操作性

在国际水资源合作中，技术标准与互操作性是关键的因素，但它们也面临着一系列的技术与政策挑战。这些挑战直接影响着国际水资源合作的效果与可持续性。

技术标准方面，首先面临的挑战是各国采用不同的技术标准和规范。由于地理位置、发展水平和文化背景的差异，各国在水资源管理方面采用的技术标准存在较大差异。这导致在国际水资源合作中，数据的采集、处理、存储等环节难以实现统一标准，增加了信息共享和合作的难度。

技术更新和发展的速度也带来了挑战。随着科技的不断进步，新的水资源管理技术不断涌现，但各国应对新技术的速度和能力却存在差异。这使得在国际水资源合作中，有些国家难以迅速适应新技术，导致合作中的技术鸿沟和不平衡现象。

在互操作性方面，政策挑战是首要问题之一。各国水资源管理的法规、政策存在较大差异，涉及数据隐私、安全性等敏感问题。因此，在实现互操作性的过程中，需要考虑到不同国家之间的法律法规差异，确保合作的合规性，同时维护各国的信息安全。

数据格式和数据交换标准的不一致也是互操作性面临的挑战之一。各国可能使用不同的数据格式和交换协议，这导致在数据传输和共享过程中可能出现格式不匹配的问题。为了实现真正的互操作性，需要建立通用的数据标准和协议，确保各种系统之间能够顺畅地进行数据交换。

数据共享的开放性也是一个值得思考的问题。在一些国家，由于对于敏感数据的担忧，可能存在一定的数据保护和封闭性政策。这对于国际水资源合作的开展构成了一定的限制，因此需要找到一种平衡，确保数据共享的同时，兼顾各国的隐私和安全需求。

在政策层面，国际水资源合作面临的挑战还包括不同国家的政治意愿和战略目标。一些国家可能更关注本国水资源的安全和稳定，对于国际水资源合作持谨慎态度。因此，需要在政治层面进行沟通和协商，促使各方形成一致的合作愿景和战略目标。

技术标准与互操作性在国际水资源合作中是不可忽视的问题。克服这些技术与政策挑战，需要各国政府、科研机构和国际组织共同努力，建立统一的技术标准、互操作性框架，并在政策层面进行协商，促使各方形成共同的合作愿景，从而实现国际水资源合作的高效与可持续发展。

第十二章 遥感技术在水资源灾害监测 与管理中的应用

第一节 洪水与干旱监测与预警

一、遥感技术在洪水监测与预警中的应用

(一) 洪水监测的基本原理与方法

1. 遥感技术在洪水监测中的作用

遥感技术在洪水监测中发挥着关键作用。通过卫星、飞机或其他遥感平台获取的数据，可以提供洪水事件的全面信息，帮助政府、科研机构和救援组织迅速了解洪水的发展状况，采取有效的应对措施。

遥感技术能够提供广泛的覆盖范围。卫星遥感数据能够全面观测大范围的地区，捕捉洪水的分布和演变情况。这种全球视角使得监测者能够更好地了解洪水的范围、影响面积和潜在的灾害程度。

遥感技术具有高时空分辨率的特点。高分辨率的遥感图像能够捕捉到细微的地表特征和变化，从而使得监测者能够更加准确地识别洪水泛滥区域、水位变化和淹没情况。这有助于提高对洪水灾害的实时监测和准确评估。

遥感技术能够进行多波段的观测。通过多光谱、红外、热红外等不同波段的遥感数据，可以获取更多关于水体、土壤和植被等方面的信息。这对于识别洪水影响下的地表特征、水体变化和植被状况提供了更全面的数据支持。

在实时监测方面，遥感技术还可以通过时序图像的比对，追踪洪水的动态变化。这种监测方法使得监测者能够观察洪水的演进过程，及时掌握洪水发展的趋势，为灾害管理提供实时的决策依据。

遥感技术还能够配合地理信息系统（GIS）进行空间分析，综合各类地理信息数据，进一步提高对洪水影响的深度理解。通过将遥感数据与地形、土地利用等信息集成，可以更好地评估洪水对不同地区的影响，为风险评估和灾害预测提供更为精准的数据。

在灾害应对方面，遥感技术还为洪水监测提供了远程信息，减轻了人员在危险区域的工作负担。通过遥感数据，救援团队能够提前了解灾区的具体情况，优化救援路径，迅速派遣救援力量，从而提高抗洪救灾的效率。

遥感技术在洪水监测中的作用不可忽视。其提供的广泛覆盖、高时空分辨率、多波段观测等特点，为洪水监测和灾害应对提供了丰富、实时的数据支持，有助于提高对洪水灾

害的监测准确性和应对效能。

2. 遥感数据在洪水监测中的类型与特点

洪水监测是遥感技术在水文领域中的重要应用之一。遥感数据在洪水监测中具有多种类型和特点，这些特征为实时、高效、全面地监测洪水提供了重要的信息基础。

光学遥感数据是最常用于洪水监测的一种类型。这类数据包括可见光和红外波段的图像，具有较高的空间分辨率，可以提供详细的地表信息。通过分析光学遥感图像，可以实时监测洪水范围、洪水水位、淹没程度等信息，为灾害响应和紧急救援提供支持。

微波遥感数据对于在云层覆盖下或夜晚进行洪水监测具有优势。微波波段能够穿透云层，对地表的湿度、土壤含水量等信息敏感。通过微波遥感，可以获取地表的反射率和散射特性，进而推测洪水的情况，为洪水的监测提供了一种全天候的手段。

高光谱遥感数据包括多个窄带波段的图像，可以提供更为丰富的光谱信息。在洪水监测中，高光谱数据可以用于识别水体、水质变化等。通过分析高光谱数据，可以更准确地判断洪水的类型、深度和携带的泥沙等特征，提高对洪水事件的监测精度。

热红外遥感数据主要反映地表的温度分布。在洪水监测中，洪水区域通常具有较高的湿度，因此温度可能有所变化。热红外数据可以用于检测地表温度异常，帮助识别洪水范围。

雷达遥感数据雷达遥感在洪水监测中也有着广泛的应用。雷达可以提供地表的高分辨率信息，对于水体的精确识别和水位的监测具有较高的灵敏度。雷达可以穿透植被，对于被植被遮挡的洪水区域也能够提供有效的观测数据。

多时相遥感数多时相遥感数据是通过对同一地区在不同时间获取的遥感图像进行比较和分析。在洪水监测中，多时相数据可以用于追踪洪水的演变过程，了解洪水的发展趋势，以及评估洪水对地区的影响。

不同类型的遥感数据在洪水监测中各具特色，可以相互补充，提高对洪水事件的监测精度和时效性。这些遥感数据的综合应用为洪水监测和水灾管理提供了强有力的技术支持。

（二）洪水监测与遥感数据处理技术

洪水监测与遥感数据处理技术在防洪和水灾管理中起着关键的作用。遥感技术通过卫星、航空器等获取的数据，能够提供全面、实时的洪水信息，有助于有效监测和管理水体的洪涝状况。

遥感技术在洪水监测中的关键一步是数据获取。通过卫星遥感，我们可以获取高分辨率的遥感图像，这些图像涵盖了广阔的地理范围。这些数据不仅能够捕捉洪水泛滥的区域，还能提供有关洪水的时空演变趋势，为洪水监测和应急响应提供了基础。

遥感数据的处理技术是洪水监测的关键环节之一。图像预处理是为了去除图像中的噪声和提高图像质量。这包括校正图像的辐射和几何变换，确保获得的遥感图像具有准确的空间信息。图像的云、阴影等遮挡物也需要进行处理，以保证数据的可用性和准确性。

在洪水监测中，遥感数据的分类和变化检测是重要的技术手段。通过监测图像中水体的变化，可以确定洪水泛滥的区域。图像分类技术通过将图像中的不同对象分为不同的类别，进而提取出水体信息。这使得我们能够在遥感图像中精确地识别和标记洪水泛滥的区域，为灾害管理和救援提供准确的地理信息。

时序遥感数据的应用对于洪水监测也是至关重要的。时序数据提供了水体的历史演变信息，通过对多个时间点的遥感图像进行比较，可以揭示水体的动态变化。这种时间序列分析有助于了解洪水的发展过程，为制定洪水防控策略提供科学依据。

遥感技术在洪水监测中还可以结合地理信息系统（GIS）进行综合分析。通过将遥感数据与地理空间信息整合，我们可以更好地理解洪水影响的地区，评估洪水对周边环境的影响，为灾害风险评估和资源配置提供支持。

洪水监测与遥感数据处理技术的结合为水灾管理提供了先进的手段。通过获取、处理和分析遥感数据，我们能够更准确地监测洪水，及时了解洪水的发展趋势，为防洪工作和应急救援提供科学支持，最终实现对洪水风险的有效管理。

二、遥感技术在干旱监测与预警中的应用

（一）干旱监测的基本原理与方法

1. 遥感技术在干旱监测中的作用

遥感技术在干旱监测中发挥着重要作用，为科学家、政府和社会提供了关键的信息，帮助他们更好地了解、预测和应对干旱的影响。

遥感技术通过卫星和飞机观测，能够提供广泛的地表覆盖范围。这使得遥感数据能够捕捉到不同地区的土地覆盖、植被状况和土壤湿度等信息，为干旱的监测提供了全面的空间视角。这种广泛的地表监测有助于科学家和政府及时发现植被变化和土地表面的水分情况，从而评估干旱的程度。

遥感技术的高时空分辨率为干旱监测提供了详细的观测数据。通过遥感传感器获取的高分辨率图像，能够准确捕捉地表的微小特征，如植被的健康状况、土地利用变化等。这种精细的时空观测使得科学家能够更准确地分析干旱的发展趋势、影响范围和可能的持续时间。

遥感技术的多波段观测能力有助于深入了解干旱背后的多方面因素。通过红外、热红外和微波等不同波段的遥感数据，可以获取土地表面温度、土壤湿度、植被指数等多个参数，从而全面了解干旱事件的空间分布和影响因素。这对于深入剖析干旱的成因、特征及其对生态系统和社会经济的影响提供了科学依据。

遥感技术在干旱监测中的另一个关键作用是实现时序监测，追踪干旱的动态变化。通过对多个时间点的遥感图像进行比对和分析，科学家能够观察干旱事件的演变过程，识别植被的衰退、土壤湿度的变化等迹象，及时了解干旱的发展状态和趋势。

遥感技术结合地理信息系统（GIS）的应用，为干旱监测提供了更强大的分析工具。通过将遥感数据与地形、土地利用等信息集成，可以更好地理解干旱事件的地理背景，为制定精准的应对措施提供支持。

在干旱应对方面，遥感技术还提供了空间数据支持，帮助政府和农业管理者优化灌溉计划、进行水资源管理、制定合理的农业政策等。通过对干旱影响下的植被、土壤湿度等

数据的分析，可以更好地理解水资源利用效率、土地的适宜性，为农业生产提供科学依据。

遥感技术在干旱监测中的作用是不可替代的。其广泛的地表覆盖范围、高时空分辨率、多波段观测能力、时序监测和与 GIS 的结合，为科学家和决策者提供了丰富的数据信息，为干旱的监测、预测和应对提供了科学支持。

2. 遥感数据在干旱监测中的类型与特点

遥感数据在干旱监测中扮演着不可或缺的角色，其类型与特点极大地促进了对干旱的深入理解与有效监控。遥感数据主要分为主动和被动两类，主动遥感是指通过发射电磁波，通过接收回波来获取地物信息，而被动遥感则是通过接收地物辐射的电磁波，以获取目标特征。这两类遥感数据在干旱监测中都发挥着各自独特的优势。

被动遥感数据在干旱监测中的应用较为广泛。其数据类型包括可见光、红外线和微波等，这些波段能够提供地表反射、发射和散射的信息。通过多光谱和高光谱的数据，可以更全面地了解植被的健康状况。同时，红外辐射可以反映地表温度，从而揭示土壤湿度的变化。被动遥感数据的特点在于其高分辨率和多波段的信息，使得对植被、土壤等细致特征进行准确分析成为可能。

主动遥感数据主要包括雷达和激光雷达等。雷达可以穿透云层，具有良好的全天候监测能力，适用于干旱地区的实时监测。雷达波束的反射信号可以揭示地表的粗糙度和湿度，为监测干旱提供了独特的视角。激光雷达则以其高垂直分辨率和精准的三维地形信息而著称，有助于深入了解地表变化，包括植被高度和结构等。主动遥感数据的特点在于其独特的监测能力，尤其适用于对地形和土壤湿度等参数的深度研究。

被动和主动遥感数据在干旱监测中相辅相成，为全面理解干旱的空间分布和时间变化提供了关键信息。被动遥感通过多波段、高分辨率的数据，揭示了地表特征的微观变化；而主动遥感则以其全天候监测和高垂直分辨率的优势，深度洞察了地表的三维结构及其动态变化。这些遥感数据的类型与特点，为干旱监测提供了更为全面、准确的信息基础，为科学家和决策者提供了有效的支持，以更好地应对日益严重的干旱问题。

（二）干旱监测与遥感数据处理技术

干旱监测是一项至关重要的任务，而遥感数据处理技术在这方面发挥着关键作用。遥感技术通过获取和处理多源遥感数据，能够为干旱的监测、评估和应对提供有力的支持。

遥感技术通过卫星和飞机获取的多光谱、高光谱和雷达数据，为干旱监测提供了全球性的覆盖。这些数据覆盖了大范围的地表，能够捕捉到植被、土壤和水体等地表要素的变化。通过对这些数据的利用，我们能够及时发现和监测不同地区的干旱状况，为干旱的早期预警提供科学依据。

遥感数据的处理技术对于提取干旱相关的信息至关重要。在数据处理阶段，需要进行辐射定标、几何校正、大气校正等步骤，以确保获取的遥感数据具有高质量和可用性。需要进行植被指数计算、土壤湿度估算等处理，以从遥感数据中提取出干旱敏感的地表信息。

针对干旱监测，遥感数据的时间序列分析是一项关键技术。通过对多时相的遥感数据进行比较和分析，可以追踪植被覆盖、土壤湿度等关键指标的时空变化。这有助于发现干旱的发展趋势，评估不同地区的干旱程度，并及时采取相应的应对措施。

遥感技术还可以结合气象数据，通过多源数据融合，提高干旱监测的准确性。例如，可以将遥感数据中的地表温度、植被指数与气象数据中的温度、降水等进行综合分析，为干旱的空间分布和严重程度提供更为全面的了解。

遥感技术在监测干旱的影响和后果方面也发挥着重要作用。通过获取不同时间的遥感数据，我们可以比较植被的变化、土地利用的变化等，了解干旱对生态系统和农业的影响。这有助于及时调整农业生产计划、采取生态恢复措施，减缓干旱对社会经济的不利影响。

干旱监测与遥感数据处理技术的结合为及时、准确地了解干旱状况提供了有效手段。通过全球范围的遥感数据获取和处理，可以为干旱的监测、预警和应对提供科学依据，为社会、农业和生态系统的干旱管理提供有力支持。

第二节　地质灾害与水资源管理

一、遥感技术在地质灾害监测与预防中的应用

（一）地质灾害的基本原理与分类

1. 地质灾害的定义与范畴

地质灾害是指由于地质因素引起的、在地表或地下发生的对人类生活和生产造成威胁的灾害性现象。地质灾害通常包括多种类型，其范畴广泛而复杂，主要包括地震、山体滑坡、泥石流、地面塌陷等几类。

地震是地质灾害的一种主要类型。地震是由地壳内部因地质构造运动而引起的地震波的释放，其产生的破坏力强大而广泛。地震会导致建筑物倒塌、土地沉降、地裂缝等严重影响，对人类社会造成严重的生命和财产损失。地震的发生往往伴随着地表的裂缝、滑动等现象，对地表造成直接的破坏。

山体滑坡是另一类常见的地质灾害。山体滑坡是指在山区地域，由于地质结构破坏、降雨等原因，导致山体发生不稳定性滑动。这种滑动可能导致大量土石块体迅速下滑，形成滑坡。山体滑坡通常带有强烈的破坏性，能够毁坏房屋、农田、道路等建设，对周边环境造成严重威胁。

泥石流是地质灾害中的另一种危险形式。泥石流是一种混合了大量泥沙、岩石碎屑和水的流体，在陡峭山坡上迅速流动。通常，强烈的降雨、融雪、地震等地质活动可能引发泥石流。泥石流的流动速度快、流域范围广，能够摧毁一切阻挡在其前进路线上的物体，对下游地区造成沉重影响。

地面塌陷是地质灾害中一种常见但危险的类型。地面塌陷是指地下空洞或岩溶洞发生坍塌，导致地表发生下陷的现象。这种灾害常常伴随着地下水溶解岩石或矿层，形成空洞，当空洞规模扩大，地面就会发生下陷。地面塌陷对地表建筑、交通设施和农田造成直

接损害，严重危害城市和农村的安全。

火山喷发也是地质灾害的一种。火山喷发是指地球内部的岩浆、气体等物质通过地壳表面的裂隙喷发到地表，形成火山。火山喷发能够释放大量的岩浆、火山灰和有毒气体，对周围地区造成毁灭性的影响，包括土地的破坏、空气质量的恶化以及对生态系统的威胁。

地质灾害是由于地球内部的地质过程导致的一系列对人类生活和生产构成威胁的现象。这些灾害类型多种多样，包括地震、山体滑坡、泥石流、地面塌陷、火山喷发等，其对人类社会、环境和经济造成的影响广泛而深远。有效的地质灾害防治和监测是确保人类社会安全的重要任务。

2. 地质灾害的形成机制与危害特点

地质灾害的形成机制是多方面因素的复杂综合作用。地质灾害包括山体滑坡、泥石流、地面沉降等多种类型，其形成机制主要受地质、地形、气象等多种因素的相互作用影响。地质灾害的形成机制可以总结为两个主要方面，地质体本身的性质以及外界环境的变化。

地质体的性质是地质灾害形成的重要因素之一。不同地质体的岩性、构造特征、断裂带等都对地质灾害的形成产生着深远的影响。例如，强烈的构造活动和岩石劣质的区域更容易发生滑坡，而脆性岩石容易形成崩塌体。地下水位的升降也是地质体性质的重要方面，高水位容易引发滑坡、泥石流等灾害。

外界环境的变化对地质灾害的形成起到了至关重要的作用。气候变化、降雨、地震等自然因素的变化都可能触发地质灾害的发生。降雨是导致泥石流和滑坡的主要外部因素之一，过量的降雨会导致地表水分饱和，从而降低地质体的稳定性。地震则会在短时间内改变地层的结构，引发滑坡、崩塌等地质灾害。

地质灾害的危害特点主要表现在其瞬发性、广泛性和难以预测性。瞬发性体现在地质灾害往往在短时间内迅速发生，给人们造成巨大的生命财产损失。例如，一场大雨或地震往往能够在瞬间引发山体滑坡、泥石流等灾害，给周围的居民和基础设施带来巨大的危害。广泛性则表现在地质灾害的影响范围较大，一次灾害可能波及数十甚至上百平方公里的区域，导致广泛的灾害蔓延。难以预测性则是因为地质灾害的发生常常受到多种复杂因素的影响，各种因素的相互作用使得地质灾害的预测变得困难。科学家们尽管通过各种手段进行了大量的研究，但在实际应对中，地质灾害的预测和防范仍然存在一定的困难。

地质灾害的形成机制是一个复杂而多层次的过程，其本质在于地质体的性质和外界环境的变化相互作用。地质灾害的危害特点则主要表现在其瞬发性、广泛性和难以预测性，这使得科学家和社会各界在面临地质灾害时需要更加全面、深入地理解其形成机制，以制定更加科学合理的防灾措施。

（二）遥感技术在地质灾害监测中的作用

地质灾害监测是遥感技术的一个重要应用领域，遥感在这方面发挥着关键作用。通过卫星、航空器等平台获取的遥感数据，结合先进的数据处理技术，为地质灾害的监测、预警和应对提供了有效手段。

遥感技术通过卫星平台获取的高分辨率遥感图像，能够全面、及时地监测地质灾害的发生与演变。例如，地质灾害常常伴随着地表形态的变化，遥感图像可以捕捉到地表的裂缝、滑坡、崩塌等迹象。通过对这些迹象的监测，可以及时发现潜在的地质灾害风险，为地质灾害的预警提供数据支持。

遥感技术在地质灾害的监测中通过多源数据的综合分析，提高了监测的准确性。卫星遥感数据不仅能够获取地表的图像信息，还可以获取地表的温度、植被指数、地形高程等多种信息。通过综合分析这些多源数据，可以更全面地了解地质灾害的空间分布、规模和影响范围，提高监测的精度和可靠性。

遥感技术在地质灾害监测中的时序分析也是非常关键的。通过对多个时期的遥感图像进行比较，可以追踪地质灾害的演变过程。例如，可以观察地表形态的变化、植被覆盖的变化等，从而判断地质灾害的发展趋势。这有助于及时发现潜在的地质灾害危险，采取相应的应对措施。

遥感技术还在地质灾害预警中发挥了重要作用。通过建立地质灾害的遥感监测模型，结合实时获取的遥感数据，可以实现对潜在灾害风险的预警。例如，可以监测地表形态的异常变化、植被指数的下降等，及时发现可能引发地质灾害的迹象，从而提前采取预防和减灾措施。

遥感技术在地质灾害应急响应中也发挥了重要作用。通过获取高分辨率的遥感图像，可以为灾害现场的实时监测提供支持，帮助灾害救援人员更好地了解受灾区域的情况，指导救援行动。

遥感技术在地质灾害监测中的作用是多方面而深刻的。通过获取高质量的遥感数据，进行多源数据的综合分析和时序分析，结合先进的模型和算法，遥感技术为地质灾害监测提供了科学的手段，为预防、减灾和救援提供了强有力的支持。

二、遥感技术在水资源管理中的应用

（一）水资源管理的基本原理与挑战

1. 水资源管理的定义与范畴

水资源管理是一种复杂而关键的社会工程，旨在合理、有效地利用、分配和保护水资源，以满足人类社会、经济和环境的需求。水资源管理的范畴涵盖广泛，包括供水、水质保护、灌溉、水力发电、洪水控制、生态保护等多个方面。

供水是水资源管理中的基本问题之一。供水管理涉及从水源采集、储存、处理到配送的一系列环节。在城市和农村，供水是满足居民、工业和农业用水需求的核心问题。为了保障供水的可持续性，需要科学规划、高效运营和维护水资源的水源地。

水质保护是水资源管理的重要组成部分。水质保护旨在防止水体受到污染，确保供水安全。管理者需要采取措施，监测和控制水体中的各类污染物，保障水质符合饮用水和生态系统的要求。这包括源头保护、排放标准、环境监测等多方面的工作。

灌溉是水资源管理中的重要领域。灌溉系统的建设和管理对于农业生产至关重要。通过合理的灌溉规划和技术支持，可以提高农田的产量，确保农业的可持续发展。有效的灌溉管理需要考虑水资源的利用效率，防止过度抽取和排放导致的水土流失和盐碱化问题。

水力发电也是水资源管理中的重要方面。水力发电是一种清洁且可再生的能源，但其开发需要对水流的调控。管理者需要平衡水力发电和水资源保护之间的关系，确保在发电的同时不对河流生态系统和水生态环境造成过度损害。

洪水控制是水资源管理中不可忽视的问题。通过建设防洪工程、制定洪水预警系统，管理者可以减轻洪水对人类社会和农田的危害。合理的洪水控制方案需要综合考虑气象、地形、水文等多种因素，以确保洪水的合理分配和调控。

生态保护是水资源管理中日益受到关注的领域。生态系统对水资源的质量和可持续性有着重要的影响。水资源管理需要考虑维护湿地、保护水生态系统的完整性，以确保自然生态与人类活动的平衡。

水资源管理是一项多领域、多方面的综合性工程。它不仅仅关注水的数量，更需要关心水的质量、分配、利用效率以及与生态系统的关系。合理、科学、可持续的水资源管理对于维护社会稳定、促进经济发展和保护环境具有极为重要的意义。

2. 水资源管理面临的问题与挑战

水资源管理面临多方面的问题与挑战，这些挑战直接关系到人类社会的可持续发展。人口的急剧增长导致对水资源的需求迅速增加。人类社会的扩张和城市化进程加剧了对饮用水、工业用水和农业灌溉水的需求，使得水资源供需矛盾日益突出。

气候变化是水资源管理面临的另一大挑战。全球气温升高、极端天气事件增多，导致降雨分布不均、蒸发增加，使得水资源的可用性受到直接影响。频繁的干旱、洪涝和极端气候事件给水资源管理带来了不确定性和复杂性，增加了管理者应对突发情况的难度。

水质问题是水资源管理的重要挑战之一。随着工业化和城市化的发展，水体受到各种污染物的影响，如重金属、化学物质和生活废弃物。水质问题不仅直接威胁着饮用水安全，也对生态系统和水生态环境造成了巨大的压力。

土地利用变化对水资源管理构成了威胁。大规模的城市化和农业用地扩张导致了土地表面径流的增加，影响了地下水的补给和水文循环。不合理的土地利用会导致水土流失、水资源枯竭和生态系统崩溃等问题，使得水资源管理更为复杂。

水资源管理还面临着资源分配不均等问题。在一些地区，由于政治、社会和经济因素，水资源的分配不均匀，导致一些地区缺水，而另一些地区则过剩。这种不均衡的分配可能导致社会不稳定，甚至引发地区性冲突。

水资源管理的技术与设施建设也面临挑战。一些地区缺乏先进的水资源管理技术和设施，导致供水不足、污水处理不彻底。缺乏基础设施会限制水资源的有效开发和利用，制约着社会和经济的可持续发展。

生态系统的破坏对水资源管理构成了长期的威胁。过度开发和污染导致湿地退化、水体生态系统崩溃，影响了水资源的自然补给和净化能力。生态系统的破坏不仅对生物多样性造成危害，也对水资源的可持续性带来了巨大的风险。

水资源管理面临着日益严峻的问题与挑战。这些挑战不仅来自自然环境的变化，也受到人类活动的影响。解决水资源管理面临的问题需要全社会的共同努力，包括政府、企业、社会组织和个体公民等各方，共同制定科学合理的管理政策和方案，推动水资源的可持续利用和保护。

（二）遥感技术在水资源监测与评估中的应用

水资源监测与评估是人类社会中至关重要的环境管理任务之一。遥感技术作为一种远程感知的手段，在水资源领域的应用已经取得了显著的成果。其主要应用于水体分布、水质监测、降水量估算和土壤水分等方面，为水资源的科学管理和可持续利用提供了有效的技术支持。

在水体分布方面，遥感技术通过卫星和飞机等载体获取的多光谱、高光谱影像，能够揭示地表水体的空间分布特征。通过不同波段的信息，可以有效识别湖泊、河流、水库等水体，进而定量估算水体面积和体积。这种定量的水体信息有助于了解水资源的空间分布格局，为合理规划水资源的利用提供科学依据。

在水质监测方面，遥感技术通过光谱信息的提取和分析，可以反映水体中的溶解物质、藻类含量等关键水质参数。遥感影像的获取频率和覆盖范围广，使得监测水质变化的时间尺度更加细致。这有助于实时监测水体的污染情况，及时采取有效的水质保护措施，保障水资源的安全和可持续利用。

在降水量估算方面，遥感技术通过卫星搭载的微波辐射计等仪器，可以获取大范围内的降水信息。微波辐射对云层和降水有较好的穿透能力，因此即使在云层密布的情况下，遥感技术仍能有效获取降水数据。这对于水资源管理者而言，提供了实时的降水信息，有助于制定防洪和水资源调度的决策。

在土壤水分方面，遥感技术通过测量地表的微波辐射、红外辐射等，可以反演土壤水分含量。这为农业水资源管理提供了重要的信息支持。通过监测土壤水分，农业生产者可以优化灌溉计划，提高水资源的利用效率，减少水资源的浪费，实现农业的可持续发展。

遥感技术在水资源监测与评估中发挥着不可替代的作用。其能够提供全球尺度、高时空分辨率的数据，为科学家和决策者提供全面、准确的水资源信息。这种遥感技术的应用不仅促进了对水资源的深入理解，也为有效管理和合理利用水资源提供了科学依据。在随着遥感技术的不断发展和创新，其在水资源领域的应用将更加广泛，为人类社会实现水资源的可持续利用做出更为重要的贡献。

第三节　遥感在水资源应急响应中的应用

一、遥感技术在水资源应急监测中的应用

（一）水资源应急监测的背景与重要性

1. 水资源应急监测的定义与范畴

资源应急监测是一种及时掌握和监测特定资源状况的手段，其目的是为了有效应对突发事件或紧急情况。这种监测涉及多个资源范畴，包括但不限于自然资源、人力资源、物

资资源等。资源应急监测的定义和范畴体现了对各类资源在紧急情况下的迅速响应和管理的迫切需求。

在自然资源范畴中，资源应急监测主要关注自然灾害、气象异常、地质灾害等方面。通过卫星遥感、地面监测设备等手段，能够实时获取地表的状态、植被覆盖情况、土地利用变化等信息。这有助于及时发现自然灾害的迹象，提前预警，为相关紧急应对措施提供科学依据。

在人力资源范畴中，资源应急监测涉及人员的分布、健康状况、技能水平等方面。通过社交媒体数据、人员定位系统等手段，可以实时了解人员的动态情况，有助于在紧急情况下进行人员调配、救援行动等。

物资资源范畴包括了能源、食品、药品等各类生活和生产必需品。资源应急监测通过实时监测供应链、仓储情况、物资库存等信息，为及时调度、调配物资资源提供决策支持。在紧急情况下，保障物资的及时供应对于应对灾害、疫情等事件至关重要。

资源应急监测的范畴还涉及经济资源，包括金融市场、产业链等。通过监测市场波动、企业经营状况等，能够及时识别潜在的经济风险，采取相应措施稳定经济运行。

技术手段在资源应急监测中发挥着关键作用。卫星遥感技术通过获取地球表面的图像数据，为自然资源监测提供了广泛的空间覆盖。传感器技术通过监测环境参数，为人力资源和物资资源监测提供了实时数据。信息技术通过大数据分析、人工智能等手段，对各类资源数据进行综合分析，提供决策支持。

资源应急监测是一项复杂而多层次的任务，涵盖了多个资源范畴。通过科学合理的监测手段和技术手段，能够在紧急情况下及时、精准地了解各类资源的状况，为灾害应对、紧急救援和资源调配提供有力的支持。

2. 水资源应急监测的重要性

水资源应急监测的重要性在于及时发现和应对突发事件，以维护水资源的安全、稳定和可持续利用。这种监测体系的建立与完善有助于提高应对水资源危机的能力，保障人类社会对水资源的需求。

水资源应急监测对于防范自然灾害的影响至关重要。自然灾害，如洪水、干旱、台风等，会对水资源的分布、质量和供应造成直接而严重的影响。通过建立高效的应急监测系统，可以及时获得水文气象数据，对潜在的自然灾害进行早期预警，提前采取措施减轻灾害带来的负面影响。

水资源应急监测对于处理水质污染事件至关重要。在工业化和城市化的进程中，水体受到各种污染物的威胁，如化学物质、重金属、有机物等。建立应急监测系统有助于及时发现水质异常，采取紧急措施遏制污染蔓延，防止对水质造成长期严重损害。

水资源应急监测对于解决供水紧急短缺问题具有关键性意义。在一些地区，由于气候变化、人口增长等因素，水资源供需矛盾加剧，可能出现供水紧急短缺的情况。通过建立应急监测系统，可以实时掌握水资源的供应状况，采取紧急措施调配水源，保障居民和工业的正常用水需求。

水资源应急监测对于灌溉管理和农业生产也具有不可替代的作用。在农业用水方面，通过监测土壤水分、作物需水量等参数，可以制定科学合理的灌溉计划，提高水资源利用效率，减少用水浪费。对于农业生产而言，及时了解水资源供应情况，可以调整作物种植结构，降低对水资源的过度依赖。应急监测有助于提高社会的整体抗灾能力。通过及时获取有关水资源的监测信息，社会能够更加灵活、迅速地应对紧急情况，减少灾害带来的损失。这种能力的提升不仅仅关系到水资源本身，也关系到整个社会的稳定和可持续发展。

水资源应急监测的重要性体现在其对于防范自然灾害、处理水质污染、解决供水紧急短缺、优化灌溉管理和提高社会整体抗灾能力等方面的积极作用。建立完善的水资源应急监测体系，是确保水资源安全、可持续利用的关键一环。

（二）遥感数据在水资源应急监测中的类型与获取

水资源应急监测是指在自然灾害、人为事故等紧急情况下，通过迅速获取并分析遥感数据，对水资源状况进行实时监测与评估，以提供科学依据支持紧急决策。在这一背景下，遥感数据发挥着关键的作用，其类型和获取方式在水资源应急监测中显得尤为重要。

遥感数据主要分为主动和被动两大类型。被动遥感数据包括多光谱、高光谱和红外遥感等，这些数据能够提供地表的反射和发射信息。被动遥感数据通过传感器捕捉地表特征，对水体、植被、土壤等进行高精度的识别和监测，为水资源应急监测提供了丰富的地表信息。主动遥感数据主要包括雷达和激光雷达等，这类数据具有强大的穿透力，能够在云层覆盖的情况下获取地表的三维信息，为水体形态、地形和地貌的变化提供直观、全面的观测数据。

在水资源应急监测中，多光谱遥感数据常常被广泛应用。这种数据类型可以捕捉地表不同波段的反射信息，通过光谱特征对水体、植被和土壤进行精准识别。多光谱遥感在洪涝、干旱等灾害事件中的应用，能够提供地表水体的动态变化，为监测洪水和缺水等应急情况提供重要信息。

高光谱遥感数据是多光谱的进一步拓展，它通过获取更多的光谱波段信息，提高了对地表物质的识别精度。在水资源应急监测中，高光谱数据能够更准确地反映水体中的不同成分，包括溶解物质、藻类浓度等，为水质监测提供了更为细致和准确的信息。

雷达遥感数据在水资源应急监测中也占有重要地位。雷达能够穿透云层，即使在天气恶劣的情况下，仍然能够获取地表的信息。这在防汛抗旱等紧急情况下尤为重要。雷达数据能够检测地表的形变和水体的演变，为洪水和泥石流等灾害的监测提供关键数据。

激光雷达数据在水资源应急监测中也有广泛的应用。激光雷达能够高效获取地表的三维信息，包括地形和植被高度等，为洪水淹没区域和地面沉降等情况提供详细的观测数据，为灾害的评估提供科学依据。

遥感数据的获取方式主要有卫星遥感和飞机遥感两种。卫星遥感是通过在太空中搭载传感器的卫星，对地表进行定期观测，提供大范围的遥感数据。这种方式具有覆盖范围广、周期短的优势，适用于水资源监测的大范围、快速响应的需求。而飞机遥感则是通过搭载传感器的飞机对目标区域进行高分辨率的观测，具有更高的空间分辨率和更灵活的观测能力，适用于对小范围区域的细致观测，为水资源监测提供更为详尽的信息。

遥感数据在水资源应急监测中的应用涵盖了多个方面，包括水体分布、水质监测、降水量估算和土壤水分等。这些数据类型和获取方式相互协作，为水资源紧急情况的监测和评估提供了科学、高效的技术手段。遥感数据的广泛应用为水资源管理者和决策者提供了迅速、准确的信息支持，有助于及时制定应对措施，最大程度地减轻水资源应急事件可能带来的不利影响。

二、遥感技术在水资源应急响应决策中的应用

（一）水资源应急响应决策的流程与要素

1. 水资源应急响应决策流程

水资源应急响应决策流程是一个系统、有序的过程，旨在在紧急情况下迅速而有效地应对水资源问题。这一流程涉及多个环节，包括监测预警、信息收集、决策制定、资源调配等多个方面。

水资源应急响应的第一步是监测预警。这一阶段通过实时监测水文、气象、水质等数据，识别潜在的水资源问题。监测系统可以包括遥感卫星、自动气象站、水质监测站等设备。一旦监测到异常情况，系统会立即发出预警信号，提醒相关部门注意可能的水资源风险。

信息收集是应急响应的重要环节。在发生水资源紧急情况时，及时收集相关信息对于做出准确决策至关重要。这包括现场调查、实地勘察、相关报告和专家意见等多方面的信息源。通过充分收集信息，决策者可以更全面地了解问题的性质、范围和紧急程度。

决策制定是整个流程中的核心步骤。基于监测预警和信息收集的基础上，决策者需要迅速制定相应的响应计划。这可能包括紧急供水计划、水资源调配方案、应急工程建设等。决策制定需要全面考虑各种因素，如水源状况、人口需求、气象条件等，以制定出既能迅速响应又能高效解决问题的方案。

资源调配是响应计划的执行阶段。一旦决策制定完成，相关资源需要被迅速调动和配置。这可能涉及紧急启动水源、调运水质处理设备、动员专业人员等。资源调配的关键是高效协同，确保各方面资源迅速到位，以满足紧急情况下的需求。

实施阶段是决策流程的最后一步，也是将计划付诸实践的关键阶段。在这一阶段，各项决策和资源调配计划需要得到切实执行。这可能包括现场工程建设、人员布置、设备调试等。决策者需要密切关注实施过程中的各种情况，确保计划的有效执行。

应急响应流程需要不断进行评估和反馈。在执行的过程中，监测系统仍然运行，不断收集实时数据。这些数据将用于评估应急响应计划的实施效果，以及未来可能的变化和调整。

在整个水资源应急响应决策流程中，各个环节需要高效协同，迅速响应，以确保在紧急情况下最大程度地保障水资源的可持续供应，减轻潜在的水资源风险。

2. 遥感数据在决策要素中的作用

遥感数据在水资源决策中具有关键作用，为决策者提供了丰富的信息，有助于科学、高效地管理和保护水资源。

遥感数据在水资源评估中的作用不可忽视。通过卫星和航空遥感技术获取的数据，可以提供全球、区域或局部尺度上的水资源信息。这包括地表水体的分布、湖泊和河流的面积、水体的变化趋势等。这样的信息对于全面了解水资源的现状和动态变化至关重要，为决策者提供了科学依据。

遥感数据在水资源定量监测中发挥着关键作用。通过遥感技术，可以获取地表反射率、植被指数等多个参数，从而推测土壤含水量、蒸发蒸腾等水文过程。这种信息对于准确把握水资源的分布和变化，以及评估不同地区的水资源利用效率具有重要价值。

遥感数据在水质监测和水环境保护中也发挥了不可替代的作用。通过监测水体的光学特性，可以评估水质状况，检测水体中的蓝藻、悬浮物等污染物。这为决策者提供了实时、全面的水质信息，有助于及时制定污染防治策略，保障饮用水安全和生态系统的健康。

遥感数据还在灌溉管理和农业水资源利用中发挥了积极作用。通过监测植被覆盖度、土壤湿度等参数，可以进行精准的灌溉计划，避免水资源的过度浪费和不必要的排水。这为决策者提供了科学指导，促进了农业水资源的可持续利用。

遥感数据在水灾害风险评估和应急响应中也具有重要地位。卫星数据可以提供洪水、干旱、飓风等水灾害的监测和预警信息，为相关决策者提供紧急决策支持。这有助于降低水灾害造成的损失，提高社会的抗灾能力。

遥感数据在水资源决策要素中的作用是多层次、全方位的。通过获取地表和大气的多光谱、高时空分辨率数据，遥感技术为水资源决策者提供了信息的新维度，有助于科学决策、合理规划和有效管理水资源。遥感数据的广泛应用为保障水资源的可持续利用和生态环境的保护提供了强大的工具和支持。

（二）遥感技术在水资源应急响应中的决策支持

水资源应急响应是在面临自然灾害、人为事故等紧急情况时，通过采用迅速、科学的手段，对水资源进行实时监测、评估和决策的过程。遥感技术在水资源应急响应中的决策支持方面发挥着重要的作用，主要体现在以下几个方面。

遥感技术在水资源应急响应中提供了及时的数据更新。通过卫星和飞机等遥感平台，可以实现对灾害影响区域的高频、高分辨率的观测。这种实时监测能力为灾害发生后迅速获取受灾区域的水资源状况提供了有力的支持。通过对灾害影响区域的多时相遥感影像进行比对，可以准确了解水体的变化、植被的受损情况等，为紧急决策提供及时、全面的数据基础。

遥感技术通过提供全面的地表信息，有助于对受灾区域的水资源状况进行综合评估。不仅能够获取水体的空间分布、形态和面积等信息，还能够反映水质、土壤湿度等多个水资源要素的状态。通过综合分析这些信息，决策者能够全面了解灾害影响区域的水资源状况，为制定科学有效的应急响应措施提供依据。

遥感技术在水资源应急响应中可用于监测洪水、泥石流等灾害过程。雷达和激光雷达等主动遥感技术能够穿透云层，实时监测洪水水位的变化，掌握泥石流的流动方向和速度等关键信息。这种实时监测的能力有助于决策者及早了解灾害的发展态势，从而迅速制定适应性强、有效果的响应策略，减少灾害造成的损失。

遥感技术在水资源应急响应中也能够提供水质监测的关键信息。通过对多光谱和高光谱遥感数据的分析，可以实现对水体中溶解物质、藻类浓度等水质参数的监测。这种高精度的水质监测信息有助于及时发现水质污染情况，为采取紧急的水质保护措施提供科学依据。

遥感技术还能够为水资源应急响应提供地形和地貌等信息。通过激光雷达等技术获取的地表高程数据，可以帮助决策者了解灾害影响区域的地形特征，为洪水淹没区域、泥石流可能发生的地点等提供关键信息。这有助于提前进行灾害风险评估，制定更加有针对性的紧急响应计划。

遥感技术在水资源应急响应中的决策支持方面具有重要意义。通过提供及时、全面、高分辨率的数据，遥感技术为决策者提供了全面了解受灾区域水资源状况的手段，为制定紧急响应策略提供科学支持。其在监测水体、洪水、泥石流、水质和地形等方面的能力，使得遥感技术在水资源应急响应中发挥着不可替代的作用，为保障水资源安全、减轻灾害损失提供了有效的技术支持。

第四节　水资源灾害管理案例研究

一、遥感技术在水资源洪涝灾害管理案例研究

（一）洪涝灾害的背景与影响

1. 洪涝灾害的定义与特点

洪涝灾害是指由于大量降水、融雪或其他原因导致河流、湖泊、水库等水体水位急剧上升，引发地区性水体泛滥，给周边区域带来严重危害的一类自然灾害。这类灾害具有一些独特的特点，从而对受灾区域和人们的生活产生严重影响。

洪涝灾害的发生与气候因素有关。通常，大雨、暴雨、台风等极端气象事件是洪涝灾害的主要诱因。这些气象因素导致降水量大幅增加，地表径流急剧增加，从而使河流、湖泊水位上升，引发洪水。

洪涝灾害具有突发性和剧烈性。降水事件通常是短时间内发生的，而地表径流的迅速积聚使得水位上升极为迅猛。这种突发性使得人们难以提前做好准备，增加了应对灾害的困难度。

洪涝灾害还具有广泛性和连续性。受灾区域通常较大，一场大雨或台风可能影响到多个城市、乡村。而且，洪水引发的问题不仅仅是水位的上升，还包括水质的恶化、土壤侵蚀等一系列连续性问题。

由于洪涝灾害的发生通常伴随着大量的水量，因此，洪涝灾害在地质上具有破坏性。洪水可能冲毁河岸、冲垮桥梁，沉积的泥沙可能淤塞水道，导致严重的地质灾害。这对受灾区域的基础设施、交通运输系统造成巨大破坏。

洪涝灾害对生态环境也有严重的影响。洪水可能淹没植被，导致植物死亡，破坏湿地

生态系统。水质的恶化还可能影响水中生物的生存，对水域生态系统产生不可逆的影响。

洪涝灾害还可能引发次生灾害。如洪水冲毁堤坝可能导致洪水泛滥更广泛，河水淤积可能引发山体滑坡等次生灾害，从而加大了对受灾区域的影响。

在社会方面，洪涝灾害对人们的生命、财产和生活造成巨大威胁。洪水可能淹没居民区，摧毁房屋，造成人员伤亡和失踪。农田受灾可能导致农作物减产，影响农业生产。洪水可能影响城市的供水、供电、交通等基础设施，引发社会秩序的混乱。

洪涝灾害是一种具有自然灾害特点的极端气象事件，其灾害性质复杂多样，对人类社会和自然生态系统都带来了巨大的挑战。有效的防灾减灾措施和紧急救援工作对于降低洪涝灾害的影响至关重要。

2. 洪涝灾害对水资源管理的挑战

洪涝灾害是自然灾害中对水资源管理造成巨大挑战的一种表现。洪涝灾害的发生与多种因素有关，包括极端降雨、雪融、河流泛滥等，对水资源的安全、分布和利用都带来了严重的影响。

洪涝灾害对水资源的供水安全构成直接威胁。洪水可能导致水源地的混浊和水质恶化，使得饮用水的获取变得困难。同时，洪水还可能损坏供水管道和设施，使得水资源的供应受到阻碍。这对于城市和农村的居民，以及工业生产和农业灌溉等方面都构成了严重的问题。

洪涝灾害对水质的影响是水资源管理中的一大挑战。洪水可能导致土壤冲刷，带走大量悬浮物和污染物进入水体，造成水体污染。这种污染不仅威胁着饮用水的安全，也对生态系统造成巨大的冲击。农田被淹没，导致农药、化肥等农业污染物进入水体，对水质产生长期影响。

洪涝灾害对于水资源的分布和调配提出了挑战。洪水可能导致地区性的水资源过剩，但也可能使得其他地区因为洪水引发的干旱、河流断流等问题而严重缺水。这种不均衡的分布使得水资源的调配变得异常困难，需要制定科学合理的水资源调度和分配策略，以适应洪涝灾害带来的极端情况。

洪涝灾害还对水资源的生态系统造成直接威胁。洪水可能摧毁湿地生态系统，冲垮岸边植被，导致河流生态系统的崩溃。这对于维护生态平衡、保护水生态环境具有重要意义。同时，洪水可能对水中的生物种群造成影响，对水生生态系统的健康产生潜在威胁。

洪涝灾害对于水资源管理的经济影响也是不可忽视的。洪水可能导致农田和城市地区的庞大损失，包括农作物的毁坏、房屋的倒塌、基础设施的受损等。这会使得水资源管理者需要投入更多的资源用于灾后重建和应急措施的实施。

洪涝灾害对水资源管理带来的挑战是多方面的，包括供水安全、水质影响、分配不均、生态系统威胁和经济损失等多个层面。科学、有效的洪涝灾害应对策略对于维护水资源的安全和可持续利用至关重要。

（二）遥感技术在洪涝灾害监测中的应用案例

在洪涝灾害监测中，遥感技术的应用发挥着至关重要的作用。通过遥感技术，可以及时获取大范围的地表信息，实现对洪涝灾害的快速监测和评估。以下是一些遥感技术在洪涝灾害监测中的应用案例。

卫星遥感在洪涝灾害监测中具有广泛的应用。卫星能够提供全球范围的遥感数据，覆盖面积大，频次高，这使得卫星数据在大范围的洪涝监测中表现出色。例如，通过使用MODIS等卫星传感器，可以获取地表温度、云覆盖和植被状况等信息。这些数据对于监测潜在的洪涝风险和受灾区域的水体变化具有很高的灵敏度。

激光雷达技术在洪涝灾害监测中也得到了广泛应用。激光雷达可以提供高精度的地表高程信息，帮助识别洪水淹没的区域和测算洪水深度。这项技术的一大优势在于其能够穿透植被覆盖，因此即使在有密集植被的区域，激光雷达也能够准确获取地面的高程数据，为洪涝灾害的监测提供了可靠的数据支持。

雷达遥感在洪涝灾害监测中也发挥了关键作用。通过合成孔径雷达（SAR）等技术，可以获取具有高时空分辨率的地表反射率信息，从而实现对洪水范围、水位和洪峰流速等关键参数的监测。雷达技术对于在夜晚或多云的情况下进行监测具有优势，因为其能够穿透云层并在不同时间采集数据。

热红外遥感技术也在洪涝灾害监测中得到了应用。热红外数据可以反映地表温度的变化，通过监测水体与非水体的温度差异，可以识别洪水淹没的区域。这项技术对于大面积洪涝事件的监测和评估提供了一种有效的手段。

遥感技术还可以通过时序遥感影像的变化分析，实现对洪涝灾害后果的评估。通过比较洪水前后的遥感影像，可以识别洪水造成的地表变化，包括土地退化、道路损毁等。这种变化分析能够提供对洪涝灾害影响程度和灾后重建需求的重要信息。

这些应用案例表明，遥感技术在洪涝灾害监测中发挥着关键的作用，为灾害的及时监测、预测和评估提供了有效的手段。这些技术的综合应用不仅能够提供对洪涝灾害的全面认知，还有助于为灾后救援和灾害管理提供科学依据，最终减轻灾害造成的社会和经济损失。在随着遥感技术的不断创新和发展，其在洪涝灾害监测中的应用将更加精准、高效，为灾害管理提供更强大的支持。

二、遥感技术在水资源干旱灾害管理案例研究

（一）干旱灾害的背景与影响

1. 干旱灾害的定义与特点

干旱灾害是指在一定时间内，由于长时间缺乏有效降水，导致土地表层和地下水位明显下降，严重影响农田、水资源和生态环境，给人类的生产、生活和生态系统带来严重威胁的自然灾害。干旱灾害具有一些独特的特点，其影响涉及多个层面，从气象条件到社会经济，都呈现出复杂性和长期性。

干旱灾害的特点之一是持续时间长。相较于其他自然灾害，干旱往往具有较长的时间跨度，可能持续数月甚至数年。这使得其对农田、水源、生态系统等的影响更为深远和长期。

干旱灾害呈现空间分布不均匀的特征。在一个国家或地区，不同地域可能面临不同程度的干旱，其中一些地方可能更为严重。这导致了在一定时期内，某些地区可能受到更大

的农业损失，水资源匮乏，生态系统遭受更严重的压力。

干旱灾害的发生与气象条件密切相关。气候异常，包括高温和低降水等因素，是干旱发生的主要原因。长时间的高温会导致土壤水分蒸发加剧，而低降水则使得水源减少，这两者的叠加效应使得干旱灾害的发生成为可能。

干旱还表现出季节性的特点。在不同的季节，干旱的影响可能有所不同。例如，在农业生产季节，干旱可能导致农作物生长受阻，产量下降。而在旱季，水资源的匮乏可能导致严重的饮水问题。

干旱灾害对农业具有严重的影响，可能导致农作物减产、草地枯黄，影响牲畜的饲养。由于水源的匮乏，干旱还可能引发水资源争夺，甚至导致人口迁徙。

在社会方面，干旱还可能引发经济问题。农业减产会影响食品供应，导致物价上涨，进而影响社会稳定。水资源的匮乏也可能威胁城市供水，对工业生产和居民生活造成严重困扰。

生态系统方面，干旱可能导致土壤侵蚀、湿地退化，破坏植被覆盖，对生态平衡产生负面影响。特别是对于一些干旱敏感的生物种群，干旱可能导致它们的生存和繁衍受到威胁。

干旱灾害是一种复杂且长期性的自然灾害，其影响不仅限于农业生产，还渗透到社会经济和生态系统的多个层面。因此，科学有效的干旱监测、预警和应对措施对于减缓干旱灾害的影响至关重要。

2. 干旱灾害对水资源管理的挑战

干旱灾害对水资源管理构成巨大挑战，涉及供水、农业、生态系统等多个领域。其对水资源管理的挑战主要表现在以下几个方面。

供水系统的压力增大干旱导致水源减少，河流水位降低，地下水位下降，湖泊和水库水量急剧减少。这使得城市和农村供水系统面临压力，水资源的可持续供应受到极大威胁。需采取有效措施来确保供水系统的正常运作，以满足人们的饮用水需求。

农业灌溉的困难干旱导致土壤水分减少，给农业生产带来极大的困难。农田灌溉受到限制，作物生长受到严重影响，产量下降，农业经济受到冲击。水资源管理者需要采取措施来优化灌溉系统，提高水资源利用效率，确保农业可持续发展。

生态系统的破坏干旱对生态系统的影响极大，特别是湿地生态系统。湖泊和河流干枯，湿地丧失水源，生态平衡遭到破坏。这直接影响着生物多样性和生态系统的稳定性。水资源管理者需采取措施保护和恢复生态系统，以维护地球生态平衡。

社会经济影响干旱会导致社会经济受到重创。农业收益减少，农民生计困难，城市居民面临用水紧张。同时，水电站的发电能力受限，工业生产面临停滞。这些经济影响使得社会面临更大的压力，需要制定灵活的经济政策来应对干旱的冲击。

水质问题的恶化干旱导致河流流速减缓，水体富营养化程度增加，污染物浓度上升。这使得水质问题变得更加突出，对水生态环境和人类健康构成威胁。水资源管理者需采取措施保障水质安全，防止因干旱而引发的水质问题。

水资源利用的调整干旱时期，需要调整水资源的利用方式。可以通过采用雨水收集、植被覆盖保持水分等方式来减缓水资源的消耗。水资源管理者还需制定合理的用水政策，引导社会适应干旱环境，确保水资源的可持续利用。

干旱灾害对水资源管理构成多方面的挑战，需要水资源管理者采取综合而有效的应对策略，以确保水资源的可持续管理和社会的稳定发展。这包括加强监测系统、改善供水设施、推动农业水资源管理创新、保护生态系统等多层面的工作。

（二）遥感技术在干旱灾害监测中的应用案例

在干旱灾害监测中，遥感技术的应用起到了至关重要的作用。通过利用各种遥感数据，可以实现对干旱影响区域的迅速、全面的监测与评估。以下是一些遥感技术在干旱灾害监测中的应用案例。

多光谱遥感数据在干旱监测中的应用案例非常突出。通过卫星和飞机等遥感平台获取的多光谱数据，能够提供地表覆盖类型、植被指数等关键信息。这些数据在监测干旱时，可以通过分析植被的健康状况、土壤湿度等指标，帮助确定干旱受影响的区域，并评估植被覆盖的变化情况。

高光谱遥感数据的应用在干旱监测中也备受关注。高光谱数据能够提供更丰富的光谱信息，对不同植被类型和土壤特征进行更为准确的识别。通过高光谱数据，可以深入分析土壤的水分状况、植被的生理状态等，为干旱程度的评估提供更为精细的信息。

热红外遥感技术在干旱监测中的应用同样具有重要地位。热红外遥感数据可以反映地表温度的变化，通过监测土壤表面温度，可以推测土壤水分的分布情况。这种数据对于识别干旱区域、监测土壤湿度和植被蒸腾等方面提供了有力支持。

其他方面，雷达遥感技术也在干旱监测中发挥了独特的作用。合成孔径雷达（SAR）等雷达技术能够穿透云层，实现全天候的监测。通过雷达数据，可以检测土壤湿度、地表沉降等信息，为判断干旱程度提供了重要线索。

激光雷达技术的应用在地形和植被高度监测中也能为干旱灾害的评估提供帮助。激光雷达能够提供地表高程信息，通过对植被高度的测量，可以更准确地分析植被的健康状况和变化情况，从而为干旱影响的判断提供更全面的数据支持。

遥感技术在干旱灾害监测中发挥了多方面的作用。这些应用案例展示了遥感技术在多光谱、高光谱、热红外、雷达以及激光雷达等方面的广泛应用。通过这些技术手段，可以实现对植被、土壤、地形等多个因素的监测，为干旱影响的全面评估提供科学依据。随着遥感技术的不断发展，其在干旱监测中的应用将更加精细、准确，为科学家和决策者提供更为可靠的数据支持，帮助更好地理解和应对干旱灾害。

第十三章 水资源测绘与遥感技术的未来发展方向

第一节 新技术与方法在水资源测绘中的应用前景

一、新技术在水资源测绘中的应用前景

（一）高分辨率遥感技术的发展与应用

1. 卫星遥感技术的进步

卫星遥感技术的不断进步为水资源测绘领域带来了新的前景。这种技术的发展使得我们能够更全面、高效地监测和管理水资源，从而更好地应对日益加剧的水资源压力。

新一代卫星遥感技术的突破包括更高的分辨率、更广泛的覆盖范围、更短的数据更新周期等方面。高分辨率的卫星影像使得我们能够更清晰地观察水域的细节，监测河流、湖泊、水库等水体的动态变化。这对于识别水资源利用和管理中的问题，如水体污染、流域变化等，提供了更为精准的数据支持。

卫星遥感技术的进步还使得覆盖范围更广泛，无论是大型河流还是偏远地区的水源，都能够被及时监测。这对于全球范围内的水资源管理至关重要，尤其是在一些地理环境复杂或政治环境不稳定的地区，传统的监测手段可能受到限制，而卫星遥感则能够提供更为客观、全面的数据。

新技术的应用还包括更为智能的数据处理和分析方法。通过机器学习和人工智能等技术，可以更快速、准确地处理庞大的遥感数据，识别出水资源管理中的关键信息。这种智能化的数据处理方式有助于提高水资源测绘的效率和准确性。

新一代卫星技术的不断发展还包括对多维信息的获取，不仅可以获取水体的表面信息，还可以获取水体的温度、水质等多方面的数据。这种全面、多维的信息获取有助于更全面地理解水资源系统的运行状况，为科学的水资源管理提供更为丰富的信息。

在水资源测绘中，卫星遥感技术的前景体现在多个方面。它为及时监测水体的变化、水质的波动提供了手段，有助于早期发现水资源问题，采取有效的措施。卫星遥感技术的广泛应用可以提供大范围的水资源数据，为流域尺度的水资源管理提供支持。同时，卫星技术的全球性覆盖也有助于全球尺度的水资源监测和协同管理。

卫星遥感技术的进步为水资源测绘带来了新的前景，使得我们在全球尺度上能够更全面、及时地了解水资源的状况，为科学合理的水资源管理提供更强大的技术支持。这将有助于更好地应对日益加剧的水资源挑战，实现可持续的水资源利用。

2. 无人机在水资源测绘中的应用

无人机技术在水资源测绘领域的应用呈现出令人瞩目的新局面。随着科技的发展，新技术在水资源测绘中的前景愈加广阔。这不仅提高了测绘的精准度，也为水资源管理提供了更为全面和实时的数据支持。

无人机在水资源测绘中的应用为水域环境的监测提供了全新的视角。通过搭载先进的传感器和相机设备，无人机能够高效地获取水域表面的影像数据。这不仅包括水体的形态和分布，还可以捕捉水体颜色、浑浊度等信息，为水质监测提供了更加细致入微的数据。这种高分辨率的影像数据为水资源管理者提供了更为直观和准确的信息，有助于更科学地制定水资源保护和治理方案。

无人机技术的快速发展使得水资源测绘的成本大幅降低。相较于传统的航空摄影和卫星遥感，无人机具有灵活性高、操作成本低的优势。这使得水资源管理者能够更加频繁、更加经济地获取水域的实时数据。同时，无人机的可编程性也使得测绘任务能够更好地适应不同的地域和需求，进一步提高了数据的应用灵活性。

随着新技术的不断涌现，水资源测绘领域的前景愈加引人瞩目。一项潜在的创新是在无人机上搭载高级遥感设备，如激光雷达（LiDAR），以获取更为精准的三维地形数据。这将为水资源管理者提供更详尽的地貌信息，有助于更好地理解水体的流动和地形的变化，为水资源的科学管理提供更为完整的数据基础。

无人机与人工智能的结合也是水资源测绘中的一个发展趋势。通过引入图像识别、数据分析等人工智能技术，无人机获取的大量数据可以被更快速、自动化地处理和解读。这不仅提高了数据的处理效率，还使得水资源管理者能够更迅速地作出决策，应对水资源管理中的紧急情况。

无人机技术在水资源测绘中的应用已经取得了显著的成果，而新技术的不断涌现则为水资源测绘领域开辟了更为广阔的前景。这种融合先进技术的方式为水资源管理提供了更为精确、实时、经济的数据支持，为未来的水资源保护和可持续管理打开了新的可能性。

（二）先进传感器技术在水资源测绘中的应用

水资源测绘是一项涉及地表水体分布、水质状况、降水量和土壤水分等多个方面的重要任务。随着科技的不断进步，先进传感器技术的应用在水资源测绘中展现出巨大的潜力和前景。

先进传感器技术，尤其是高光谱传感器，已经在水资源测绘中取得了显著的成果。高光谱传感器具有能够捕捉地表上各种物质的光谱特征的能力，可以提供更为丰富的地表信息。通过对高光谱数据的分析，可以精确识别水体、植被、土壤等不同地物，为水资源的空间分布提供详细的信息。

激光雷达技术是另一种在水资源测绘中广泛应用的先进传感器技术。激光雷达可以提供高精度的地表高程数据，实现对地形的精细测绘。在水资源领域，激光雷达的应用可帮助建立高分辨率的数字高程模型，为河流、湖泊等水体的水深、流速等参数提供准确的测量数据。

热红外传感器技术在水资源测绘中的应用主要体现在水体温度监测方面。水体温度是水资源中的重要参数之一，对水质、生态系统等方面具有重要影响。热红外传感器可以捕捉水体表面的温度信息，通过对这些信息的监测，可以实现对水体热动力学过程的研究，为水资源管理提供有力的支持。

雷达技术是一种在水资源测绘中应用广泛的主动传感器技术。合成孔径雷达（SAR）等雷达技术可以穿透云层和植被，实现对地表的高分辨率监测。在水资源测绘中，雷达技术可以用于监测水体边界、湖泊面积、河流变化等，为水体动态变化提供全天候、全天时的监测手段。

先进传感器技术的应用不仅可以提高水资源测绘的精度和时效性，还可以拓展测绘的领域。通过结合多种传感器数据，可以实现对水体的多参数、多尺度的监测，形成更为全面的水资源信息体系。这对于科学家、决策者和水资源管理者来说，都是极为宝贵的信息资产。

随着先进传感器技术的不断创新和进步，水资源测绘将迎来更为广阔的前景。高光谱传感器、激光雷达、热红外传感器和雷达等技术的不断融合，将为水资源监测提供更加全面、综合的数据。这有助于更好地理解水资源的时空分布特征，为科学的水资源管理和合理利用提供更为准确的基础。同时，先进传感器技术在水资源测绘中的应用也将更好地服务于社会的实际需求。

二、新方法在水资源测绘中的应用前景

（一）激光雷达技术在水资源测绘中的应用

激光雷达技术作为一项先进的测绘技术，广泛应用于水资源测绘领域。其独特的能力使其在水体地形、水深测量、湿地监测等方面发挥着不可替代的作用。

激光雷达技术在水体地形测绘中具有显著的优势。通过激光雷达扫描地表，可以精确获取地形高程信息，形成高精度的数字高程模型（DEM）。这种模型不仅能够反映地表的立体形态，还能捕捉水体的细微地貌特征，为水资源测绘提供了高分辨率、高精度的地形数据。

在水深测量方面，激光雷达技术也发挥了关键的作用。通过激光雷达发射激光束并测量其返回时间，可以计算水体表面到激光束的距离，从而实现对水体深度的准确测量。这项技术可以应用于河流、湖泊、水库等水体的深度测绘，为水资源管理提供关键的水深信息。

湿地监测是激光雷达技术的又一重要应用领域。激光雷达能够穿透植被覆盖，通过测量植被顶部和地表的高程，实现对湿地植被的三维建模。这对于监测湿地的空间结构、植被高度、水位变化等具有重要价值，为湿地生态系统的保护和管理提供科学支持。

激光雷达技术在河流动态监测中也表现出色。通过搭载在航空平台上的激光雷达设备，可以实现对河流流速、河床变化等信息的实时监测。这对于洪水预警、河流生态环境保护等方面具有重要的应用前景。

激光雷达技术的另一个突出应用是水体质量监测。通过测量激光在水中的传播速度和反射强度，可以推断水体中悬浮物、藻类浓度等水质参数。这为及时发现水质异常、采取

相应措施提供了重要的技术手段。

激光雷达技术的不断创新和进步，使其在水资源测绘中的应用前景更加广阔。随着设备的不断小型化和成本的降低，激光雷达技术将更加普及，为水资源管理提供更加全面、精细的信息支持。激光雷达技术有望在水资源测绘领域发挥更为重要的作用，为科学家、决策者和水资源管理者提供更为准确、实用的测绘数据，促进水资源的可持续利用和管理。

1. 激光雷达测高技术的发展

激光雷达测高技术的迅猛发展在近年来引起了广泛关注，特别是在水资源测绘领域，其应用带来了革命性的变化。激光雷达技术通过发射激光束并测量其返回时间，实现对地表高程的高精度测定，为水资源测绘提供了强大的工具。

激光雷达技术的发展历程表明，其最初主要应用于军事和地质测量领域。然而，随着技术的不断进步和成本的逐渐降低，激光雷达逐渐在水资源测绘中找到了更为广泛的应用。这一技术的高精度和高分辨率为水体特征的准确提取和水资源状况的详细分析提供了有力的支持。

在水资源测绘中，激光雷达主要应用于水体高程的测量。通过激光雷达技术获取水体表面的高程信息，不仅可以描绘出水体的形状，还能够监测水位的变化。这对于湖泊、河流等水体的动态变化的监测和评估提供了一种高效、精准的手段。而且，激光雷达技术的全天候性和高密度的数据采集，使其在实时监测水体波浪、水流速度等动态特征上表现出色。

除了水体高程的测量，激光雷达技术还可用于植被的三维建模。通过激光雷达扫描植被，可以获取植被的高度、密度等信息。这对于湿地生态系统、河岸植被等的监测和保护提供了一种非常直观、精确的手段。激光雷达技术的高空间分辨率使其能够捕捉到植被的微观结构，为对植被覆盖的状况进行细致的分析提供了可能。

在水资源管理方面，激光雷达技术也为水资源的合理利用提供了技术支持。通过对水库、水闸等水利设施进行激光雷达测量，可以更准确地评估水库容量、水位变化等关键参数。这为水资源的调度、蓄水和排水提供了更为精准的数据基础，有助于更有效地进行水资源管理。

激光雷达技术的应用还涉及水体质量的监测。通过激光雷达测量水体底部反射的光谱特征，可以推断水质的变化。这种非接触式、遥感式的水体质量监测方式，不仅降低了对水体的干扰，还提高了监测的效率和准确度。

激光雷达技术的进一步发展和应用还可能带来一系列创新。例如，通过多传感器融合，可以实现对水体与周边环境的多维度监测，进一步提高数据的综合分析能力。激光雷达技术与遥感、地理信息系统（GIS）等技术的结合，为水资源测绘提供了更为完整的解决方案。

激光雷达技术在水资源测绘中的应用呈现出多层次、多方向的发展趋势。从水体高程的测量到植被的三维建模，再到水体质量的监测，激光雷达技术为水资源测绘提供了全新的视角。随着技术不断演进，激光雷达技术有望在水资源管理、环境保护等方面发挥更为深远的作用。

2. 激光雷达水质监测的创新方法

激光雷达技术作为一种创新的手段，在水质监测领域展现出独特的应用前景。这一技术通过结合激光束的高精度测量和水体特征的反射分析，为水资源测绘提供了一种高效、全面的方法。

激光雷达技术在水质监测中的创新在于其高精度的空间测量能力。通过发射激光束并测量其返回的时间，激光雷达能够实现对水体表面的高精度测量，包括水面高程、水体深度等参数。这一高精度的空间测量能力为水质监测提供了基础，有助于更准确地分析水体的动态变化。

激光雷达水质监测的创新方法在于其对水体底部特征的敏感性。由于激光雷达的能量能够穿透水体并反射至水底，因此可以获取水体底部的地形和特征。这种特性使得激光雷达技术在监测水体底质、底层植被等方面具有优势，为水质监测提供了更为详尽的信息。

激光雷达水质监测的创新方法在于其能够实现对水体中溶解物质浓度的非接触式测量。通过对激光束在水体中的传播过程进行分析，可以获取水体中的溶解物质对激光的吸收和散射情况，从而推断水中溶解物质的浓度。这种非接触式的测量方法避免了传统水质监测中需进行取样和实验的烦琐过程，提高了监测的效率和可行性。

激光雷达水质监测创新的方法还表现在其能够实现对水体表面浮游植物的高精度识别。激光雷达可以通过反射光谱数据，对水体表面的浮游植物进行识别和分类。这种方法不仅可以实现对浮游植物种类的识别，还可以量化其分布和浓度，为水质监测提供了更为全面的信息。

激光雷达技术在水质监测中的创新方法为水资源测绘提供了新的思路和手段。通过利用激光雷达的高精度测量和数据分析能力，可以更全面地了解水体的动态变化、水质特征和水底地形。这为科学家、水资源管理者和环境监测者提供了更为准确和实用的水质监测工具。

随着激光雷达技术的不断进步和应用方法的不断创新，其在水质监测中的应用前景将更加广阔。激光雷达技术有望成为水资源测绘领域的重要技术手段，为水质监测提供更为精准、高效的解决方案，推动水资源管理和保护水生态环境取得更大的成就。

(二) 区域气象网络数据在水资源测绘中的应用

区域气象网络数据在水资源测绘中的应用丰富多样，为科学家、决策者和水资源管理者提供了重要的数据支持。这些数据源涵盖了气象要素、降水信息、气温变化等多个方面，为深入了解水资源分布、水文过程、气象条件等提供了关键信息。

气象网络数据在水资源测绘中的应用首先体现在对气象要素的监测。这些数据记录了大气中的温度、湿度、风速、风向等关键气象参数，为水资源管理提供了气象背景的基础。通过对气象要素的监测，科学家能够更准确地把握水文过程中的气象变化规律，为水资源模型的建立和水文模拟提供可靠的气象数据基础。

降水信息是水资源测绘中的又一关键数据来源。气象网络数据记录了各个站点的降水量、降水强度等信息，为水文循环的研究提供了重要数据支持。通过对降水数据的分析，可以实现对降水空间分布和时间变化的监测，帮助科学家更好地理解降水对水资源的影响。

气象网络数据在水资源测绘中的应用不仅仅局限于大气层面，还包括对地表温度的监测。地表温度是水文过程中的重要参数之一，影响着土壤水分蒸发、植被生长等诸多水资源相关的过程。气象网络记录了各个站点的地表温度数据，通过这些数据，科学家可以更全面地了解地表温度的时空分布，为水资源管理提供关键的地表热力学信息。

风速和风向等数据也是水资源测绘中的重要组成部分。气象网络数据中的风速、风向记录了大气环流的变化，对于湖泊水体混合、河流蒸发、植物蒸腾等水资源相关的气象过程具有重要影响。通过对风速和风向数据的分析，可以更好地理解风对水资源系统的调控作用，为水资源管理提供重要的气象动力学信息。

区域气象网络数据在水资源测绘中的应用还可以延伸到水文模型的验证和改进。通过将气象网络数据输入水文模型，科学家可以模拟出水文过程中的降水、蒸发、径流等关键环节。这有助于提高水文模型的准确性和可靠性，为水资源管理提供更为可靠的模拟和预测依据。

区域气象网络数据在水资源测绘中的应用丰富多样，为科学家深入了解水资源系统提供了关键的数据支持。这些数据不仅为水文过程的研究提供了基础，还为水资源管理提供了科学的决策依据。随着气象网络技术的不断发展和数据质量的提高，这一领域的研究将更加深入，为水资源测绘提供更为精准、全面的数据支持。

第二节　大数据与人工智能在水资源研究中的应用

一、大数据在水资源研究中的应用

（一）大数据的基本概念与特征

大数据，是指数据量规模庞大、复杂多样，超出传统数据管理和处理能力范围的一种信息资源。它具有三个基本特征，即数据量大、处理速度快和多样性。数据量大是大数据的显著特点之一。大数据的规模远远超出了传统数据的范畴，以至于传统的数据处理方法和工具无法有效处理如此巨大的数据量。这种规模庞大的特性使得大数据的获取、存储、分析和应用都面临着巨大的挑战。

大数据的处理速度快是其另一显著特征。传统的数据处理往往采用批处理的方式，而大数据要求在更短的时间内完成数据的采集、分析和决策等过程。因此，大数据处理需要更为高效、实时的技术和方法，以确保对数据的迅速响应和及时处理。

大数据的多样性也是其重要特征之一。大数据包含了结构化数据、半结构化数据和非结构化数据等多种类型的数据。传统的数据库主要处理结构化数据，而大数据要求对这些多样性的数据类型进行全面、综合的处理。这种多样性特征使得大数据处理不仅仅要考虑数据的量和速度，还需要考虑数据的多样性，从而更全面地挖掘数据的潜在价值。

大数据的基本概念还包括数据的四个"V"特征，即数据的体积、速度、多样性和价值。体积是指大数据的规模之大，其数据量通常呈现出海量、云量的特点。这种大规模的数据量要求采用更为先进的存储和处理技术，以满足对数据海量增长的需求。

速度是指大数据处理的速度要求较高，需要实时获取和处理数据，以适应快速变化的业务和环境需求。这对于传统的批处理方法提出了更高的要求，需要引入实时处理技术和流式处理模型。

多样性是指大数据涵盖了多种类型的数据，包括结构化数据、半结构化数据和非结构化数据等。这种多样性的数据类型要求采用更灵活的数据处理和分析方法，以适应不同类型数据的特点。

价值是指大数据中蕴含着巨大的信息价值，通过对大数据的分析和挖掘，可以发现隐藏在数据中的有价值的信息和规律。因此，价值成为大数据的最终目标，也是其应用的核心动力。

大数据的特征不仅仅局限于上述方面，还包括数据的真实性、可信性、复杂性等。例如，数据的真实性要求数据的采集和存储过程中要保持数据的准确性和可信度，以确保分析结果的有效性。数据的可信性要求数据的来源和处理过程都要经过验证和审核，以保证数据的质量和可靠性。数据的复杂性则要求采用更为灵活、智能的数据处理和分析方法，以处理大数据中的复杂关系和多维度信息。

大数据是一种新型的信息资源，具有数据量大、处理速度快、多样性等特征。通过对大数据的深度分析和挖掘，可以发现其中潜在的信息和规律，为各行各业提供更为全面和深入的决策支持。在大数据时代，如何更好地利用大数据的潜力，成为各行业和企业面临的重要挑战和机遇。

1. 大数据的定义与范畴

大数据是指在处理速度、数据量和多样性等方面超过传统数据处理能力的一种数据形态。其核心特征主要体现在三个方面，大容量、高速度和多样性。大容量指的是数据的规模巨大，远远超过个体或企业通常能够处理的范围。这使得传统的数据处理方法难以胜任大数据的存储和分析任务。高速度体现在数据的产生、传输和处理的速度非常快，需要具备实时或近实时的处理能力。多样性强调了数据来源的多样性，包括结构化数据和非结构化数据，来自各种渠道和领域的数据。这种多样性要求对数据的处理工具和技术有更高的适应性和灵活性。

大数据的范畴主要涉及三个维度，即数据的类型、数据的处理方式以及数据的应用领域。从数据的类型来看，大数据可以包括结构化数据、半结构化数据和非结构化数据。结构化数据是按照预定义的模式和模型进行组织的，如关系数据库中的表格数据；半结构化数据具有一定的组织结构，但没有按照严格的模式进行定义，如 XML 文件；非结构化数据则没有明确的结构，例如文本、图像、音频和视频等。这种多样性的数据类型使得大数据的处理需要更为灵活和复杂的技术手段。

大数据的处理方式包括了数据采集、存储、处理和分析等环节。数据采集阶段是指从各种来源获取数据，可以通过传感器、网络爬虫、日志记录等手段实现。数据存储阶段主要包括建立适应大数据规模的存储系统，如分布式文件系统和 NoSQL 数据库。数据处理阶段涉及对大数据的清洗、转换、整合和挖掘等操作，需要利用分布式计算和并行处理等技术。数据分析阶段则是通过统计学、机器学习等方法对数据进行深入挖掘，发现数据背后的规律和关联。

大数据的应用领域涵盖了几乎所有的社会和经济领域。在商业领域，大数据被广泛应用于市场营销、客户关系管理、供应链管理等方面，通过对大量消费者行为和市场趋势的分析，帮助企业做出更明智的决策。在医疗领域，大数据可以用于疾病预测、药物研发、临床决策等方面，通过对患者健康数据的分析，提高医疗服务的质量和效率。在城市规划领域，大数据可以帮助城市管理者更好地理解城市居民的行为，优化城市交通、环境和公共服务。

大数据是一种具有大容量、高速度和多样性等核心特征的数据形态，其范畴涵盖了数据的类型、处理方式和应用领域。大数据的兴起为社会的发展带来了巨大的机遇和挑战，需要全球范围内的跨学科研究和跨行业合作，共同应对大数据时代带来的各种问题和可能性。

2. 大数据在水资源研究中的应用

大数据在水资源研究中的应用呈现出日益重要的趋势。大数据的引入为水资源研究提供了全新的视角和更深层次的理解。大数据在水文模型中的应用展现出了独特的优势。通过对大规模的气象、水文和地质等数据的深度分析，科学家能够更准确地模拟出水文过程中的各种复杂关联，提高水文模型的精度和预测能力。这有助于更好地理解水文循环、降水径流过程等，为水资源管理提供更为可靠的数据支持。

大数据在水资源监测中的应用也表现出巨大的潜力。通过使用遥感、传感器等技术获取大规模的水体、土地利用、植被等方面的数据，科学家可以全面了解水资源分布、变化趋势等信息。这些数据的实时性和高精度性为水资源监测提供了全新的手段，有助于更及时地发现水资源变化，从而采取有效的管理措施。

大数据还在水质监测领域发挥着不可替代的作用。通过对水体中的多种参数进行大规模的采样和测试，可以形成庞大的水质数据库。这为科学家提供了深入研究水体健康状况、污染源等方面的机会。大数据的分析和挖掘有助于建立水质评估模型，提高对水质变化的监测精度，为水质管理提供科学依据。

在水资源规划中，大数据也发挥着积极的作用。通过对地理信息、社会经济数据等多维度信息的整合和分析，可以实现对水资源分布、需求、利用方式等方面的综合评估。这有助于科学家和决策者更好地制定水资源规划，合理配置水资源资源，提高水资源的利用效率。

大数据还在水资源应急响应中发挥着关键作用。通过整合卫星遥感、气象预报、实时水文监测等多源数据，科学家和应急管理部门能够更快速、准确地响应突发性的水资源灾害，为灾害预警和应急救援提供科学依据。

大数据的应用还为水资源研究提供了多学科交叉的可能性。通过整合气象学、地理信息科学、计算机科学等多个学科的数据和方法，科学家能够深入探讨水资源与自然环境、社会经济等多个层面的相互关系，为全面理解水资源的复杂性提供更为全面的支持。

大数据在水资源研究中的应用已经取得了显著的成果，为水资源管理和保护提供了更为科学、高效的手段。随着大数据技术的不断发展和创新，其在水资源研究领域的应用前景将更加广阔，为更好地解决水资源问题提供更为强大的支持。

（二）大数据在水资源研究中创新应用

大数据在水资源研究中的创新应用展现出深远的影响。这种应用不仅在水资源管理、水环境监测等方面取得了显著成果，也为水资源研究领域注入了新的活力。大数据的创新应用主要体现在以下几个方面。

大数据在水文模型建设中发挥了关键作用。通过对海量水文数据的整合和分析，科研人员能够建立更为精准、可靠的水文模型，实现对水文过程的全面理解。这些模型可以模拟降雨、蒸发、径流等水文过程，为水资源管理提供科学的依据。大数据的应用使得水文模型的参数优化更为高效，提高了模型的准确性和可靠性。

大数据在水质监测方面发挥了重要作用。传统的水质监测主要依赖有限数量的监测站点，而大数据技术可以通过对分布广泛的传感器数据进行整合，实现对水体质量的实时监测。这种实时监测不仅可以提高对水质变化的敏感性，也能够更迅速地发现潜在的水质问题，为及时的环保措施提供支持。

大数据在水资源分布研究中发挥了巨大的推动作用。通过整合卫星遥感数据、气象数据、地形数据等多源数据，科研人员能够精确地描绘出地表水体的时空分布。这有助于更好地理解水资源的分布规律，为合理规划水资源的利用和保护提供科学依据。

大数据还在水资源调度优化方面发挥了重要作用。通过对大量水文、水质、气象等数据的综合分析，可以实现水资源的智能调度。这种调度优化不仅能够保障水资源的充分利用，还有助于降低水资源的浪费，提高水资源的可持续利用性。

大数据在水灾害预测和应急响应中也发挥了重要作用。通过对历史水文数据、地形数据、气象数据等进行深度学习和模型训练，科研人员能够建立更为准确的水灾害预测模型。这种预测模型可以提前警示可能发生的水灾害，为应急响应提供时间窗口，减轻水灾害的损失。

大数据在水资源研究中的创新应用还体现在水资源经济学方面。通过对水资源利用、分配、交易等经济行为的大数据分析，科研人员能够更好地理解水资源的经济特征，为建立更为合理的水资源经济政策提供科学依据。

大数据在水资源研究中的创新应用涉及水文模型建设、水质监测、水资源分布研究、水资源调度优化、水灾害预测和水资源经济学等多个方面。这些创新应用使得水资源研究领域拥有更为全面深入的数据支持，为更好地管理和保护水资源提供了先进的工具和方法。随着大数据技术的不断发展，其在水资源研究中的应用将进一步拓展，为水资源可持续利用和环境保护带来更多创新和突破。

二、人工智能在水资源研究中的应用

（一）人工智能的基本概念与技术

人工智能（AI）是一门涉及计算机科学、数学和工程学等多个领域的综合性科学，其核心目标是模拟、延伸和扩展人类的智能。人工智能旨在通过研究和开发使机器具备智能的方法和技术，使其能够执行类似于人类智能的任务。这一领域的发展推动了计算机科学的进步，也深刻影响了现代社会和经济。

人工智能的基本概念之一是机器学习。机器学习是一种让计算机系统通过经验自动改进性能的技术，而不需要明确的编程。它关注如何使计算机系统从数据中学到模式，以便做出未来的决策。监督学习是机器学习中的一种重要方法，它通过训练数据集中的样本来建立模型，使计算机能够对未知数据做出预测。无监督学习则侧重于发现数据中的模式和结构，而强化学习则强调通过与环境互动学习，以获得最佳行为策略。

另一个关键概念是自然语言处理，它是人工智能的分支之一。自然语言处理旨在使计算机能够理解、解释和生成人类语言。这包括语音识别、文本分析和自动翻译等任务。为了实现这一目标，研究者们使用统计方法、深度学习和语言模型等技术，以使计算机更好地处理语言的复杂性和多义性。

图像识别和计算机视觉是人工智能中另一个关键领域。它旨在使计算机能够理解和解释图像。计算机视觉系统使用模式识别、特征提取和深度学习等方法，以从图像中识别对象、人脸、文字等。这对于自动驾驶、医学影像分析和安防监控等应用具有广泛的实际价值。

人工智能的发展也涉及专家系统，这是一种基于知识库和规则的计算机程序，用于模拟人类专家的决策过程。专家系统通常基于领域专家的知识，通过规则推理和逻辑推断，解决特定领域的问题。这种方法在医学诊断、金融风险评估等领域取得了显著的成功。

在技术层面，深度学习是人工智能中引起巨大关注的一项技术。它是一种基于神经网络的机器学习方法，通过多层次的神经网络结构来模拟人类大脑的工作原理。深度学习已经在图像识别、语音识别和自然语言处理等领域取得了令人瞩目的成果，成为推动人工智能发展的重要动力。

人工智能是一门涉及多领域知识的科学，其基本概念包括机器学习、自然语言处理、计算机视觉和专家系统等。这些概念在技术上得到了广泛的应用，推动了人工智能的不断发展和进步。随着技术的不断创新，人工智能将在更多领域发挥重要作用，为社会带来更多的便利和改变。

1. 人工智能的定义与发展历程

人工智能，简称 AI，是一门研究如何使计算机完成智能任务的学科。它的定义涵盖了计算机系统模拟和执行人类智能行为的领域。人工智能的发展历程可以追溯到 20 世纪中叶，随着计算机技术的逐渐发展和理论框架的日益完善，人工智能逐步从理论概念转化为实际应用。

在人工智能的早期阶段，研究者主要关注模拟人类思维过程的符号推理系统。这一时期的人工智能研究主要集中在逻辑推理、问题解决和知识表示等方面。然而，由于符号系统在处理复杂问题上存在限制，人工智能研究陷入了停滞。

20 世纪 80 年代，出现了新的研究方向，即基于知识的专家系统。这些系统通过采用领域专家的知识，尝试解决特定领域的问题。尽管专家系统在一些特定领域取得了成功，但由于知识获取困难和知识表示的局限性，它们在更广泛的应用上面临挑战。

随着计算机硬件性能的提升和算法的改进，人工神经网络在 20 世纪 80 年代末和 90 年代初逐渐崭露头角。神经网络的提出模拟了人脑神经元的工作原理，通过大量的数据和学习算法，使得计算机能够从数据中学到规律和模式。这一新的方法为人工智能的发展注入了新的活力，尤其是在模式识别、语音识别和图像处理等领域。

进入 21 世纪，随着大数据时代的到来，人工智能研究取得了前所未有的进展。机器学习算法在处理大规模数据方面表现出色，深度学习作为机器学习的分支，通过多层次的神经网络模型取得了令人瞩目的成果。这使得人工智能在图像识别、自然语言处理、语音识别等领域取得了突破性进展。强化学习成为人工智能领域的热点之一。强化学习通过智能体与环境的交互学习，不断优化行为策略。这一领域的兴起推动了人工智能在自主决策、游戏领域的应用，为实现智能系统的自主性和适应性打开了新的研究方向。

人工智能的发展历程不仅体现在学术研究上，也在工业界得到广泛应用。人工智能技术在自动驾驶汽车、智能家居、医疗诊断等领域实现了商业化和产业化。这些应用推动了人工智能技术的快速发展，同时也带来了一系列的社会、伦理和法律问题。

人工智能的未来发展趋势仍然充满挑战和机遇。随着量子计算、神经计算等新技术的涌现，人工智能的理论和应用将不断拓展。同时，伦理、隐私、公平性等问题也将成为人工智能研究和应用中亟待解决的问题。在不断探索的道路上，人工智能将继续引领科技和社会的发展。

2. 主要人工智能技术在水资源研究中的应用

在水资源研究领域，人工智能技术正逐渐崭露头角，为解决水资源管理和保护面临的复杂问题提供了新的思路和工具。主要的人工智能技术，如机器学习、深度学习、自然语言处理和图像识别等，正在为水资源研究注入创新力。

机器学习技术在水资源研究中得到了广泛应用。通过对大量水文、水质、气象等多源数据进行训练，机器学习模型能够学习并识别数据中的模式和规律。这使得我们能够更准确地预测降雨、河流流量等水文过程，提高水资源的管理效率。机器学习还可以用于水质监测，通过对水质数据进行分析，识别水体中的异常情况，提前预警水质问题。

深度学习技术是人工智能领域的一个重要分支，它在水资源研究中的应用也逐渐展现出强大的潜力。深度学习模型可以通过层层学习数据的抽象特征，适用于复杂的水资源问题。例如，在水质监测中，深度学习算法可以识别非线性关系，更好地处理多维度、高维度的水质数据，提高监测精度。深度学习还可以应用于水文模型的建设，通过对多源数据的融合学习，提高水文模型对复杂地理环境的适应性。

自然语言处理技术也在水资源研究中得到应用。通过处理大量文献、报告等文本数据，自然语言处理技术可以帮助研究人员更快速地获取有关水资源的信息。它可以用于文本挖掘，从大量文献中提取出关键信息，帮助研究人员了解水资源管理的最新进展、技术创新等。自然语言处理还可以用于水资源决策支持系统的开发，实现对复杂信息的自动理解和处理。

图像识别技术在水资源研究中也发挥着独特的作用。通过卫星遥感图像和无人机等获取的图像数据，图像识别技术可以帮助监测水体的时空分布、湖泊、河流的变化等。这对于水资源分布研究、湿地保护等方面提供了全新的数据来源。图像识别还可以应用于水体污染的监测，通过对水体表面的图像进行分析，快速发现异常情况，提高水质监测的效率。

人工智能技术在水资源研究中的应用已经取得了显著的进展。机器学习、深度学习、自然语言处理和图像识别等技术为水资源领域带来了全新的解决方案，提高了水资源管理的精准性和效率。这些技术的不断创新和发展将为未来水资源研究提供更多可能性，为更好地理解和保护水资源提供科学的支持。

（二）人工智能在水资源研究中的创新应用

人工智能在水资源研究中的创新应用呈现出令人瞩目的前景。这一新领域的涌现为解决水资源管理中的复杂问题提供了新的思路和方法。

人工智能在水资源调度方面发挥了巨大的作用。通过采用深度学习算法，人工智能能够对水库、河流等水体的水位、流量等数据进行实时监测和预测。这有助于提前发现水体异常情况，并采取相应的水资源调度策略。通过不断学习和优化，人工智能系统能够自适应地调整水资源的分配，以满足不同时间和地点的需求。

人工智能在水质监测方面也展现了强大的创新能力。传统的水质监测通常需要大量的时间和人力，而人工智能技术能够利用大量实时数据，通过模型学习水体的动态变化，实现对水质的智能监测和预测。通过结合多源数据，如卫星遥感、地面监测等，人工智能系统可以更全面地了解水体的污染状况，并提供更精准的水质评估

在水资源利用方面，人工智能也展现了巨大的潜力。通过对农业、工业和城市等领域的用水数据进行分析，人工智能可以提供精准的水资源利用建议。例如，在农业领域，人工智能可以通过分析土壤湿度、植被状态等数据，为农民提供最优的灌溉方案，实现水资源的有效利用。

人工智能在水灾预警和应急响应方面也展现了强大的应用潜力。通过利用深度学习和模型预测，人工智能系统可以实时监测雨量、河流水位等数据，提前预警可能发生的洪涝灾害。在灾害发生后，人工智能还可以通过分析遥感图像和社交媒体数据等信息，提供快速准确的灾情评估，为紧急救援和资源调度提供科学依据。

人工智能在水资源研究中的创新应用还体现在水资源规划和管理的决策支持方面。通过整合多源数据，人工智能系统可以建立复杂的水资源模型，模拟不同的水资源管理策略对水体的影响。这种模拟分析有助于政府和决策者制定更科学、可行的水资源管理政策，实现可持续发展。人工智能在水资源研究中的创新应用为水资源管理提供了新的工具和思路。通过对大量实时数据的分析和学习，人工智能系统能够更全面、精准地了解水体的状况，为决策者提供科学依据，推动水资源领域的发展和进步。随着人工智能技术的不断发展，其在水资源研究中的应用将变得更加智能、高效，为解决水资源问题提供更为创新和可持续的解决方案。

第三节　遥感技术在全球水资源治理中的角色

一、遥感技术在水资源监测与评估中的角色

(一) 全球水资源治理的背景与挑战

全球水资源治理面临着日益严峻的挑战，主要源于气候变化、人口增长、城市化和不可持续的水资源利用等多方面因素。这一背景下，遥感技术作为一种高效的监测与评估工具，发挥着关键的角色。

气候变化是全球水资源治理的重要背景之一。气温升高、极端天气事件频发，导致水循环的变化，影响降水分布和水资源供需。气候变化对水资源的不确定性和不稳定性带来了新的挑战，需要更加及时精准的监测手段来应对。

人口增长和城市化是另一方面影响水资源的因素。随着城市人口的增加，水资源需求呈现出不断攀升的趋势。同时，城市化进程中的土地利用变化、水污染等问题也对水资源的可持续利用提出了更高的要求。全球水资源治理需要更加细致的监测手段来理解城市化对水资源的影响，并制定相应的管理策略。

不可持续的水资源利用是全球水资源治理面临的重要问题。大规模的灌溉、过度采水和未经规范的工业用水等行为导致水资源的过度开发和过度利用，威胁到水生态系统的健康。为了实现可持续的水资源管理，需要对水资源进行全面的监测与评估，及时发现问题并采取措施进行调整。

在这一背景下，遥感技术成为了全球水资源治理中不可或缺的工具。遥感技术通过卫星、飞机等平台获取的数据，能够提供大范围、高分辨率的水资源信息。遥感技术可以实现对地表水体的监测。通过遥感数据，可以获取湖泊、河流、水库等水体的面积、形态等信息，帮助科学家和管理者更好地了解水体的分布和演变。

遥感技术在水质监测中发挥着关键作用。通过遥感数据获取水体表面反射光谱信息，可以推测水质参数，如悬浮物含量、叶绿素浓度等。这为对水质变化的实时监测提供了新的手段，有助于及时发现水体污染问题。

遥感技术还能够实现对土地利用的监测，进而推断水资源的可持续利用情况。通过遥感数据，可以获取土地覆盖类型、植被状况等信息，帮助了解人类活动对水资源的影响。这种信息对于优化土地利用、提高水资源利用效率具有指导意义。

遥感技术还可以监测土壤湿度、蒸发蒸腾等参数，为水文循环过程提供数据支持。这对于理解水资源的动态变化、制定科学的水资源管理策略具有重要意义。

全球水资源治理所面临的背景及挑战需要一种全面、高效的监测与评估手段。遥感技术以其全球性、实时性、高分辨率的特点，在水资源监测与评估中发挥着不可替代的作用。通过利用遥感数据，能够更全面地了解水资源的分布、变化趋势以及受到的各种影响，为制定科学合理的水资源管理策略提供有力支持。随着遥感技术的不断发展和创新，它将在全球水资源治理中发挥更为重要的作用，为人类持续发展提供可持续的水资源保障。

1. 全球水资源现状

全球水资源现状呈现出多样性和不均衡性。许多地区面临着水资源短缺、水质恶化和生态系统崩溃等问题。这种不平衡的水资源分布和利用状况使得对水资源的监测与评估成为当务之急。在这一过程中，遥感技术发挥着至关重要的角色。

全球水资源的现状受到气候变化的影响，表现为降水分布不均匀、气温升高、干旱频发等现象。这对水资源的分布和利用带来了巨大挑战。一些地区由于地理位置、气候条件等原因，水资源丰富，而另一些地区则面临着水资源的极度匮乏。同时，人类活动引起的水体污染、湿地退化等问题也对水资源的可持续性产生了威胁。

在这一背景下，遥感技术通过卫星、飞机等平台获取大范围、高分辨率的地球观测数据，为全球水资源的监测与评估提供了关键性的信息。遥感技术不仅可以追踪水体的时空分布，还能够获取水质信息、监测地表水体的演变过程。这为科学家、决策者和水资源管理者提供了重要的数据支持。

遥感技术在水资源监测方面的角色主要体现在对水体空间分布的监测与分析上。通过卫星遥感获取的多光谱、高光谱影像，可以反映出地表水体的分布、大小、形态等信息。这对于发现新的水体、监测湖泊、河流的变化、评估水库容量等都具有重要意义。遥感技术的高时空分辨率使得对水体的监测更加全面和精确。

遥感技术还在水质监测中发挥着关键作用。通过获取水体反射光谱信息，可以推断水体的透明度、浊度、溶解有机质等指标。这种遥感技术可以实现对水体质量的远程监测，为水质评估提供及时、全面的信息。对于湖泊、河流等大范围水域的水质监测，遥感技术相对于传统的点源监测方法更为高效和经济。

在水资源评估方面，遥感技术的应用也涉及水资源的动态变化、土地利用与覆盖变化等多个方面。通过对多时相遥感影像的比对与分析，可以追踪水体的变化，监测湿地的退化与恢复，评估土地利用变化对水资源的影响。这对于制定水资源管理策略、保护生态系统具有重要意义。

除了以上方面，遥感技术还可应用于水资源的量化评估。通过遥感获取的地表反射率、植被指数等数据，可以推断土壤水分状况，评估降水对地表土壤水分的影响，为农业水资源管理提供科学依据。这种遥感技术的应用不仅可以实现对水资源的实时监测，还能够为水资源的合理分配提供数据支持。

遥感技术在全球水资源监测与评估中发挥了不可替代的作用。通过获取全球范围内的大量地球观测数据，遥感技术为水资源的分布、质量、变化等提供了全方位的信息。这种远程感知的手段不仅提高了水资源研究的效率，也为科学的水资源管理和保护提供了更为全面的数据基础。

2. 水资源治理面临的挑战

水资源治理面临着众多严峻的挑战，这些挑战不仅来自气候变化、人口增长和工业发展等方面的影响，还受到水资源管理体系的局限性和缺陷的影响。在这一背景下，遥感技术崭露头角，成为解决水资源治理挑战的有力工具。

全球气候变化对水资源产生深远影响。极端天气事件的增加，如干旱、洪涝等，使得水资源的分布和供应变得更加不稳定。遥感技术通过卫星和飞机等平台获取的数据，能够提供全球范围内的大气、地表温度、降水等气象信息，为监测气候变化提供实时的、全面的数据支持，帮助水资源管理者更好地应对不断变化的气象条件。

人口的快速增长以及城市化进程的推进加剧了对水资源的需求。这导致许多地区水资源的供需矛盾日益加剧，尤其是在一些干旱地区和人口密集的城市。遥感技术通过获取城市用水情况、土地利用变化等数据，为科学合理地规划和管理城市水资源提供了技术支持。

土地利用变化和水土流失等问题也对水资源治理构成挑战。大规模的农业开发和城市扩张导致了土地覆盖的变化，从而影响了水文循环和水资源的分布。遥感技术通过获取地表覆盖、植被状况等数据，有助于对土地利用变化的监测和评估，为科学合理的土地规划和水资源管理提供信息支持。

水质污染和水体生态系统的破坏也是水资源治理的重要问题。工业排放、农业面源污染等导致水体受到严重威胁。遥感技术通过获取水体的光谱信息、温度分布等数据，能够实现对水质的监测和评估，帮助识别潜在的水质问题区域，为及时采取措施提供科学依据。

在面临这些挑战的同时，遥感技术发挥着越来越重要的作用。遥感技术能够提供大范围、高分辨率的空间信息，实现对水体的全面监测。这种全面性使得水资源管理者能够更全面地了解水资源的状况，及时发现问题并采取措施。

遥感技术具有实时性，能够提供及时的水文、气象等数据。这对于灾害预警、紧急响应等方面具有重要意义。例如，通过监测卫星数据，可以实时掌握洪水、干旱等灾害的发生情况，为相关部门提供科学的决策依据，加强灾害管理。

遥感技术还能够提供多源、多尺度的数据，实现对水资源的综合评估。通过整合卫星、航空和地面遥感数据，可以更全面地分析水资源的分布、变化和利用情况，为制定水资源管理策略提供科学依据。水资源治理所面临的挑战涵盖了气候变化、人口增长、土地利用变化、水质问题等多个方面。在这一背景下，遥感技术以其全面、实时、多源的特点，成为解决水资源治理挑战的重要工具。通过不断创新和应用遥感技术，可以更好地理解水资源的复杂动态，为科学合理地制定水资源管理策略提供支持，推动水资源治理工作向更加智能、精准的方向发展。

（二）遥感技术在全球水资源监测中的应用

全球水资源监测面临多种挑战，如气候变化、人口增长和不可持续的水资源利用。在这一背景下，遥感技术通过卫星、飞机等平台获取的数据，发挥着关键的角色。遥感技术在水资源监测中的应用既包括水体的监测，也涵盖了水质、土地利用等多方面的评估。

遥感技术在水体监测中扮演着不可或缺的角色。通过卫星遥感数据，可以获取大范围的水体信息，包括湖泊、河流、水库等。这些数据不仅提供了水体的空间分布，还能捕捉水体的动态变化。例如，通过多时相遥感影像的比对，可以监测水体的面积变化，识别洪涝和干旱等极端事件，为水资源管理提供及时、全面的信息。

遥感技术在水质监测方面发挥着关键作用。通过分析遥感数据中水体的光谱特征，可以推测水质参数，如悬浮物含量、叶绿素浓度等。这为实时监测水质提供了新的途径，有助于及时发现水体污染问题。遥感技术还可以检测水体的颜色、透明度等信息，为水质变化提供更为细致的描述。

在土地利用方面，遥感技术同样发挥着关键的作用。通过获取卫星影像，可以识别土地覆盖类型、植被状况等信息。这对于了解人类活动对水资源的影响、推测土地的水资源利用潜力具有重要价值。通过监测土地利用的变化，可以及时发现潜在的水资源管理问题，为可持续的水资源利用提供科学依据。

遥感技术还能够监测土壤湿度、蒸发蒸腾等水文参数，为水文循环过程提供关键的数据支持。这有助于深入理解水资源的动态变化，包括地表径流、蒸散发等过程。通过对这些参数的监测，可以更准确地模拟水文过程，提高水资源管理的科学性和准确性。

遥感技术在全球尺度上的应用，尤其是在偏远地区或缺乏基础设施的地方，发挥着特殊的作用。卫星遥感可以覆盖广泛的地域，获取难以到达或监测的区域的信息，为全球水资源监测提供了全面性和普适性。

遥感技术在全球水资源监测中的应用为我们提供了全新的视角，使得对水资源的监测与评估更加全面和精确。通过卫星遥感、无人机等平台获取的数据，为科学家和决策者提供了大范围、高分辨率的水资源信息。这些信息不仅有助于及时发现水资源的变化和问题，还为制定科学合理的水资源管理策略提供了有力的支持。随着遥感技术的不断创新和发展，它将在全球水资源治理中继续发挥关键的角色，为人类实现可持续发展提供可靠的水资源保障。

二、遥感技术在全球水资源管理与决策中的应用

（一）遥感技术在全球水资源管理中的支持

遥感技术在全球水资源管理中扮演着关键的角色，为决策者提供了丰富的地球观测数据，帮助他们更好地了解水资源的分布、变化和质量状况。这种远程感知技术的应用对于制定科学的水资源管理策略、预测未来的水资源趋势以及应对突发事件具有重要的支持作用。

遥感技术在水资源管理中的支持主要体现在对水体时空分布的监测上。通过卫星和航空平台获取的遥感影像能够提供全球范围内水体的详细信息，包括湖泊、河流、水库等水体的分布、大小和形态。这种信息对于水资源的空间分布研究、湿地保护和水体变化监测都提供了重要的数据支持。

遥感技术在水质监测方面发挥着不可或缺的作用。通过获取水体的反射光谱信息，遥感技术可以用于远程监测水体的质量状况。这包括水体的透明度、浊度、溶解有机质等指标，为水质评估提供了及时、全面的信息。遥感技术相对于传统的点源监测方法具有更广泛的覆盖范围和更高的效率，对于大范围水域的水质监测尤为重要。

遥感技术在水资源管理中还能够用于监测降水过程和水文变化。通过卫星观测，可以实时获取全球范围内的降水数据，帮助预测洪涝和干旱等极端气象事件。遥感技术还能够监测河流和湖泊的水位变化，为水资源调度提供实时数据，帮助决策者更好地应对水文变

化的挑战。

在全球水资源管理中，遥感技术还可以应用于土地利用与覆盖变化的监测。通过对多时相遥感影像的比对与分析，可以追踪土地利用的变化，评估不同土地利用对水资源的影响。这为科学的土地规划、水资源管理和生态保护提供了支持。

遥感技术的应用还拓展到了水资源经济学领域。通过对遥感数据的分析，可以了解不同地区水资源的经济价值、水资源利用效率以及水资源与经济增长的关系。这种经济学角度的分析有助于优化水资源配置，制定更具效益的水资源管理政策。

遥感技术在全球水资源管理中的支持体现在对水体时空分布、水质监测、水文变化、土地利用变化以及水资源经济学等多个方面的深入应用。通过提供大范围、高分辨率的地球观测数据，遥感技术为全球水资源管理提供了全面、及时的信息，为决策者提供了科学依据，帮助他们更好地制定策略和应对水资源管理中的挑战。

1. 全球水资源调度与分配

全球水资源的调度与分配是一个复杂而紧迫的问题，尤其在面临气候变化、人口增长和不均衡的地理分布等挑战的情况下。遥感技术作为一种远程感知的手段，在全球水资源管理中发挥着关键的支持作用。

遥感技术通过卫星观测和地面监测，提供了大范围且高分辨率的水文信息。这包括水体的面积、水位、水质等多个方面的数据。这些信息为水资源的全球调度提供了基础数据，使决策者能够更准确地了解全球不同地区水资源的状况，有助于科学合理地进行水资源的调度。

遥感技术为全球水资源调度提供了实时性的数据支持。通过卫星实时监测，可以及时获取水文变化、降雨情况等信息，实现对水资源动态的快速响应。这对于紧急事件的处理，如自然灾害引起的水资源问题或突发的水危机，提供了及时的决策支持。

遥感技术通过多平台、多源数据的整合，提供了更全面的水文信息。不仅包括卫星数据，还包括飞机、无人机等多种遥感手段的数据。这使得对水资源的监测更加全面，能够更好地理解不同地区水资源的特点和变化趋势。

在全球水资源调度中，遥感技术还有助于解决地域不均衡的问题。通过对不同地区的水资源状况进行详细监测和评估，决策者可以更精确地制定水资源分配策略，合理平衡不同地区的水需求。这对于缓解一些地区水资源匮乏、水短缺的问题，具有重要的战略意义。

遥感技术还为全球水资源管理提供了大规模、长时间序列的数据，这对于研究水资源的长期变化趋势、影响因素等方面提供了宝贵的信息。这种长期的数据观测能够帮助决策者更好地了解全球水资源的演变过程，为未来的水资源规划提供科学依据。

遥感技术在全球水资源管理中的支持不仅限于监测和数据获取，还包括数据的处理和分析。通过采用遥感图像处理、机器学习等技术，可以更有效地从海量的遥感数据中提取有关水资源的关键信息，为水资源管理提供更精准、实用的数据支持。

全球水资源调度与分配面临着日益复杂和严峻的挑战。遥感技术以其全球性、实时性、全面性的特点，为全球水资源管理提供了强大的支持。通过及时获取水文信息、解决地域不均衡、提供长时间序列的数据，遥感技术为全球水资源的科学合理调度和分配提供了有力的技术保障。随着技术的不断发展和创新，遥感技术将继续在全球水资源管理中发挥越来越重要的作用，为实现全球水资源的可持续利用提供支持。

2. 全球水资源应急响应

全球水资源面临不断增加的紧迫挑战，如气候变化、极端天气事件和不可持续的水资源利用。在这种背景下，水资源的应急响应显得尤为重要。遥感技术在全球水资源管理中发挥着关键的支持作用，尤其在水资源应急响应方面发挥着重要的作用。

遥感技术在全球水资源应急响应中的支持体现在灾害监测方面。通过卫星遥感和飞机遥感，可以迅速获取受灾地区的影像数据，实现对洪涝、干旱、飓风等自然灾害的实时监测。这些数据提供了全球范围内灾害影响的空间分布信息，为应急响应提供了关键的参考。科学家和决策者可以通过遥感数据迅速了解受灾地区的变化情况，为灾害应急响应提供及时的信息支持。

遥感技术在水质监测方面为全球水资源应急响应提供了关键的支持。通过遥感数据分析水体的反射光谱特征，可以实现对水质参数的推测，包括悬浮物含量、叶绿素浓度等。这种实时的水质监测可以帮助科学家和决策者迅速识别受到污染的水体，有助于制定紧急的水质改善措施。

遥感技术还在水资源应急响应中发挥了重要的角色，尤其是在供水管理方面。通过遥感监测水库、河流和水源地的水位和水体蓄水情况，可以及时发现水资源的变化趋势，实现对供水系统的有效监控。这有助于预测供水紧张的可能发生，为应急响应提供提前预警和调配水资源的依据。

遥感技术在土壤湿度监测中也发挥了重要作用。通过分析遥感数据，可以获取土地表面的湿度信息，有助于了解土壤水分状况。这对于干旱应急响应至关重要，可以帮助决策者采取有效的水资源调配和保护措施，减缓干旱对农业和生态系统的影响。

遥感技术通过卫星、飞机等手段提供了广泛的地理信息，包括地形、植被覆盖、土地利用等，为水资源管理和灾害应急响应提供了综合的背景信息。这有助于科学家和决策者更全面地了解受灾地区的自然环境和社会经济状况，为精准的水资源应急响应提供支持。

遥感技术在全球水资源管理中发挥着重要的支持作用，特别是在水资源应急响应方面。通过实时获取大范围的数据，遥感技术为全球范围内的水资源变化、自然灾害和水质问题提供了及时、全面的监测和评估手段。这为科学家、决策者和应急管理部门提供了强大的工具，有助于更加有效地应对全球水资源面临的各种挑战。

（二）遥感技术在全球水资源决策支持中的贡献

遥感技术在全球水资源决策支持中扮演着不可或缺的角色，其贡献主要体现在提供全球范围内的地球观测数据、监测水体时空分布、评估水质状况、预测水文变化、分析土地利用变化以及支持水资源经济学等多个方面。

遥感技术通过卫星和航空平台获取的多光谱、高光谱影像，能够提供全球范围内水体的详细信息，包括湖泊、河流、水库等水体的分布、大小和形态。这为水资源决策者提供了全球水体分布的基础数据，帮助他们更全面地了解全球水资源的时空分布状况，为制定科学的水资源管理策略提供了必要的支持。

遥感技术在水质监测方面发挥了关键作用。通过获取水体的反射光谱信息，遥感技术可以用于远程监测水体的质量状况。这种信息不仅包括水体的透明度、浊度、溶解有机质等指标，还可以用于监测水体中的藻华和污染物。这种实时监测不仅提供了水质状况的全面数据，还帮助决策者及时发现并应对水体污染事件，从而保障水体的可持续利用。

遥感技术还可以用于水文变化的监测与预测。通过卫星遥感获取的降水数据、地表温度数据等，可以实时监测全球范围内的气象条件，为水文过程提供关键的变量。这有助于预测极端气象事件，如洪涝和干旱，提前采取相应的水资源管理措施，减轻自然灾害对水资源造成的影响。

在土地利用变化方面，遥感技术能够提供大范围内的土地利用与覆盖信息。通过对多时相遥感影像的比对与分析，可以追踪土地利用的变化，评估不同土地利用对水资源的影响。这为科学的土地规划、水资源管理和生态保护提供了数据支持，帮助决策者更好地理解土地利用变化对水资源的影响。

遥感技术的应用也拓展到了水资源经济学领域。通过对遥感数据的分析，可以了解不同地区水资源的经济价值、水资源利用效率以及水资源与经济增长的关系。这种经济学角度的分析有助于优化水资源配置，制定更具效益的水资源管理政策，从而更好地满足社会经济的需求。

遥感技术在全球水资源决策支持中的贡献是多层面的，涵盖了水体时空分布、水质监测、水文变化、土地利用变化以及水资源经济学等多个方面。通过提供全球性的地球观测数据，遥感技术为全球水资源决策者提供了科学的、实时的数据支持，帮助他们更好地制定策略、预测趋势以及应对水资源管理中的挑战。

第四节　水资源测绘与遥感技术的未来挑战与机遇

一、水资源测绘的未来挑战与机遇

（一）未来水资源测绘面临的挑战

未来水资源测绘面临着一系列复杂而严峻的挑战，这些挑战涉及技术、环境和社会等多个方面。技术方面的挑战主要表现在传感器技术、数据处理和模型精度的提升。目前的测绘技术仍存在精度不足、数据获取不及时等问题，需要不断引入先进的传感器技术，提高数据的时空分辨率，以更精准地反映水资源的分布和变化。

环境变化对水资源测绘提出了更高的要求。气候变化、人类活动和自然灾害等因素对水资源的影响日益突出，传统的测绘手段在应对这些变化时显得力不从心。未来需要更加灵活、综合的技术手段，能够及时、准确地监测水体的状态，为应对不断变化的环境提供科学的依据。

社会需求和管理体系的变化也对水资源测绘提出了挑战。随着社会发展和城市化进程的推进，对水资源的需求呈现出多样性和复杂性，需要更加灵活的测绘手段来满足不同层次、不同领域的需求。同时，水资源管理体系的协同和整合也是未来的重要任务，需要更加智能、综合的测绘技术来支持跨部门、跨领域的水资源管理。

数据安全和隐私保护也是未来水资源测绘面临的挑战之一。随着信息技术的发展，水资源测绘涉及的数据越来越大、越来越敏感。如何在确保数据安全的同时，实现数据的合理分享和利用，是未来需要解决的一项重要问题。同时，对于个人隐私的保护也需要在水资源测绘中得到更加全面和有效的考虑。

在人才培养方面，未来水资源测绘需要更多具备跨学科知识的专业人才。传统的测绘人才往往只注重技术层面的培养，而未来需要更多具备环境科学、数据科学、社会科学等多领域知识的人才，能够更好地应对复杂的水资源测绘问题。

国际合作和数据共享也是未来水资源测绘的一个重要挑战。水资源是跨国性的，其变化和分布受到多种因素的影响。因此，要实现全球范围内水资源的全面测绘，需要国际间的合作和数据共享。然而，涉及国家主权、商业机密等因素，实现全球水资源数据的共享仍然面临巨大的挑战。

未来水资源测绘将面临技术、环境、社会等多方面的挑战。在这一背景下，需要不断引入先进技术手段，提高数据的时空分辨率和精度，以更好地满足社会需求和管理体系的变化。同时，也需要加强人才培养，培养具备跨学科知识的专业人才。在国际层面，需要促进国际合作和数据共享，共同应对全球水资源测绘面临的共性挑战。通过综合应对这些挑战，未来水资源测绘能够更好地为水资源管理和可持续发展提供科学支持。

1. 气候变化对水资源的影响

气候变化对水资源的影响是当今全球面临的重大挑战之一。随着气温上升和极端天气事件的增加，水资源面临着多方面的威胁和变化。这种影响呈现出多层次、多方面的特点，对未来的水资源测绘提出了新的挑战。

气候变化导致降水模式的变化，对水资源的可用性产生深远的影响。部分地区可能面临降雨减少和干旱加剧的情况，而其他地区则可能经历更频繁的极端降水事件。这种不均衡的降水分布使得水资源的供应不稳定，而测绘这种不确定性变化将成为未来水资源研究的关键问题。

气候变化引起了全球气温上升，导致冰川融化和雪帽减少。这对许多地区的淡水资源供应造成了直接威胁，特别是依赖于冰雪融水的地区。在这方面，未来的水资源测绘需要关注冰川和雪帽的变化速度，以更好地了解水资源的长期变化趋势。气候变化还引发了更频繁和更严重的极端天气事件，如飓风、洪水和干旱。这些灾害事件对水资源的影响显著，不仅导致水资源的瞬时变化，还可能对水体的水质产生长期的影响。未来的水资源测绘需要更好地监测和预测这些极端事件，以便更有效地制定灾害响应和水资源管理策略。

气候变化对生态系统的影响也会直接影响水资源的可持续性。生态系统的变化可能导致水体的富营养化、水生态系统的崩溃，从而影响水资源的质量和供应。未来水资源测绘需要将生态因素纳入考虑，以全面理解水资源与生态系统之间的相互作用和影响。

在未来水资源测绘中，技术和方法的创新也是一个重要挑战。气候变化带来的复杂性和不确定性需要更高分辨率、更全面的测绘数据和技术手段。新一代的遥感技术、先进的地理信息系统以及数据融合算法的发展将成为未来水资源测绘的重要推动力。

对于未来水资源测绘的挑战，需要建立更加全球性、多层次的水资源观测网络。这样的网络应该能够跨越地域边界，整合各种类型的数据，包括卫星遥感、地面监测、社会经济统计等。只有通过全球协同合作，才能更好地理解气候变化对水资源的影响，从而为有效的水资源管理提供更精准的数据支持。

在未来水资源测绘中，多学科交叉研究也将成为关键。不仅需要水文学家、气象学家等专业人才，还需要社会科学家、经济学家等从多个角度来理解水资源的现状和未来变化趋势。只有充分考虑到人类活动、社会经济变化等因素，才能更全面、全球性地应对气候变化带来的水资源挑战。

气候变化对水资源的影响将对未来水资源测绘提出更为复杂的挑战。解决这些挑战需要全球合作、技术创新和跨学科研究的支持。未来水资源测绘的发展将是一个不断适应和创新的过程，以更好地理解、管理和保护地球上宝贵的水资源。

2. 城市化与人口增长对水资源的压力

城市化和人口增长对水资源构成了巨大的压力，引发了一系列严峻的挑战。这些挑战不仅涉及水资源的数量和质量问题，还牵涉到水资源的合理利用、管理和分配等方面。未来水资源测绘将面临更为严峻的挑战，需要针对城市化和人口增长的影响，推动测绘技术的创新发展。

城市化的快速推进和人口的急剧增长导致了城市对水资源的巨大需求。城市化带来了大量的建设用地和生活用地，使得原本自然的水循环系统遭受破坏。城市中的工业、农业和生活用水需求不断增加，使得水资源供需矛盾日益突出。城市的土地面积增大，覆盖了原有的水源地，导致水源地的减少和水源的污染，对水质和水量造成了双重冲击。

人口增长对水资源的需求也呈现出不可忽视的影响。人口的急剧增加带来了对饮用水、农业用水和工业用水的增大需求，进一步放大了水资源的紧缺状况。随着城市人口的增加，水污染和废水排放问题也逐渐凸显，对水体的生态平衡和水质造成了威胁。人口的集中使得水资源的合理分配和管理变得愈发复杂，需要更为智能和高效的测绘技术来支持水资源的科学管理。

在水资源测绘面临着一系列挑战。需要更加准确、高分辨率的遥感技术来监测城市扩张的过程。传统的遥感技术在城市区域的精准测绘方面存在一定的局限性，需要更为先进的技术手段来获取城市化的时空动态信息，为城市用水的合理规划提供更为精确的数据支持。

水资源测绘需要更好地融合地理信息系统（GIS）和全球导航卫星系统（GNSS）等技术，实现对城市水资源分布、水质变化、供水管网等方面的全面监测。这将有助于建立更为完整的城市水资源管理系统，提高水资源利用的效率和可持续性。

未来水资源测绘需要更强调对水文过程的深入研究，以更好地理解城市化和人口增长对水资源的影响。通过对地下水位、土壤含水量等关键参数的测定，可以更准确地评估城市地区的水资源状况，为合理规划水资源利用提供科学依据。

在面对城市化和人口增长对水资源的挑战时，水资源测绘还需更多地注重社会经济因素的综合考虑。城市化和人口增长不仅仅是水资源问题，更是社会经济发展和可持续性的问题。因此，水资源测绘需要与社会、经济等多个领域的数据相融合，形成更为综合的信息体系，为未来的水资源决策提供更为全面的支持。

城市化和人口增长给水资源带来的压力对未来水资源测绘提出了更高的要求。创新的遥感技术、智能化的数据分析方法、更全面的水文研究等将是未来水资源测绘面临的重要挑战，但也是推动水资源管理更加科学、智能的关键因素。只有通过技术的不断创新和方法的全面升级，水资源测绘才能更好地应对未来的挑战，确保水资源的可持续利用。

（二）未来水资源测绘的机遇

未来水资源测绘面临着一系列挑战的同时，也孕育着巨大的机遇。这些机遇涉及技术创新、数据应用、社会参与等多个方面，为未来水资源测绘提供了广阔的发展空间。

技术创新为水资源测绘带来了前所未有的机遇。新一代的遥感技术，如高分辨率卫星、激光雷达等，为水资源测绘提供了更为精准、全面的数据。先进的传感器技术和数据处理算法的不断发展，使得水资源测绘能够更好地反映地表水体的状态、水质状况等信息。这种技术创新为实现水资源测绘的高精度、高效率提供了有力的支持。

数据应用的广泛普及为水资源测绘创造了有利条件。大数据时代的到来使得海量的水资源相关数据得以获取和应用。这包括卫星遥感数据、地面监测数据、社会经济数据等多种来源的数据。这些数据的综合利用有助于更全面地了解水资源的时空分布和变化趋势，为科学决策提供了更为可靠的依据。

社会参与的增强为水资源测绘注入了新的活力。随着公众对水资源问题的关注不断升温，民众参与水资源测绘的积极性逐渐提高。公众通过移动设备、社交媒体等平台产生的数据成为重要的信息来源，为水资源测绘提供了更加广泛、实时的观测手段。这种社会参与的增强有助于形成多层次、多角度的水资源数据，促进全社会共同参与水资源管理。

国际合作为水资源测绘提供了更大的空间。水资源是全球性的问题，跨国合作具有显著的优势。国际间的数据共享、科技创新和经验交流，使得各国能够更好地应对共同面临的水资源挑战。在全球合作的框架下，水资源测绘可以形成更为综合、协同的解决方案，推动全球水资源的可持续管理。

智能技术的快速发展为水资源测绘提供了新的契机。人工智能、机器学习等技术的应用，使得水资源数据的处理和分析更为智能化。通过智能技术，可以更好地挖掘数据背后的规律和关联，为水资源的精准测绘提供更为高效的手段。

可持续发展理念的普及为水资源测绘提供了发展的方向。随着人们对可持续发展的认识不断提高，对水资源测绘的需求也更加注重长期的生态平衡和资源合理利用。未来水资源测绘可以在可持续发展的理念引导下，更加注重生态环境保护、社会公平与经济效益的平衡，形成更为科学、合理的水资源管理策略。

未来水资源测绘面临的挑战伴随着巨大的机遇。技术创新、数据应用、社会参与、国际合作、智能技术和可持续发展理念的发展，为水资源测绘提供了多方面的支持和契机。只有在充分把握这些机遇的基础上，水资源测绘才能更好地应对未来的挑战，为水资源的科学管理和可持续利用做出更为重要的贡献。

二、遥感技术的未来挑战与机遇

（一）未来遥感技术面临的挑战

遥感技术将面临着众多复杂而严峻的挑战，这些挑战涉及技术、应用和社会等多个方面，对遥感技术的发展提出了新的考验。

遥感技术在数据获取方面面临着挑战。随着遥感数据量的不断增加，数据存储、传输和处理成为技术发展的瓶颈。高分辨率、多光谱、高时空分辨率的遥感数据对存储和处理能力提出了更高的要求。因此，未来需要不断创新数据获取、传输和存储技术，以更有效地处理大规模遥感数据，提高数据利用的效率。

遥感技术在传感器和平台设计方面面临着技术难题。传统的遥感传感器在分辨率、频谱范围等方面存在一定的局限性。为了更好地满足用户需求，未来需要研发更先进的传感器技术，提高遥感平台的灵活性和适应性，以适应不同地域和应用场景的需要。

在数据处理和分析方面，遥感技术需要更强大的算法和模型支持。随着深度学习和人工智能的发展，遥感数据的自动化处理和解译成为可能。然而，尚需面对数据标定、模型可解释性等问题，以提高算法的准确性和稳定性。

遥感技术的应用领域不断拓展，从地球观测到社会经济领域，然而，不同领域之间的数据融合和交叉利用仍然面临挑战。未来需要更加完善的数据共享和开放机制，促进不同领域的数据互通互用，以发挥遥感技术在多领域中的综合效益。

与技术挑战同时存在的还有伦理和隐私问题。随着遥感技术的普及，个人隐私和数据安全成为重要的社会关切点。未来的遥感技术需要更加注重伦理规范，建立健全的数据管理和隐私保护机制，以确保遥感技术的应用不侵犯个人隐私权。

社会接受度和技术普及是遥感技术发展中的另一大挑战。虽然遥感技术在科学研究、自然资源管理等领域表现出色，但在社会中的广泛应用仍面临认知不足、技术普及不均等问题。未来需要加强对遥感技术的宣传与教育，提高公众对其应用的认知，以促使更广泛的社会参与和应用推广。

国际合作和规范亦是未来遥感技术发展的关键。由于遥感技术的全球性和国际性，未来需要加强国际合作，制定统一的标准和规范，以确保遥感数据的质量和可比性，促进全球遥感技术的协同发展。

未来遥感技术将在技术创新、数据管理、伦理规范、社会接受度等方面面临复杂多变的挑战。只有通过全球合作、跨学科研究和社会共识的努力，才能够更好地应对这些挑战，推动遥感技术的可持续发展，更好地服务于人类社会的可持续发展。

1. 数据处理与存储的挑战

随着遥感技术的不断发展，数据处理与存储面临着日益复杂和庞大的挑战。这些挑战涵盖了数据的处理速度、存储容量、数据质量、隐私安全等多个方面，对未来遥感技术的发展提出了严峻考验。

数据处理方面的挑战主要表现在海量遥感数据的处理速度和效率上。随着卫星、飞机等遥感平台的不断更新，获取的遥感数据呈爆发式增长，处理这些庞大的数据集需要更为强大的计算能力。传统的数据处理方法已经难以满足对实时性和高效性的需求，未来的遥感技术需要更快速、更智能的数据处理算法，以确保及时获取并分析大规模的遥感数据。

数据存储方面的挑战主要表现在存储容量和数据管理上。海量的遥感数据需要庞大的存储空间，这对存储设备和云计算平台提出了更高的要求。存储容量的不足可能导致数据的丢失或难以管理，因此，未来的遥感技术需要寻找更加高效的数据存储解决方案，以确保对大规模遥感数据的长期存储和管理。

数据质量问题也是未来遥感技术面临的重要挑战之一。随着数据量的增加，数据的质量问题变得尤为突出。传感器的精度、遥感图像的分辨率、数据的一致性等方面都可能影响到数据的质量。未来遥感技术需要更加关注传感器技术的创新，提高数据的采集精度，以确保遥感数据的可靠性和准确性。

隐私安全问题也是未来遥感技术面临的重要挑战之一。随着遥感技术的普及，涉及地理信息的隐私问题变得越来越突出。如何在获取、处理和存储遥感数据的同时保障个体和机构的隐私安全，将是未来遥感技术亟需解决的问题。在这方面，需要建立更为严密的隐私保护机制，制定相关的法规政策，并借助先进的加密和安全技术来确保遥感数据的隐私安全。

多源数据融合和跨学科合作也是未来遥感技术面临的挑战。由于遥感技术涉及多个学科领域，包括地理信息科学、计算机科学、环境科学等，未来的遥感技术需要更好地整合不同领域的知识和数据，实现多源数据的融合分析。这需要推动跨学科合作，建立更加紧密的学术和产业合作关系，促使遥感技术在各个领域的应用更加广泛和深入。

未来遥感技术在数据处理与存储方面将面临诸多挑战，包括处理速度、存储容量、数据质量、隐私安全等多个层面。为应对这些挑战，遥感技术需要不断创新，推动数据处理和存储技术的发展，加强数据质量控制和隐私保护机制的建设，促进跨学科合作，以更好地满足社会对遥感技术在各个领域应用的需求。

2. 遥感数据的时空分辨率提升难题

随着遥感技术的不断进步，尤其是卫星、飞机等遥感平台的发展，遥感数据的时空分辨率有了显著的提升，为地球观测提供了更加详细、精准的信息。然而，尽管已经取得了重大的突破，仍然存在着时空分辨率提升的一系列难题，这为未来遥感技术带来了新的挑战。

时空分辨率提升面临着传感器技术的限制。虽然新一代的卫星和飞机传感器在技术上有了巨大的进步，但是要实现更高的时空分辨率，仍然需要克服传感器硬件的技术瓶颈。传感器的灵敏度、分辨率和数据传输速率等方面的提升将需要更为先进的材料和工程技术，以应对更高要求的地球观测任务。

遥感数据的处理和存储问题成为时空分辨率提升的制约因素。随着数据量的增大，处理和存储这些海量数据的难度也随之增加。传统的数据处理和存储方法可能会面临效率低下和成本过高的问题。因此，未来需要寻找更为高效、智能的数据处理和存储方案，以满足时空分辨率提升对信息处理和存储能力的需求。遥感数据的高分辨率带来了遥感图像的复杂性和多样性。在传统的图像解译中，高分辨率带来的细节丰富度也使得图像解译的难度显著增加。对于复杂的地表覆盖类型和地物特征的准确识别需要更加精密的算法和模型，这对于图像解译技术提出了更高的要求。

高时空分辨率的遥感数据带来了大规模、多源、多时相的数据集成挑战。在进行地球观测时，往往需要整合来自不同传感器、不同平台、不同时间的数据，以全面地反映地球表面的动态变化。如何有效地整合这些多源数据、进行跨时空的一致性校正和融合，是未来需要解决的一个复杂的问题。

高时空分辨率的遥感数据带来了隐私和安全问题。由于数据的精细度增加，很多敏感信息可能会被暴露，涉及隐私保护和数据安全的问题。未来需要更加严格的隐私保护措施和数据安全标准，以确保遥感数据的合法、安全、可靠使用。

与时空分辨率提升相关的一项挑战是数据的实时性。许多应用场景，如自然灾害监测、资源管理等，要求实时获取地球表面的信息。传统的数据采集和处理方式可能无法满足这种实时性的要求，因此，未来的遥感技术需要更快速、实时的数据获取和处理手段，以满足实时应用的需求。

时空分辨率提升是遥感技术发展的必然趋势，但在取得显著成就的同时，也带来了一系列的挑战。这些挑战涉及传感器技术、数据处理与存储、图像解译算法、数据集成、隐私安全等多个方面。未来的遥感技术需要在技术、方法和政策等多个层面上进行创新，以更好地应对时空分辨率提升的挑战，实现更精准、全面的地球观测。

（二）未来遥感技术的机遇

遥感技术将迎来丰富而广泛的机遇，这些机遇涉及技术创新、应用拓展和社会发展等多个层面，为遥感技术的未来发展描绘出充满潜力的前景。

技术创新将是未来遥感技术的主要机遇之一。随着科技的飞速发展，新一代传感器技术、数据处理算法和遥感平台将不断涌现。高光谱、超分辨率、全球覆盖的遥感数据将成为可能，为更细致、全面的地球观测提供支持。深度学习和人工智能的发展将进一步提高遥感数据的自动化处理水平，使得遥感技术在更多领域中得以广泛应用。

应用拓展是未来遥感技术的重要机遇。遥感技术不仅仅局限于地球科学领域，也逐渐渗透到农业、城市规划、医疗健康等多个行业。农业遥感将助力实现智慧农业，城市遥感有望促进城市规划与管理的科学化。卫星导航和地理信息系统与遥感技术的结合，为交通、物流等领域提供新的解决方案。随着遥感技术的进一步拓展，它将在更广泛的应用领域中发挥更为重要的作用，为各行各业提供更准确、实时的信息支持。

在环境监测方面，遥感技术将有望应对全球气候变化的挑战。高时空分辨率的遥感数据有助于更精准地监测自然灾害、生态系统的变化等，为应对气候变化提供数据支持。新型传感器的发展也将推动遥感技术在海洋、极地等边远地区的环境监测中发挥更为重要的作用，弥补传统监测手段的不足。

社会发展的需求将为遥感技术提供更广泛的发展空间。在城市化进程中，城市规划和资源管理对高精度的遥感数据需求巨大。随着人口增长和城市化的不断推进，遥感技术有望成为城市管理的得力助手，为城市规划、基础设施建设提供科学的数据支持。医疗卫生、灾害响应等领域对遥感技术的需求也在不断增加，未来遥感技术将为社会发展提供更多的解决方案。

　　国际合作将为遥感技术的发展提供更为广阔的机遇。全球气候变化、环境保护等问题需要国际间合作来共同应对。在这一背景下，遥感技术作为全球性的观测手段，将在各国之间起到桥梁的作用，促进信息共享和合作交流。共同应对全球性挑战将推动遥感技术在国际舞台上的更广泛应用和合作。

　　未来遥感技术的机遇丰富多彩。通过技术创新、应用拓展和国际合作，遥感技术将在更多领域中发挥重要作用，为人类社会的可持续发展提供关键支持。同时，随着社会对信息的需求不断增长，遥感技术将成为更多产业和领域的核心工具，为未来的科技进步和社会发展创造更为广阔的前景。

参考文献

[1] 龚宇承. 浅述水文与水资源工程建设中遥感技术的应用 [J]. 城市建设理论研究（电子版），2023，（31）：100-102.

[2] 马明坤. 遥感技术在水文水资源勘测中的创新应用 [J]. 陕西水利，2023，（10）：35-37.

[3] 戚小龙. 遥感技术在水文水资源工作中的应用 [J]. 水上安全，2023，（10）：61-63.

[4] 刘强，宋维. 水文水资源监测中遥感技术应用分析 [C]//河海大学，武汉大学，长江水利委员会网络与信息中心，湖北省水利水电科学研究院. 2023（第十一届）中国水利信息化技术论坛论文集. 黄河水利委员会上游水文水资源局，2023：7.

[5] 孙明庆，王最芳. 卫星遥感技术在水文水资源的领域运用探讨 [C]//河海大学，武汉大学，长江水利委员会网络与信息中心，湖北省水利水电科学研究院. 2023（第十一届）中国水利信息化技术论坛论文集. 东平湖管理局梁山管理局；山东润泰水利工程有限公司；，2023：7.

[6] 赵彦龙，姜苗苗. 水文水资源工作中遥感技术的应用 [C]//河海大学，武汉大学，长江水利委员会网络与信息中心，湖北省水利水电科学研究院. 2023（第十一届）中国水利信息化技术论坛论文集. 黄河水利委员山东水文水资源局，2023：8.

[7] 施韶晖，黄文成. 水文水资源勘测中遥感技术的应用分析 [J]. 冶金管理，2022，（21）：81-83.

[8] 曹晓彬. 遥感技术在水文水资源领域中的应用分析 [J]. 珠江水运，2021，（19）：9-10.

[9] 冯越，郭慧昊. 水利工程建设中水文水资源管理工作研究 [J]. 居舍，2021，（27）：139-140.

[10] 张亚平，张延彬. 探讨遥感技术在水文与水资源工程中的应用 [J]. 智慧中国，2021，（08）：86-87.

[11] 曾世玉. 浅谈信息化技术的水利应用研究 [J]. 冶金管理，2021，（15）：147-148.

[12] 罗光明. 水利工程建设中的水文水资源管理工作 [J]. 能源与节能，2021，（05）：89-90+127.

[13] 王晓波. 遥感技术在水文与水资源工程中的应用 [J]. 中国高新科技，2021，（01）：153-154.

[14] 贾梦. 水文与水资源管理在水利工程中的应用研究 [J]. 四川水泥，2021，（01）：139-140.

［15］赵希．遥感技术在水文水资源领域中的应用分析［J］．环境与发展，2020，32（12）：62-63+66.

［16］李红艳．遥感技术的特点及在水文水资源领域的应用［J］．河南水利与南水北调，2020，49（11）：72-73.

［17］汪洁晶，王丹志，郭连峰等．GIS技术在水文水资源领域中的应用及发展趋势［J］．工程技术研究，2020，5（21）：241-242.

［18］朱翔宇．遥感技术在水文水资源领域中的应用分析［J］．农业与技术，2020，40（17）：108-110.

［19］郑琪．水文水资源管理在水利工程中应用［J］．农业开发与装备，2020，（05）：127-128.

［20］赵继明．水文与水资源工作面临的问题与对策［J］．中国金属通报，2019，（11）：133-134.